U0206764

REPORT ON THE DEVELOPMENT OF ZHOUSHAN MARINE ECONOMY (2024)

舟山海洋经济发展报告

（2024）

组织编写　中国社会科学院大学东海研究院
　　　　　中共舟山市委党校

主　　编　陈洪波　邵　情
副 主 编　潘祖平　顾自刚　陆瑜琦

社会科学文献出版社
SOCIAL SCIENCES ACADEMIC PRESS (CHINA)

《舟山海洋经济发展报告（2024）》

编　委　会

主　编　陈洪波　邵　情

副主编　潘祖平　顾自刚　陆瑜琦

撰稿人　（以文序排列）

顾自刚　石宇菁　陈洪波　崔静怡　赵利平
庄韶辉　储昊东　胡　佳　余蔡彤　丁友良
娄　伟　钟佳珉　何　军　李　萌　马苒迪
季扬沁　史梦圆　张芳胜　蔡明璐　胡又尹
杨振生　孙天慈　朱　兰　冷宇辰

主要编撰者简介

陈洪波 经济学博士，教授，博士生导师，中国社会科学院大学应用经济学院副院长，兼任中国城市经济学会副会长、中国社会科学院可持续发展研究中心副主任。主要研究方向为气候变化经济与政策分析、气候金融、新能源经济学等。先后主持国家重点研发计划课题、国家社科基金重大课题子项目、国家部委和地方政府委托课题等40余项，在《世界经济与政治》、《中国人口资源与环境》、《中国软科学》、《中国特色社会主义研究》、*Resources Policy*、*Applied Energy* 等学术期刊发表论文60余篇，多篇论文被《新华文摘》《人大复印报刊资料》转载，出版著作8部。曾获国家科技进步奖二等奖等省部级及以上奖励5项。

邵　情 公共管理硕士，曾任浙江省舟山市委组织部副部长，现任浙江省舟山市委党校常务副校长、舟山行政学院副院长、舟山市社会主义学院副院长。主要研究方向为海洋城市发展、党建与人才队伍建设。

序

“海洋孕育了生命、联通了世界、促进了发展。”① 习近平总书记对海洋的思考深邃而高远。21 世纪无疑是海洋的世纪，人们正在以崭新的姿态迎接挑战、探索未知、保护并发展海洋。海洋经济是当今世界经济发展的重要引擎，正以势不可挡的态势重塑着全球经济格局。我国作为海洋大国，拥有丰富的海洋资源，海洋经济在中国现代化发展进程中占有举足轻重的地位。

党的十八大作出了“建设海洋强国”的战略部署，开启了中华民族经略海洋的新篇章。建设海洋强国是中国特色社会主义事业的重要组成部分，是实现中华民族伟大复兴的重大战略任务。发达的海洋经济是建设海洋强国的重要物质支撑。党的二十大明确要求加快建设海洋强国，为新时代新征程发展海洋经济、推动中国式现代化指明了前进方向。

向海而兴，向海图强。习近平总书记在浙江工作期间以及到中央工作后，曾 14 次到舟山考察，指出“舟山发展潜力在海、希望在海、优势也在海”。2011 年以来，舟山相继承担了建设国家级群岛新区、江海联运服务中心、自由贸易试验区、大宗商品资源配置枢纽等系列国家战略，舟山从边陲海岛一跃成为我国经略海洋的前沿地带。蓝色国土成为舟山最大的发展空间和优势，海洋经济成为舟山最亮眼的底色和名片。无论从历史维度、现实维度还是发展维度来审视，大力发展海洋经济，都是舟山发展新质生产力、推动高质量发展的必由之路。

① 新华社：《习近平致 2019 中国海洋经济博览会的贺信》，2019 年 10 月 15 日，https://www.gov.cn/xinwen/2019-10/15/content_5440000.htm。

牢记殷殷嘱托，深耕海洋经济。2023年，舟山地区生产总值突破两千亿大关，是海洋经济生产总值占全国比重较高的城市之一。站在新的历史起点上，舟山深入贯彻党的二十大和二十届三中全会精神，坚决扛起“在海洋强省建设中打头阵”的重要使命，着眼共同富裕与现代化先行，全力实施“高水平建设现代海洋城市”发展战略，加快推进现代海洋城市建设“985”行动，着力构建九大产业链，做强八大高能级发展平台，抓实五件事关全局的大事要事。围绕现代海洋城市建设目标，进一步全面深化改革，攻坚突破海洋科技创新、转型升级现代海洋产业体系、着力推进制度型开放，以高水平开放引领推动高质量发展不断取得新突破。

海水辽阔任征帆。值此中国海洋经济大开发、舟山海洋经济大跃升之际，中共舟山市委党校与中国社会科学院大学东海研究院合作推出《舟山海洋经济发展报告（2024）》，为重点区域海洋经济发展研究提供样本和案例。希望此书能让广大读者更加全面系统了解舟山海洋经济发展历程、现状及面向未来的新思路、新举措，成为政府官员、研究学者、企业家以及所有关心海洋经济发展人士的有益参考，也为我国沿海地区海洋经济高质量发展提供可借鉴的经验，共同谱写我国向海图强的新篇章。

中共舟山市委常委、组织部部长

中共舟山市委党校校长

2024年11月

摘 要

党的十八大报告将建设海洋强国上升为国家战略，我国海洋经济进入国家战略引领下的快速发展阶段。《中华人民共和国国民经济和社会发展第十四个五年规划和2035年远景目标纲要》中明确了海洋经济发展的重点政策取向，强调将落实海洋强国战略和国家沿海区域发展战略作为政策引领。舟山市作为我国东部沿海的重要海岛城市，资源区位优势突出，是我国经略海洋的前沿。舟山始终将海洋经济作为先行探索的主题主线，于2022年提出了构建“高水平现代海洋城市”的重要发展战略，为舟山在新的历史条件下推动海洋经济高质量发展指明了方向。

本书全面梳理舟山海洋经济发展历程，重点总结舟山海洋经济各领域的发展现状、特点、优势和主要挑战，并对新时期舟山推动海洋经济高质量发展提出了相应的对策建议，以期通过舟山海洋经济的实践探索为我国沿海地区海洋经济高质量发展提供参照。

全书由总报告、产业篇、创新篇和综合篇四部分组成。“总报告”以国内外海洋经济发展态势及相关政策为出发点，系统分析舟山海洋经济发展的优势、现状及挑战，围绕舟山建设现代海洋城市这一战略定位，重点阐释了舟山全域海洋经济战略布局及发展规划，着眼中国式现代化，提出了舟山在新的历史方位下推动海洋经济高质量发展的对策建议。“产业篇”围绕舟山海洋经济的重点领域，对绿色石化和新材料、船舶与海工装备、港口航运、“一条鱼”全产业链、国际海事服务和海洋文旅六个海洋产业分别进行研究，深入探讨各产业的发展现状、存在的问题和挑战，并提出了相应的对策和建议。“创新篇”从中国（浙江）自由贸易试验区制度创新、海洋科技发展与创新、数字海洋产业、海洋生态文明建设实践及政务服务增值化改革五个方面揭示舟山海洋经济的创新动力，研究不同创新领域发展的重点难点并提出相应思路和举措。“综合篇”深入讨论舟山特色项目党建、“航行的支部”、党建联建等实践案例，归纳提炼党建服务海洋经济发展的经验做法，同时围绕口岸开放与对外贸易、自贸人才评价机制和“四链融合”三个主题进行探讨，以期从更全面的视角为舟山海洋经济发展研究提供支撑。

在当前和未来的关键时期，我国正迈向中国式现代化和实现中华民族伟大复兴的重要历史节点。放眼未来，随着“海洋强国”战略的持续推进，舟山海洋经济在政策支持、产业转型、技术创新、平台构建以及可持续发展等多重因素的推动下，预计将步入一个更加繁荣的发展新阶段。

关键词： 海洋经济　海洋强国　海洋城市　舟山

目　录

Ⅰ　总报告

Ⅱ　产业篇

Ⅲ　创新篇

Ⅳ 综合篇

总报告

Z.1
舟山海洋经济战略定位与发展态势

顾自刚　石宇菁　陈洪波*

摘　要：　在中华民族伟大复兴的历史进程中，经略海洋是事关全局的重大战略问题。本文在深入分析国内外海洋经济发展态势的基础上，阐明了舟山发展海洋经济的独特优势及其在海洋强国中的战略地位，系统梳理了舟山海洋经济的发展历程、现状及挑战。重点围绕舟山建设现代海洋城市这一战略定位，从构筑国内国际双循环海上开放门户、打造高质量发展的国家海洋战略重地、建设山海共美的海上花园城市、创建共同富裕的海岛样板、培育独树一帜的海洋文化承载地、推进绿色低碳的海洋生态示范区六个角度对舟山的全域战略布局进行了系统阐释；从海洋经济空间布局、海洋科技创新、九大现代海洋产业链、八大高能级发展平台等方面详细阐述了新时期舟山海洋经济高质量发展态势，并着眼加强海洋资源综合开发与保护、提升海洋经济

* 顾自刚，中共舟山市委党校经济教研室主任、副教授，主要研究方向为海洋经济、区域经济；石宇菁，中国社会科学院大学应用经济学院博士研究生，主要研究方向为气候变化经济学；陈洪波，博士，中国社会科学院大学应用经济学院副院长、教授，主要研究方向为气候变化经济与政策分析、气候金融、新能源经济学。

产业竞争力、引进培养海洋经济人才、完善海洋经济政策法规等事关海洋经济长远发展的重大问题提出相应的对策建议。

关键词： 海洋经济 海洋产业 海洋强国 舟山

一 全球和我国海洋经济发展态势

（一）全球海洋经济发展概况

海洋经济是指开发、利用和保护海洋的各类产业活动，以及与之相关联活动的总和[①]。近年来，全球海洋经济快速发展，日益成为推动世界经济增长的重要力量。2016 年经济合作与发展组织（OECD）发布的报告显示，2010 年海洋经济增加值约为 1.5 万亿美元，占全球总增加值（GVA）的比例高达 2.5%[②]。2023 年，联合国贸易和发展会议（UNCTAD）发布的 *Trade and Environment Review 2023* 指出，海洋经济增加值已经增长至 3 万亿至 6 万亿美元之间[③]。海洋经济将成为未来全球经济中最为耀眼的增长点之一。

美国、欧盟、日本、加拿大、英国等是世界最主要的海洋经济大国（或地区）[④]，如表 1 所示，世界主要海洋经济体中，海洋经济已经深度融入并高度渗透到各自的国民经济体系之中。

---

① 《怎样发展海洋经济?》，中华人民共和国中央人民政府门户网站，2014 年 3 月 20 日，https：//www. gov. cn/zhuanti/2014-03/20/content_ 2642460. htm。

② 经济合作与发展组织（OECD），*The Ocean Economy in 2030*，2016 年 4 月 27 日，https：//www. oecd. org/en/publications/the-ocean-economy-in-2030_ 9789264251724-en. html。

③ 联合国贸易和发展会议（UNCTAD）发布 *Trade and Environment Review 2023*，https：//unctad. org/ter2023。

④ 中国海洋发展研究中心：《傅梦孜等：全球海洋经济评估与未来发展趋势》，2023 年 3 月 23 日，https：//aoc. ouc. edu. cn/2023/0324/c9821a427596/pagem. htm。

表 1　世界主要海洋经济体海洋经济发展情况

国家	数据年份	海洋产业 GDP(GVA)	占 GDP 比重	重点海洋产业与优势	来源
美国	2021	4242 亿美元	1.8%	滨海旅游、海洋生物医药、海洋油气业等	Bureau of Economic Analysis，BEA①
	2022	4762 亿美元	1.8%		Bureau of Economic Analysis，BEA②
欧盟	2016	1722.22 亿欧元	1.3%	海洋探测、海洋生物医药、海洋可再生能源等 在海洋政策与法规制定以及海洋产业协同发展方面具有独特优势	The EU Blue Economy Report 2018③
	2017	1797.58 亿欧元	1.4%		The EU Blue Economy Report 2019④
	2018	1760 亿欧元	1.5%		The EU Blue Economy Report 2021⑤
	2019	1839 亿欧元	1.5%		The EU Blue Economy Report 2022⑥
	2020	1291 亿欧元	1.1%		The EU Blue Economy Report 2023⑦
日本	2019	9.1988 兆日元	1.7%	海洋渔业、海洋造船工业、滨海旅游业、海洋新兴产业等⑧	《2024 年日本统计年鉴》⑨ 《日本の海洋経済規模調査について》⑩
加拿大	2018	36.1 亿美元	1.6%	捕鱼和水产、海洋运输等	Canada's Oceans and the Economic Contribution of Marine Sectors⑪
	2022	51.84 亿美元	—		Fisheries and Oceans Canada⑫
英国	2019	489 亿英镑	—	海洋科技产业化、海洋服务业、海洋科研与教育等	State of the Maritime Nation 2022⑬

资料来源：①美国经济分析局官网，https://www.bea.gov/data/special-topics/marine-economy。

②美国国家海洋和大气管理局，*2024 U. S. Marine Economy Report*，https://coast.noaa.gov/data/digitalcoast/pdf/econ-report.pdf。

③欧盟官网，https://op.europa.eu/en/publication-detail/-/publication/79299d10-8a35-11e8-ac6a-01aa75ed71a1。

④欧盟官网，https://maritime-spatial-planning.ec.europa.eu/news/blue-economy-report-2019-published。

⑤欧盟官网，https://op.europa.eu/en/publication-detail/-/publication/0b0c5bfd-c737-11eb-a925-01aa75ed71a1。

⑥欧盟官网，https://op.europa.eu/en/publication-detail/-/publication/156eecbd-d7eb-11ec-a95f-01aa75ed71a1。

⑦欧盟官网，https://op.europa.eu/en/publication-detail/-/publication/9a345396-f9e9-11ed-a05c-01aa75ed71a1。

⑧吴崇伯、姚云贵：《日本海洋经济发展以及与中国的竞争合作》，《现代日本经济》2018 年第 6 期，第 59~68 页。

⑨《2024 年日本统计年鉴》，https://www.stat.go.jp/english/data/nenkan/73nenkan/zenbun/en73/book/book.pdf。

⑩日本财团官网，https://www.nippon-foundation.or.jp/who/news/information/2023/20230517-88663.html。

⑪加拿大渔业和海洋部，*Canada's Oceans and the Economic Contribution of Marine Sectors*，https://www150.statcan.gc.ca/n1/daily-quotidien/210719/dq210719a-eng.htm。

⑫加拿大渔业和海洋部官网，https://www.dfo-mpo.gc.ca/stats/maritime/tab/mar-tab5-eng.htm#tablep-fna。

⑬英国海事（Maritime UK）官网，https://www.maritimeuk.org/media-centre/news/news-uk-maritime-reveals-major-116bn-economic-impact/。

《2024 年美国海洋经济报告》显示，2021 年海洋经济为美国提供了 3200 万个就业岗位，对 GDP 贡献最大的三大产业分别为滨海旅游及娱乐业（38%）、海上矿物开采业（29%）以及海上运输业（21%）[①]。美国国家海洋和大气管理局（NOAA）也将继续推进海洋运输、海洋勘探、海产品生产、滨海旅游和娱乐以及海岸带韧性五大领域的发展[②]。

滨海旅游业、海洋运输业等是欧盟的主要海洋产业，为欧盟提供了至少 450 万个直接就业机会，以及超过 6500 亿欧元的产值[③]。欧盟的海洋经济政策着重于可持续发展、环境保护、渔业管理、海上安全和国际合作，旨在实现海洋资源的长期可持续利用和保护。在第九届海洋会议上，欧盟宣布了 40 项海洋治理承诺，预计将投入 35 亿欧元，这是历史上最大规模的海洋治理承诺[④]。

日本的重点海洋产业是渔业食品加工和海上运输等，预计至 2035 年，海洋 GDP 将增长 29%，达到 11.8309 兆日元，2050 年将达到 16.1197 兆日元（增长 36%）[⑤]。部分学者认为完善的海洋政策、强烈的海洋意识、频繁的国际合作和交流是日本海洋经济发展的重要因素[⑥]。

加拿大海洋产业占 GDP 约为 1.6%。特别是在纽芬兰与拉布拉多省，海洋产业对 GDP 的贡献达到了 30.0%左右[⑦]。捕鱼和水产、运输、海洋石油

---

① 美国国家海洋和大气管理局，*2024 U.S. Marine Economy Report*，https://coast.noaa.gov/data/digitalcoast/pdf/econ-report.pdf。

② 美国国家海洋和大气管理局，*NOAA Blue Economy Strategic Plan 2021-2025*，https://cdn.oceanservice.noaa.gov/oceanserviceprod/economy/Blue-Economy-Handout.pdf。

③ 欧盟官网，https://op.europa.eu/en/publication-detail/-/publication/79299d10-8a35-11e8-ac6a-01aa75ed71a1。

④ 《欧盟宣布最大规模海洋治理承诺》，TodayESG 网，https://www.todayesg.com/eu-ocean-governance-commitments/。

⑤ 日本财团官网，2023 年 5 月 17 日，https://www.nippon-foundation.or.jp/who/news/information/2023/20230517-88663.html。

⑥ 吴崇伯、姚云贵：《日本海洋经济发展以及与中国的竞争合作》，《现代日本经济》2018 年第 6 期，第 59~68 页。

⑦ Canada's Oceans and the Economic Contribution of Marine Sectors，加拿大渔业和海洋部官网，2021 年 7 月 19 日，https://www150.statcan.gc.ca/n1/daily-quotidien/210719/dq210719a-eng.htm。

和天然气是对海洋经济贡献最大的行业。同时，加拿大对海洋生态保护具有突出贡献，迄今为止，加拿大已经采取措施保护了795000平方公里的海洋面积。这个数字超过了国际社会设定的“爱知生物多样性目标”[①]中的相关要求。

作为传统海洋强国，英国的海洋经济规模在欧洲首屈一指。除成熟的海洋产业外，英国部分新兴海洋产业也占据了全球领先的位置[②]。英国经济与商业研究中心（CEBR）发布的*State of the Maritime Nation 2022*中指出，航运创造了最高的营业额。其次是海洋工程和科学（340亿英镑），随后是海事商业服务（137亿英镑）、港口（100亿英镑）和水上休闲（80亿英镑）[③]。同时，英国通过了《海洋与海岸带法》，成立了“海洋管理组织”，公布了“海洋政策公告”，体现了对海洋经济和海洋生态环境保护的高度重视。

由上述可见，海洋对相关国家经济增长有着举足轻重的作用。目前，海洋对海洋强国GDP（或GVA）的贡献率大多处于1%~2%，这意味着尽管海洋对经济有着显著贡献，但仍有巨大的提升空间，有望在未来实现更大幅度的增长。故此，全球主要海洋国家都高度重视发掘海洋经济潜力，密切关注对海洋生态环境的保护，出台了一系列强有力的海洋政策，以促进海洋资源的可持续利用和海洋产业的繁荣。

（二）我国海洋经济发展概况

2003年，国务院发布了《全国海洋经济发展规划纲要》，这是中国第一部指导海洋经济发展的蓝图，首次明确提出了“逐步把我国建设成为海洋

---

① “爱知生物多样性目标”由联合国生物多样性公约（CBD）成员国在2010年通过，其中目标11要求到2020年，各国应至少保护其沿海和海洋区域的10%。

② 韦有周、杜晓凤、邹青萍：《英国海洋经济及相关产业最新发展状况研究》，《海洋经济》2020年第2期，第52~63页。

③ *UK Maritime Reveals Major £ 116bn Economic Impact*，英国海事官网，2022年6月9日，https：//www.maritimeuk.org/media-centre/news/news-uk-maritime-reveals-major-116bn-economic-impact/。

强国”的战略目标①。2012 年，党的十八大报告首次完整提出了中国海洋强国战略目标，要求提高海洋资源开发能力，发展海洋经济，保护海洋生态环境，坚决维护国家海洋权益，建设海洋强国②。此后，中国政府不断出台相关政策和规划，以推动海洋强国战略的实施。如表 2 所示，这些规划和政策的出台，从财政税收、科技创新、生态保护等方面为海洋强国战略的实施提供了有力的保障。

表 2　2017~2023 年我国海洋产业的主要发展政策

时间	政策名称	主要内容
2017 年 10 月	《国家级海洋牧场示范区建设规划(2017-2025 年)》③	到 2025 年,在全国创建区域代表性强、生态功能突出、具有典型示范和辐射带动作用的国家级海洋牧场示范区 200 个。同时,考虑到各地海域条件、发展水平以及海洋牧场类型各不相同,规划建设数量实行总体统筹、不同地区间动态调整的原则
2018 年 7 月	《关于促进海洋经济高质量发展的实施意见》④	明确将重点支持传统海洋产业改造升级、海洋新兴产业培育壮大、海洋服务业提升、重大涉海基础设施建设、海洋经济绿色发展等重点领域发展,并加强对北部海洋经济圈、东部海洋经济圈、南部海洋经济圈、“一带一路”海上合作的金融支持

① 中华人民共和国中央人民政府官网，2023 年 5 月 9 日，https：//www. gov. cn/gongbao/content/2003/content_ 62156. htm#：~：text =%E5%85%A8%E5%9B%BD%E6%B5%B7%E6%B4%8B%E7%BB%8F%E6%B5%8E。

② 《国家海洋局局长：十八大报告首提“海洋强国”具有重要现实和战略意义》，中国法院网官网，2012 年 11 月 10 日，https：//www. chinacourt. org/article/detail/2012/11/id/785708. shtml#：~：text =%E5%85%9A%E7%9A%84%E5%8D%81%E5%85%AB%E5%A4%A7%E6%8A%A5。

③ 《农业部关于印发〈国家级海洋牧场示范区建设规划（2017-2025 年）〉的通知》，中华人民共和国中央人民政府官网，2017 年 10 月 31 日，https：//www. gov. cn/gongbao/content/2018/content_ 5277757. htm。

④ 《自然资源部 中国工商银行关于促进海洋经济高质量发展的实施意见》，中华人民共和国中央人民政府官网，2018 年 7 月 27 日，https：//www. gov. cn/zhengce/zhengceku/2018 - 12/31/content_ 5440037. htm。

续表

时间	政策名称	主要内容
2018 年 11 月	《关于建设海洋经济发展示范区的通知》①	支持山东威海等 10 个市级以及天津临港等 4 个园区的海洋经济示范区建设，并明确了各示范区的总体目标和主要任务
2021 年 3 月	《中华人民共和国国民经济和社会发展第十四个五年规划和 2035 年远景目标纲要》②	提出建设现代海洋产业体系，打造可持续海洋生态环境，深度参与全球海洋治理，坚持陆海统筹、人海和谐、合作共赢、协同推进海洋生态保护、海洋经济发展和海洋权益维护，加快建设海洋强国
2021 年 12 月	《国务院关于“十四五”海洋经济发展规划的批复》③	优化海洋经济空间布局，加快建设现代海洋产业体系，着力提升海洋科技自主创新能力，协调推进海洋资源保护与开发，维护和拓展国家海洋权益，畅通陆海连接，增强海上实力，走依海富国、以海强国、人海和谐、合作共赢的发展道路，加快建设中国特色海洋强国
2023 年 6 月	《关于加快推进深远海养殖发展的意见》④	拓展深远海养殖空间，推进深远海养殖建设，保障优质水产品供给。坚持市场主导，充分发挥市场在资源配置中的决定性作用，更好发挥政府作用，以养殖生产经营者为主体，以市场需求为导向，全产业链全环节推动深远海养殖发展。坚持科学布局，合理规划布局深远海养殖，完善政策管理制度，加快形成规范有序的深远海养殖发展空间格局、产业结构和生产方式

① 《国家发展改革委 自然资源部关于建设海洋经济发展示范区的通知》，中华人民共和国国家发展和改革委员会官网，2018 年 12 月 24 日，https：//www. ndrc. gov. cn/xxgk/zcfb/tz/201812/t20181225_ 962344. html。

② 《中华人民共和国国民经济和社会发展第十四个五年规划和 2035 年远景目标纲要》，中华人民共和国中央人民政府官网，2021 年 3 月 13 日，https：//www. gov. cn/xinwen/2021-03/13/content_ 5592681. htm。

③ 《国务院关于“十四五”海洋经济发展规划的批复》，中华人民共和国中央人民政府官网，2021 年 12 月 15 日，https：//www. gov. cn/zhengce/content/2021-12/27/content_ 5664783. htm。

④ 《农业农村部、工业和信息化部、国家发展改革委、科技部、自然资源部、生态环境部、交通运输部、中国海警局关于加快推进深远海养殖发展的意见》，中华人民共和国中央人民政府官网，2023 年 6 月 12 日，https：//www. gov. cn/zhengce/zhengceku/202306/content_ 6886007. htm。

续表

时间	政策名称	主要内容
2023年12月	《关于加快推进现代航运服务业高质量发展的指导意见》①	到2035年,形成功能完善、服务优质、开放融合、智慧低碳的现代航运服务体系,国际航运中心和现代航运服务集聚区功能显著提升,海上国际航运中心服务能力居世界前列,现代航运服务业实现高质量发展

中国海洋经济在战略和政策全方位的支持和保障下，呈现量质齐升的态势。海洋领域消费、海洋固定资产投资、海洋对外贸易三大需求有效拉动海洋经济。科技创新引领现代海洋产业体系建设、平台建设与技术创新，绿色与数智技术推动产业升级，共同促进中国海洋经济总量持续快速增长，为国民经济增长助力②。党的十八大以来，海洋产业结构不断调整改善，随着“海洋强国”战略、“陆海统筹”规划、“高质量”发展理念的深入贯彻实施，海洋经济稳步增长，其增速高于国内生产总值增速。但是，受全球疫情和国际经济政治环境变化的影响，2020年海洋生产总值一度下降到80010亿元，表明我国海洋经济抵抗外部冲击的能力较弱，韧性不足。2021年和2022年我国海洋经济发展承压前行，总体平稳，主要经济指标稳步回升。2023年，海洋经济复苏强劲，量质齐升，全国海洋生产总值99097亿元，比上年增长约6.0%，增速比国内生产总值增速高0.8个百分点；占国内生产总值比重为7.9%，比上年增加0.1个百分点。

同时，中国海洋产业结构呈现不断优化趋势，第三产业占比总体上持续上升，呈现以第三产业为主导、第二产业稳步增长、第一产业占比逐渐降低

① 《交通运输部、中国人民银行、国家金融监督管理总局、中国证券监督管理委员会、国家外汇管理局关于加快推进现代航运服务业高质量发展的指导意见》，中华人民共和国中央人民政府官网，2023年12月8日，https://www.gov.cn/zhengce/zhengceku/202312/content_6920269.htm。

② 《2023年海洋生产总值增长6.0% 我国海洋经济量质齐升》，中华人民共和国中央人民政府官网，2024年3月22日，https://www.gov.cn/yaowen/liebiao/202403/content_6940912.htm。

的结构优化趋势。2023 年，海洋第一产业（海洋渔业等）增加值为 4622 亿元，第二产业（海洋油气业、海洋盐业、海洋矿业、海洋交通运输业等）增加值为 35506 亿元，第三产业（海洋旅游业、海洋服务业等）增加值为 58968 亿元，三次产业占比分别为 4.7%、35.8%和 59.5%（见图 1）。

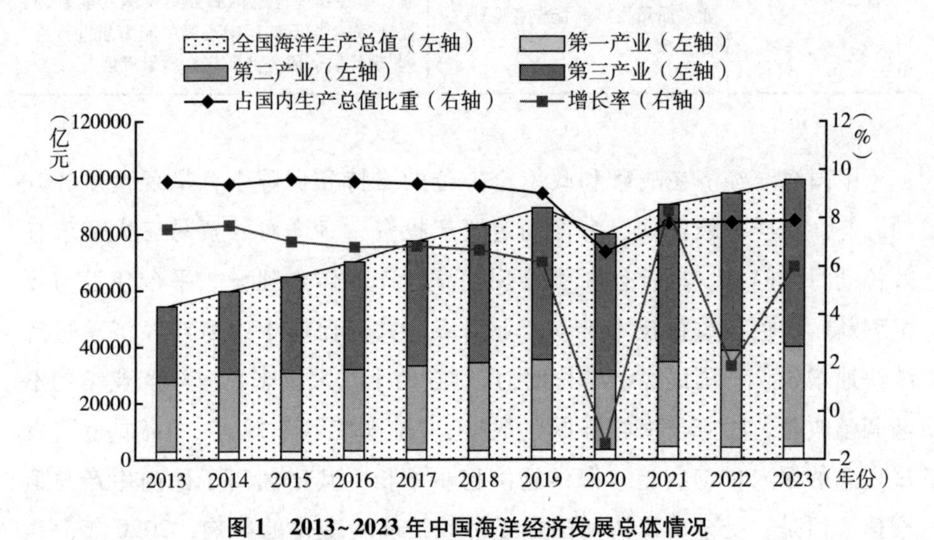

图 1　2013~2023 年中国海洋经济发展总体情况

资料来源：《中国海洋经济统计公报》（2013~2023）。

随着海洋经济总体规模的扩大，海洋产业分类也得到了进一步完善。迄今为止，我国海洋产业已经历了四次分类，由 20 世纪 80 年代的 15 大产业发展到现在的 28 大产业（见图 2），修订过程反映了我国海洋经济活动的演变过程和发展趋势①。2021 年，国家市场监督管理总局（国家标准化管理委员会）发布的新修订的国家标准《海洋及相关产业分类》（GB/T 20794—2021），将海洋经济划分为海洋经济核心层、海洋经济支持层、海洋经济外围层，并设计了 28 个产业大类、121 个产业中类、362 个产业小类。我国目前主要的海洋产业有海洋渔业、沿海滩涂种植业、海洋水产品加工业、海洋油气业、海洋矿业、海洋盐业、海洋船舶工业、海洋工程装备制造业、海洋

① 周洪军、王晓惠：《海洋经济产业分类标准化体系研究》，《海洋经济》2022 年第 3 期，第 83~93 页。

化工业、海洋工程建筑业、海洋电力业、海洋淡水和综合利用业、海洋交通运输业、海洋旅游业等（见图 2）。

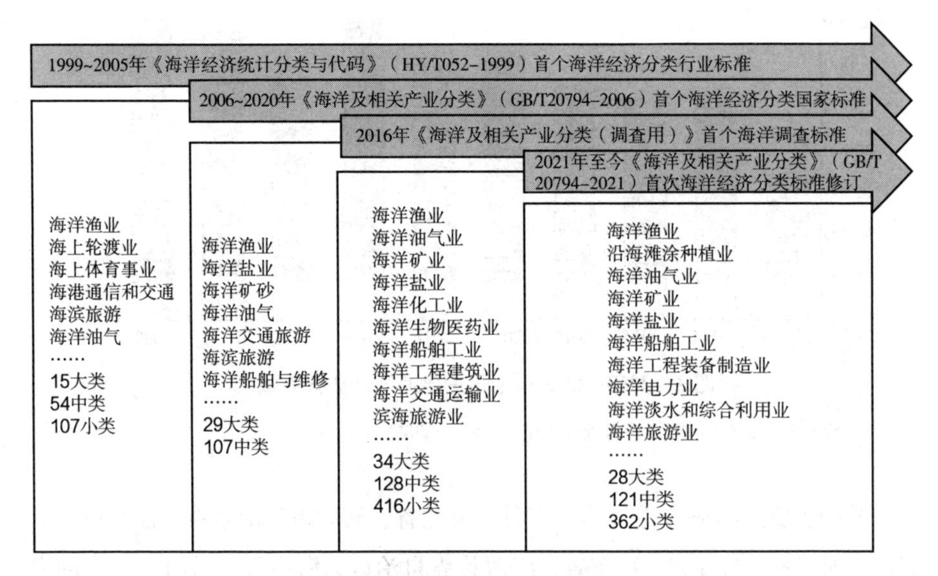

图 2　中国海洋产业分类的演进过程

资料来源：周洪军、王晓惠：《海洋经济产业分类标准化体系研究》，《海洋经济》2022 年第 3 期。

如图 3 所示，滨海旅游业、海洋交通运输业、海洋渔业是我国海洋产业的重要组成部分。滨海旅游业是海洋产业中最主要的产业，2013～2022 年滨海旅游业产值基本呈现稳步上升的趋势。海洋交通运输业是第二大产业，其整体呈现增长趋势，特别是在 2020 年之后，呈现显著的跨越式增长。海洋渔业在 2013～2019 年稳步增长，但随后几年有所波动，2020 年的增长率相对较低，而 2022 年产量总值则出现了显著下降。这种波动可能反映了海洋渔业面临的多种挑战，包括资源枯竭、海洋污染、气候变化等。

总的来说，我国海洋产业近年来取得了显著的进步，不仅在产业规模上逐步扩大，在产业结构上也实现持续优化，新兴产业蓬勃发展，对国民经济的贡献日益显著。

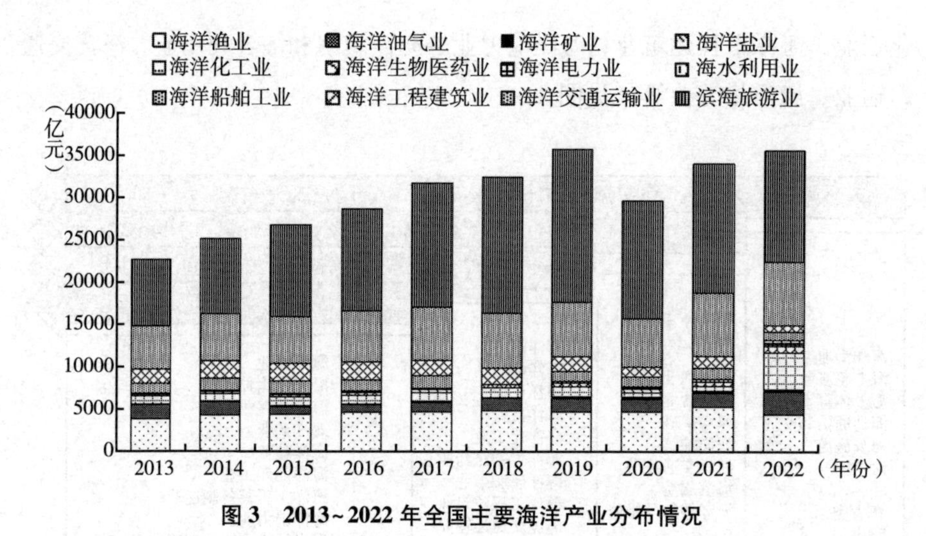

图 3　2013~2022 年全国主要海洋产业分布情况

资料来源：《中国海洋经济统计公报》（2013~2022）。

我国主要的沿海省份包括辽宁省、河北省、天津市、山东省、江苏省、上海市、浙江省、福建省、广东省、广西壮族自治区、海南省，沿海省区市的海洋经济在其经济总量中占据重要地位。以广东省为例，2023 年，广东省海洋生产总值达 18778.1 亿元，同比名义增长 4.0%，占地区生产总值的 13.8%，占全国海洋生产总值的 18.9%，海洋经济总量连续 29 年居全国首位。①

山东省、福建省的海洋经济规模紧随其后，海洋经济格局也各具特色。山东省凭借其丰富的海洋资源和强大的制造业基础，在海洋经济总量和增速方面均居前列。福建省则依托其独特的地理位置和丰富的海洋资源，大力发展海洋第三产业，为海洋经济的持续发展注入了新动力。

从产业结构的角度来看，我国沿海省区市的海洋经济发展呈现多样化的特点，各省份根据自身资源禀赋和经济发展阶段，制定了不同的海洋经济发展策略。海南省作为中国最南端的岛屿省份，拥有得天独厚的海洋环境和丰富的自然资源，这为其海洋第一产业的发展提供了得天独厚的条件。海南省

① 《广东海洋经济发展报告（2024）》，广东省自然资源厅网站，https：//nr.gd.gov.cn/attachment/0/557/557123/4479269.pdf#：~：text = %E7%94%A8%E4%B8%8D%E6%96%AD%E5%87%B8%E6%98%BE%E3%80%82。

的海洋第一产业，主要包括海洋渔业、海水养殖业等，其增加值在全省海洋经济总量中占较大比重。相比之下，山东省在海洋经济发展上则更加侧重于第二产业的培育与壮大，其海洋制造业，如海洋船舶工业、海洋工程装备制造业、海洋化工等，在全国具有重要地位。而海南省和上海市，则将海洋第三产业的发展作为重点。海南省凭借其独特的热带海岛风光和丰富的旅游资源，大力发展海洋旅游业，推动旅游与相关产业的深度融合，形成了多元化、高品质的旅游产品和服务体系。上海市作为中国的经济中心城市，其海洋第三产业的发展同样引人注目。上海市充分利用其国际大都市的地位和优越的地理位置，积极发展海洋金融、海洋贸易、海洋信息服务等高端服务业，构建了具有国际竞争力的海洋服务体系（见图 4、表 3）。

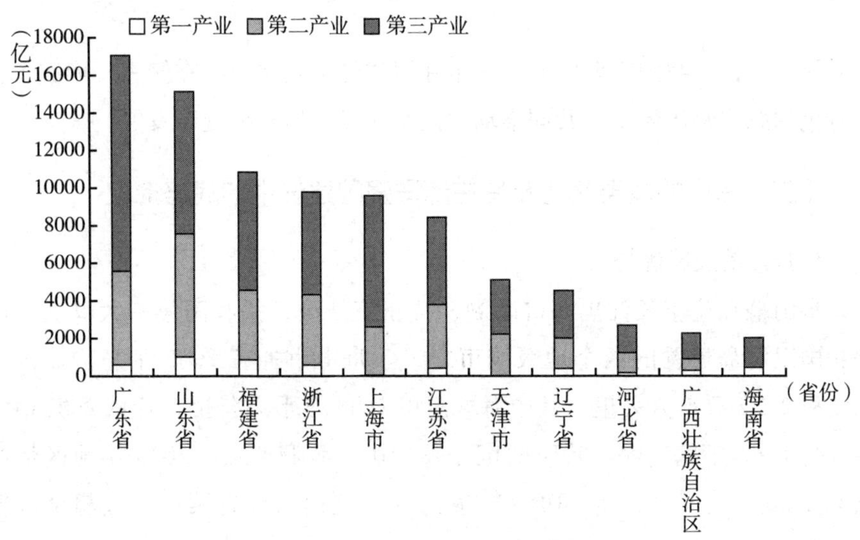

图 4　2022 年中国沿海省区市经济规模

资料来源：2023 年《中国海洋经济统计年鉴》。

表 3　2022 年中国沿海省区市海洋经济三次产业增加值占比情况

单位：%

省份	第一产业比例	第二产业比例	第三产业比例
广东省	3. 11	29. 33	67. 56
山东省	5. 92	43. 64	50. 44

续表

省份	第一产业比例	第二产业比例	第三产业比例
福建省	7. 35	35. 26	57. 40
浙江省	5. 32	38. 02	56. 66
上海市	0. 09	27. 16	72. 76
江苏省	3. 34	41. 56	55. 10
天津市	0. 18	41. 45	58. 37
辽宁省	8. 22	35. 59	56. 19
河北省	5. 57	39. 06	55. 38
广西壮族自治区	10. 44	28. 79	60. 77
海南省	14. 52	6. 59	78. 88

资料来源：2023 年《中国海洋经济统计年鉴》。

综上所述，我国主要沿海省区市在海洋经济发展上各有侧重，形成了各具特色的海洋经济体系，共同推动中国海洋经济的持续健康发展。

（三）舟山的发展优势及其在海洋强国建设中的战略地位

1. 舟山的发展优势

舟山群岛位于长江出海口南侧、杭州湾外缘，是我国第一大群岛，也是我国以海岛建置的两个地级城市之一。舟山市拥有 2085 个岛屿，区域总面积 2. 22 万平方公里，其中海域面积 2. 08 万平方公里，陆域面积 1458 平方公里①，下辖定海、普陀两区以及岱山、嵊泗两县。2023 年地区生产总值 2100. 8 亿元，人均 GDP 17. 96 万元，位列浙江省第一，远超全国平均水平。

舟山海洋资源禀赋独特，素有“海天佛国、渔都港城”的美誉。海岛岸线总长 2788 公里，其中，水深 15 米以上岸线 200. 7 公里，水深 20 米以上岸线 103. 7 公里，适宜开发建港的深水岸线有 50 多处，总长 279. 4 公里，

① 《2023 舟山统计年鉴》，舟山市统计局网站，2023 年 12 月 18 日，http：//zstj. zhoushan. gov. cn/col/col1229774343/index. html。

占浙江省的50%以上，占全国的20%[①]。风能、海流能、潮汐能、波浪能、盐差能等海洋能资源蕴藏量巨大。海洋生物资源富集，拥有鱼、虾、贝、藻700多种[②]，其中，经济鱼类300多种。渔场面积广阔，四季皆有渔汛，盛产大黄鱼、小黄鱼、带鱼、梭子蟹等水产品，是世界著名的四大渔场之一。海洋文化底蕴深厚，岛屿形态多样，集海湾、岛礁、沙滩等各种自然景观于一体，拥有普陀山、嵊泗列岛两个国家级风景名胜区和岱山、桃花岛两个省级风景名胜区，是我国著名的旅游目的地。

2011年6月，国务院批复设立浙江舟山群岛新区，舟山成为继上海浦东新区、天津滨海新区、重庆两江新区之后的第四个国家级新区，也是我国首个以海洋经济为主题的国家级新区。2016年4月，国务院批复设立舟山江海联运服务中心，舟山承担了以江海联运新型运输方式为载体支撑长江经济带发展的战略任务。2017年4月，第三批自由贸易试验区挂牌，中国（浙江）自由贸易试验区获批的119.95公里实施范围全部位于舟山境内。舟山承担了以油品为核心探索大宗商品自由贸易的新使命。三大国家战略叠加使舟山在海洋资源优势、港航区位优势的基础上获得了更加具有激励作用的政策优势，给舟山加快发展海洋经济、实现更高水平对外开放带来了新的历史机遇。

2. 舟山在海洋强国建设中的战略地位

舟山地处我国南北海运大通道和长江黄金水道的交汇处，通往中国的7条国际航道中有6条经过舟山，在政治、经济、军事和对外交往方面具有突出的地缘优势，是中国面向环太平洋的桥头堡和海上开放门户。

2012年，党的十八大将建设海洋强国上升为国家战略。2013年7月30日，习近平总书记在中央政治局就海洋强国研究进行的第八次集体学习时强调，“21世纪，人类进入了大规模开发利用海洋的时期。海洋在国家经济发展格局和对外开放中的作用更加重要，在维护国家主权、安全、发展利益中的地位更加突出，在国家生态文明建设中的角色更加显著，在国际政治、经

---

① 《2023舟山统计年鉴》，舟山市统计局网站，2023年12月18日，http://zstj.zhoushan.gov.cn/col/col1229774343/index.html。

② 《舟山市志》概述。

济、军事、科技竞争中的战略地位也明显上升”。[①] 作为我国沿海地区重要的海洋城市，舟山因独特的地理区位条件，必将在经略海洋、建设海洋强国中发挥更加重要的作用。从地理区位看，舟山位于我国海岸线和长江出海口的交汇处，向外以700公里为半径的扇面辐射至我国台湾、韩国釜山、日本九州及奄美诸岛，距日本冲绳630公里，距韩国济州岛仅450公里，是我国开发西太平洋资源、保障国家安全的战略基地。从经济发展的角度看，舟山优越的海洋资源，尤其是港口资源，对于新时期保障我国油品、铁矿石、粮食、有色金属等资源能源安全具有重要的战略价值。从对外开放的角度看，舟山是长三角经济圈和长江经济带对外开放的门户，是“21世纪海上丝绸之路”重要的节点，在我国区域开放布局中发挥着先导作用，对于沟通国内国际两个市场、参与全球资源配置意义重大。

二 舟山海洋经济发展历程、现状与挑战

在漫长的历史进程中，舟山“兴渔盐之利、舟楫之便”，依托海洋资源优势培育出海洋捕捞业、海盐业、造船业等一批传统海洋产业，孕育了特色鲜明的海洋文化。新中国成立后，舟山人民群众在社会主义建设过程中爆发出极大的热情，以蚂蚁岛为代表的舟山渔民发扬“艰苦创业、敢啃骨头、勇争一流”的精神，创办了全国第一个海岛人民公社，通过兴办集体渔业逐步从落后的近海采捕过渡到以机帆船捕捞为主的海洋渔业，并带动了机械制造和水产品流通等行业的发展。改革开放以来，舟山个体、私营和股份制渔业兴起，民营经济迅猛发展，为舟山海洋经济注入了强大的发展动力。

2003年，时任浙江省委书记的习近平同志着眼浙江经济社会转型发展的需要，提出了面向未来的“八八战略”[②]，把建设海洋经济强省作为“八

① 习近平：《在中共中央政治局第八次集体学习时的讲话》，《人民日报》2013年8月1日，第1版。

② “八八战略”指的是中国共产党浙江省委员会在2003年7月举行的第十一届四次全体（扩大）会议上提出的面向未来发展的八项举措，即进一步发挥八个方面的优势、推进八个方面的举措。

八战略”的重要内容。舟山是浙江海洋资源最富集的区域，是浙江建设海洋经济强省的排头兵和主阵地。习近平同志高度重视舟山的战略地位，先后14次到舟山调研，明确要求舟山深入贯彻“八八战略”，把海洋经济这篇文章做深做大，加快建设海洋经济强市。“八八战略”提出20年来，舟山充分发挥海洋区位优势，坚持以海洋经济为主题，坚持一张蓝图绘到底，着力构建现代海洋产业体系，积极推进改革创新，大力推动开放发展，在建设海洋强国和海洋经济强省的过程中展现了舟山的担当与作为。

（一）舟山海洋经济发展历程及现状

1. 海洋经济带动区域经济快速增长

海洋经济是舟山区域经济的核心组成部分，占舟山地区经济总量的比重长期保持在60%以上，海洋经济的发展水平在很大程度上决定了舟山区域经济的发展状况。2000年以来，舟山加快推进海洋经济强市建设，港口和临港工业进入快速发展阶段，海洋经济增加值逐年大幅增长。2005年，舟山市海洋经济增加值占GDP比重达62%，2010年达63.9%，2015年达64.9%。2023年，舟山市海洋经济增加值达1449亿元，占GDP比重提升到69%①，是我国沿海城市中海洋经济占比最高的城市。在海洋经济的带动下，舟山地区经济连续11年保持10%以上的增长速度，在长三角城市群中居前列，地区生产总值也从2000年的122亿元增加到2010年的609亿元。2011年舟山群岛新区设立以来，舟山坚持把海洋经济作为新区发展的主题，按照“一体一圈五岛群”的总体开发格局加快建设大宗商品储运中转加工交易中心、现代海洋产业基地和国际旅游目的地，海洋经济与地区经济同步保持高速增长的态势。2011~2023年，舟山GDP年均增长9.7%，在浙江11个地级及以上城市中保持第一。2023年，舟山市GDP达到2100亿元，总量迈上新台阶（见图5）。

---

① 《2023舟山统计年鉴》，舟山市统计局网站，2023年12月19日，http://zstj.zhoushan.gov.cn/art/2023/12/19/art_1229774344_58867463.html。

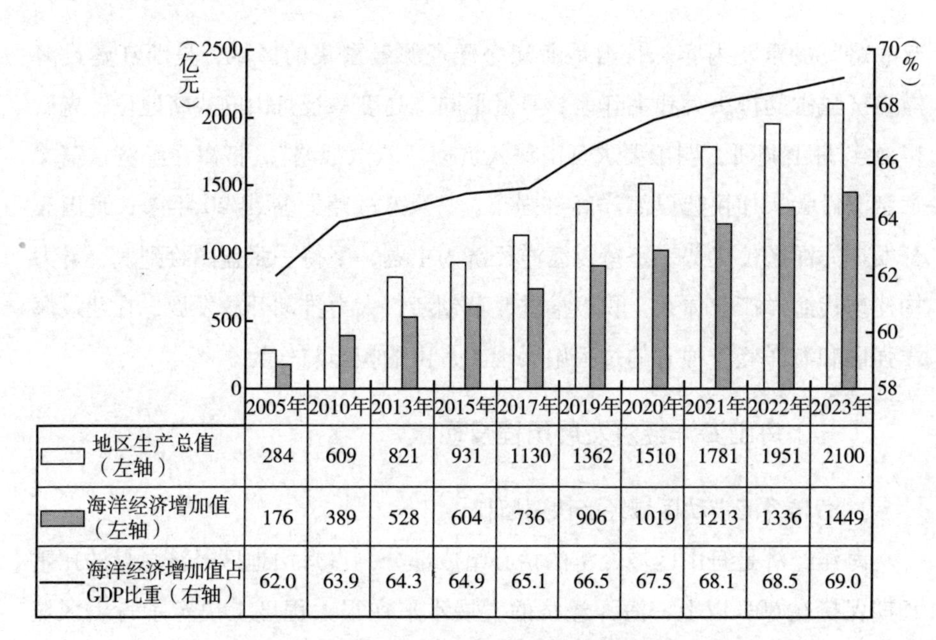

	2005年	2010年	2013年	2015年	2017年	2019年	2020年	2021年	2022年	2023年
地区生产总值（左轴）	284	609	821	931	1130	1362	1510	1781	1951	2100
海洋经济增加值（左轴）	176	389	528	604	736	906	1019	1213	1336	1449
海洋经济增加值占GDP比重（右轴）	62.0	63.9	64.3	64.9	65.1	66.5	67.5	68.1	68.5	69.0

图5　舟山市主要年份 GDP 及海洋经济增加值占比

资料来源：舟山市统计局：《2023 舟山统计年鉴》“表 1-4 国民经济和社会发展主要指标”，http：//zstj. zhoushan. gov. cn/art/2023/12/19/art_ 1229774344_ 58867463. html。2023 年数据来源于《2024 年舟山市政府工作报告》。

2. 海洋产业结构实现重大调整

21 世纪初期，舟山依托“渔港景”资源优势，培育起海洋渔业、水产加工、海洋旅游以及港口航运等海洋产业。但是，与浙江省其他城市相比，舟山经济发展水平相对落后，海洋一二三产业结构不协调，海洋第一产业和第三产业的占比较高，临港工业发展缓慢、技术水平偏低。2000 年，以海洋渔业为主体的第一产业占 GDP 的比重高达 26. 7%，而第二产业占比长期低于 35%。同一时期，浙江省第一产业比重已降低到 10. 3%，第二产业比重超过 51%。为了推动地区经济结构调整、提高经济发展水平，舟山把临港工业和港口航运业作为重要突破方向，海洋产业结构逐步优化。

从国民经济的比例关系看，三次产业结构从“三二一”调整为“二三一”，第二产业成为舟山经济发展的支柱。2000 年，舟山三次产业结构为 26. 7 : 29. 6 : 43. 7。2010 年，舟山第一产业比重降低至 10% 以下，第二产业比重大幅提升到40%以上，三次产业结构调整为9.8∶42.2∶48.0[①]，结构明显优化。2023年，舟山三次产业结构进一步调整为8.7∶47.9∶43.4[②]。

从工业经济内部结构看，临港重化工业占比大幅提升，成为工业经济的主导力量。舟山工业经济长期以水产加工等轻工业为主，到2007年，随着船舶工业、装备制造和石化工业的发展，这一情况开始发生根本性变化。2000年，舟山工业总产值128亿元，其中轻工业产值83亿元，重工业产值45亿元，轻重工业比例为65∶35。2007年，舟山工业总产值增加到643亿元，重工业总产值首次超过了轻工业，达353亿元，轻重工业比例调整为45∶55。2022年，舟山规上工业总产值大幅增加到3350亿元，其中重化工业总产值3122.5亿元，占比高达93%，轻重工业比例进一步调整为7∶93（见图6）。

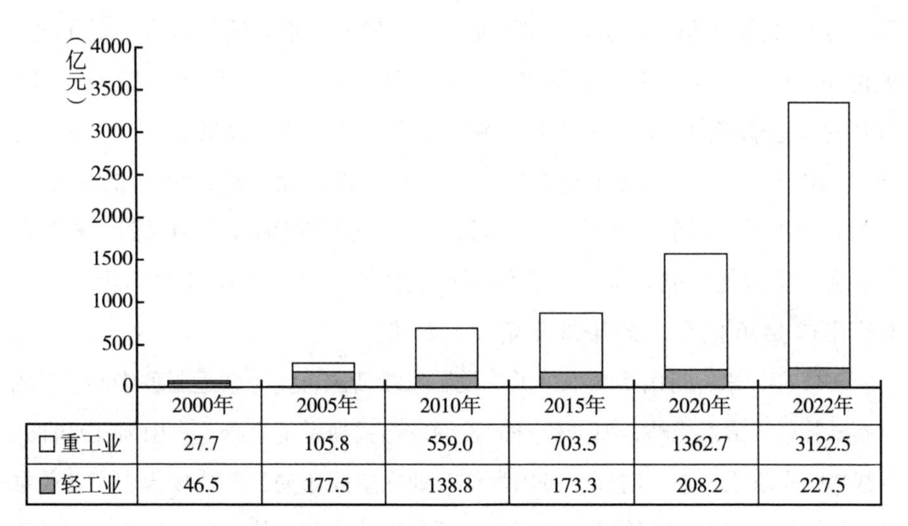

	2000年	2005年	2010年	2015年	2020年	2022年
□重工业	27.7	105.8	559.0	703.5	1362.7	3122.5
■轻工业	46.5	177.5	138.8	173.3	208.2	227.5

图6　舟山市主要年份规上工业生产总值

资料来源：舟山市统计局：《2023舟山统计年鉴》“表1-4 国民经济和社会发展主要指标”，http：//zstj.zhoushan.gov.cn/art/2023/12/19/art_1229774344_58867463.html。

---

① 《2010舟山统计年鉴》“表1-7 国民经济主要比例关系”，舟山市统计局网站，http：//zstj.zhoushan.gov.cn/art/2018/10/26/art_1228961295_39042398.html。

② 舟山市统计局、国家统计局舟山调查队：《2023年舟山市国民经济和社会发展统计公报》，2024年5月15日，https：//www.zhoushan.gov.cn/art/2024/5/15/art_1229289064_3859990.html。

3. 现代海洋产业体系日益完善

改革开放以来，舟山海洋产业先后经历了三个发展阶段。

1978~2002年，是地方自发推动海洋产业发展阶段。这一时期，国家层面对于海洋经济尚未形成系统的支持政策，舟山在地方政府的主导下，依托“渔港景”等海洋资源优势，海洋渔业、水产加工、海盐业和海岛旅游等产业取得了较大的发展，为实现工业化奠定了基础。

2003~2010年，是舟山海洋产业转型发展阶段。在“八八战略”和“海洋经济强省”的引领下，舟山形成了较为明确的海洋经济发展方向，基于海洋产业发展水平低、产业结构的高度化和合理化仍未实现等现实情况，开始大力推动传统海洋产业转型升级并布局发展新的海洋产业。海洋渔业在压缩近海捕捞的基础上拓展远洋渔业、大力发展海水养殖，形成了多元化发展格局。船舶与海洋工程装备制造产业迅速发展，到2010年，形成了800万吨的年造船能力，造船完工量、新接订单量和手持订单量三大指标均超全国10%以上份额[①]，船舶工业产值猛增到548.85亿元，是2005年的8.4倍，成为我国重要的船舶工业基地。同时，舟山加快布局海洋生物医药、航运服务、大宗资源能源储备等产业，海洋产业快速壮大，2010年全市海洋经济总产出达1436亿元，比2005年增长1.18倍。

2011年以来，舟山相继承担了建设国家级新区、江海联运服务中心、自由贸易试验区等国家战略，海洋经济的发展方略更加系统完善，舟山海洋产业进入战略引领阶段。这一时期，舟山海洋产业在空间布局、产业规模、产业关联性、科技创新和产业政策等各方面都实现了新的突破，基本形成较为坚实的现代海洋产业发展基础。以石化和新材料产业为核心，船舶修造、水产加工、清洁能源及装备、现代航空等产业协同发展的临港先进制造业集群逐步发展成熟，成为舟山海洋经济的主导力量。2023年，舟山石化和新材料产业总产值2750亿元，“一条鱼”全产业链产值突破1062亿元[②]，船舶及海工装备产值280亿元，

---

① 徐张艳主编《蔚蓝之路——舟山改革开放40年研究》，浙江人民出版社，2018，第77~78页。

② 舟山市人民政府：《2024年政府工作报告》，2024年2月7日，https://www.zhoushan.gov.cn/art/2024/2/7/art_1229789526_3872592.html。

风电装机总容量达到133万千瓦。海事服务、海洋旅游和海洋科技创新等服务业提质升级，与临港制造业集群相互促进、融合发展，海洋产业体系更加丰富多元。2023年，海事服务总产值突破500亿元，旅游接待人数达1450万人次，旅游总收入230亿元。启动建设东海实验室、长三角海洋生物医药创新中心、东海微芯院等一批创新平台，R&D经费支出占GDP比重提高到2.1%，高新技术产业增加值占规上工业增加值比重达到80%。

4. 港口航运业迅速发展

突出的港口优势是舟山发展海洋经济、高水平对外开放的重要依托。舟山港口发展起步于20世纪80年代。1987年，舟山港开港运营，当年的货物吞吐量达到296万吨。1995年，舟山港口货物吞吐量突破千万吨大关，2004年舟山港口货物吞吐量增加到7359万吨①。2005年，在习近平同志亲自推动下，宁波、舟山两港按照“统一规划，统一建设，统一管理，统一品牌”的原则实现了一体化发展。2015年，两港进一步实现了以资本为纽带的实质性整合，组建了宁波舟山港集团。两港一体化以来，宁波舟山港优势叠加，港口货物吞吐量连续14年居全球第一。2023年，宁波舟山港货物吞吐量达13.24亿吨②，是全球唯一总吞吐量超过10亿吨的超级大港。在港口一体化的带动下，舟山港口的发展步伐进一步加快。2006年，舟山港域货物吞吐量达11418万吨，成为亿吨级大港；2023年，舟山港域货物吞吐量达到6.51亿吨，占宁波舟山港总吞吐量的49%（见图7）。截至2023年末，舟山全市生产性泊位达到359个，其中万吨以上深水泊位96个；海上运输船舶1241艘，运力达902.7万载重吨，其中，万吨级以上船舶217艘，运力585.2万载重吨③。同时，舟山充分发挥辐射长江经济带、沟通全球市场的航运优势，加快建设江海联运服务中心。建成“江海联运在线”公共

---

① 舟山市统计局：《2005舟山统计年鉴》“表6-7 港口货物吞吐量”，2006年10月27日，http：//zstj.zhoushan.gov.cn/art/2006/10/27/art_1228961203_39030704.html。

② 浙江省港航管理中心：《2023年12月份浙江省港口生产主要统计指标》，2024年1月9日，http：//jtyst.zj.gov.cn/art/2024/1/9/art_1229327548_59035567.html。

③ 舟山市统计局：《2023年舟山市国民经济和社会发展统计公报》，2024年3月18日，http：//zstj.zhoushan.gov.cn/art/2024/3/18/art_1229339440_3845482.html。

信息平台，相继开通至重庆、荆州、九江等长江中上游城市的运输航线，打造全国首个江海直达船舶“运力池”，总运力达 18.6 万载重吨，规模全国最大。2023 年，舟山江海联运量达 3.21 亿吨[①]。

舟山港域在发展过程中遵循优势互补、差异化发展的原则，明确把油品、铁矿石、煤炭、粮食、有色金属等大宗资源能源储备运输作为发展方向，形成了以水水中转和工业资源运输为特色的综合性港口。重点打造以国家战略石油和商业石油相结合的油品储运体系，相继建成岙山国家战略石油储备基地和册子岛、岑港、黄泽山岛、外钓岛、东白莲岛等一批商业石油储备基地，截至 2023 年末，油品总库容达 3867.6 万立方米，全年油气吞吐量 15732 万吨[②]。以中转、储备、加工一体化发展为导向，相继建成嵊泗马迹山、鼠浪湖岛、凉潭岛等大型铁矿石储运基地，2023 年金属矿石吞吐量 18436 万吨。

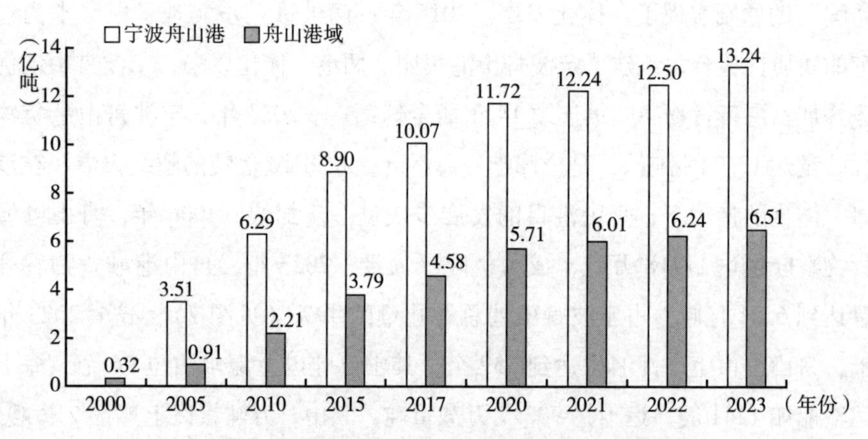

图 7　主要年份宁波舟山港港口货物吞吐量

资料来源：宁波舟山港货物吞吐量数据来源于《2022 年浙江统计年鉴》《2016 年浙江统计年鉴》《2008 年浙江统计年鉴》。舟山港货物吞吐量数据来源于《2023 舟山统计年鉴》，其中，2023 年数据来源于《舟山市统计公报》。

---

① 舟山市人民政府：《2024 年政府工作报告》，2024 年 2 月 7 日，https：//www.zhoushan.gov.cn/art/2024/2/7/art_1229789526_3872592.html。

② 舟山市人民政府：《2024 年政府工作报告》，2024 年 2 月 7 日，https：//www.zhoushan.gov.cn/art/2024/2/7/art_1229789526_3872592.html。

5. 对外开放层次显著提高

海洋经济是开放型经济。舟山着眼高水平利用国际国内两个市场、两种资源，把开放发展作为拓展海洋经济发展空间的重要方向，开放范围不断扩大，开放层次不断提高，基本形成以制度型开放为引领的开放发展格局。

1987 年，舟山口岸正式对外开放，开放面积为 0.44 平方公里。1997 年，舟山口岸扩大开放，重新调整了沈家门、老塘山作业区对外开放范围，开放面积扩大至 291.09 平方公里。2007 年，舟山口岸开放水陆域总面积达 1130 平方公里。2011 年，国务院批复设立浙江舟山群岛新区，舟山市在新区发展规划中明确将打造“对外开放门户岛”作为发展目标，提出条件成熟时探索建立自由贸易园区和自由港区的发展构想。2012 年 9 月 29 日，舟山港综合保税区正式获批，总规划面积为 5.85 平方公里，其发展方向是充分利用港口资源和功能优势，发展现代海洋产业、商品国际贸易和大宗商品港口物流业，打造具有国际竞争力的新型贸易港区。2023 年，舟山港综合保税区进出口总额达 48.8 亿美元，其中，出口额为 19 亿美元，进口额为 29.8 亿美元。

党的十八大以来，中央为了推动高水平对外开放，开始加快构建面向全球的高标准自由贸易区网络。2017 年 3 月，第三批自由贸易试验区扩围，中国（浙江）自由贸易试验区成功获批。浙江自由贸易试验区总面积 119.95 平方公里，全部位于舟山市境内①，划分为离岛片区、本岛北部片区和本岛南部片区。其战略定位是“以制度创新为核心，以可复制可推广为基本要求，将自贸试验区建设成为东部地区重要海上开放门户示范区、国际大宗商品贸易自由化先导区和具有国际影响力的资源配置基地”。② 自贸试验区设立以来，舟山市按照“一中心三基地一示范区”思路，加快建设国际油气交易中心、国际海事服务基地、国际石化基地、国际油品储运基地和大宗商品跨境贸易人民币国际化示范区。围绕大宗商品贸易投资自由化便利

① 2020 年 9 月 21 日，国务院发布《中国（浙江）自由贸易试验区扩展区域方案》，增设宁波、杭州、金义三个片区。

② 《国务院关于印发中国（浙江）自由贸易试验区总体方案的通知》（国发〔2017〕16 号）。

化国际化积极推动制度创新，截至2023年末，累计形成11个批次共299项制度创新成果，其中，全国首创137项，全国复制推广32项，首创率和复制推广率在各自贸试验区中位居前列。截至2023年末，舟山片区累计集聚油气贸易企业1.4万余家，实际利用外资累计达180494万美元①，占同时期全市实际利用外资总额的60%。建成全国最大的油气储运加工贸易基地，浙石化4000万吨/年炼化一体化项目建成投产；2023年线上油气交易额达1508亿元；国际航行船舶保税燃料油加注业务快速发展，船用燃料油直供量从2016年的106万吨猛增至2023年的705万吨②，成为全球第四、全国第一大加油港。

（二）舟山海洋经济发展面临的挑战

1. 港产城一体化发展存在诸多制约因素

港产城一体化发展是港口城市从传统工业城市向现代海洋城市转型的重要途径。与国内外发达的港口城市相比，舟山港口发展与临港产业、城市发展、服务业发展的协调性不强，港产城一体化发展水平有待提升。一是港口布局较为分散，港区、城区和产业园区的协同性以及空间关联度较低，要素共享性差，各功能区相互支撑、联动发展的水平不高。二是大宗散货加工和贸易产业发展不足，尚未形成“港口发展—资源集聚—产业延伸—要素集聚—城市进位”的良性互动，产业链延伸的广度和深度都有待拓展。三是港口产业链能级较低，高端航运资源集聚能力弱，现代物流和航运服务业发展不充分，航运业“小散弱”格局未得到根本改变。

2. 海洋生态环境面临较大压力

保护海洋生态环境是实现海洋经济可持续发展、建设海洋生态文明必须坚守的底线。舟山坚决贯彻习近平生态文明思想，加大海洋生态环境综合治

① 根据中国（浙江）自由贸易试验区舟山片区统计月报整理，http：//china-zsftz. zhoushan. gov. cn/art/2019/1/4/art_ 1228974585_ 41518596. html。

② 根据中国（浙江）自由贸易试验区舟山片区统计月报整理，http：//china-zsftz. zhoushan. gov. cn/col/col1228974585/index. html。

理的力度，海洋生态环境保护工作取得积极成效，但仍面临一些深层次问题。一是舟山渔场大黄鱼、乌贼、马面鲀等高价值经济鱼类的捕捞量仍处于较低水平，且带鱼的捕捞量近年来也开始大幅减少，近海渔业资源衰退的状况仍未根本扭转。二是受长江口、钱塘江、甬江等外部污染源输入影响，舟山海域水质富营养化严重、劣四类水质面积仍然较大。《2023 年中国海洋生态环境状况公报》显示，长江口和杭州湾劣四类海水面积 16640 平方千米，占全国的 78%，其中大部分位于舟山海域。三是海域围垦、港口建设等涉海工程影响海湾、滩涂、海岛的生态功能，对舟山海域海洋生物资源造成一定破坏，潮间带生物物种日益减少、多样性较低，海域生态系统健康不乐观。

3. 海洋经济高质量发展面临资源要素约束

推动海洋经济高质量发展是新时期舟山建设现代海洋城市的重要任务，但是，受宏观政策、环境容量、产业结构等方面的影响，舟山海洋经济高质量发展的资源要素约束日益凸显。一是随着海洋经济的快速发展，对海域、海岛、岸线等空间资源的需求大幅增加，由于海洋资源开发利用方式单一且需要同时兼顾城市建设、产业发展、海洋生态保护各方面需求，用海矛盾日益突出。二是舟山土地资源紧张，布局海洋产业需要通过海域围垦来解决用地问题，但由于国家围填海政策逐步收紧，舟山绿色石化基地三期、黄泽山、小衢山、双子山油品储运基地等重大海洋产业项目用地指标紧张，海洋资源保护与重大战略项目要素保障的矛盾亟待化解。三是临港重化工业迅速发展大幅推高了舟山的能源消耗总量并产生新的环境污染风险，日趋严格的碳排放“双控”政策对舟山下一阶段海洋产业布局产生较强的指标约束。

4. 海洋科技创新策源能力较弱

新时期，海洋科技创新将对培育海洋新质生产力、推动海洋经济高质量发展产生决定性影响。受城市能级制约，舟山海洋科技创新体系不完善，海洋科技创新策源能力亟待提升。一是缺乏高层次海洋科创载体，国家级科技创新平台仅 14 家，远远落后于青岛、厦门、宁波等海洋城市，海洋科技创新支撑能力亟待提高。二是“高精尖”海洋创新人才和科技创业领军人才引进较为困难，海洋基础科学和应用技术领域缺乏高端科研人才，重大科技成果数量少。三是 R&D 经费投入不足，2022 年，全社会 R&D 经费投入仅 40.91 亿元，占 GDP 的 2.1%[①]，投入总量和强度都处于浙江省后列。四是高校、科研机构与企业之间的合作不够深入，缺乏有效的技术转移和成果转化机制，产学研结合不紧密。

5. 海洋金融发展滞后制约海洋经济

海洋金融对于促进海洋经济发展具有重要的基础支撑作用。长期以来，金融行业一直将海洋经济视同一般的产业部门提供投融资服务，适应海洋经济投资规模大、周期长、风险高等特殊性的海洋金融服务发展滞后，一定程度上制约海洋经济的高质量发展。一是涉海金融市场体系不完善，缺乏针对海洋经济的专门金融产品，海洋企业融资渠道狭窄，金融服务专业化能力有待提高。二是海洋经济具有高风险特性，相关金融机构在风险评估和管理方面的能力相对较弱，导致海洋金融服务的安全性和稳定性不足。三是海洋金融领域专业人才匮乏，缺乏既懂海洋经济又懂金融的复合型人才和先进的金融科技手段，影响海洋金融服务的质量和效率。四是针对海洋金融的专项政策不完善，海洋金融的发展缺乏系统性的政策引导。

三 舟山海洋经济战略布局、发展规划与展望

2011 年以来，舟山相继承担了建设国家级群岛新区、江海联运服务中心、自由贸易试验区等国家战略。为了深入实施“八八战略”、加快推动国家战略落地，舟山以新发展理念为引领，坚持把海洋经济作为发展主题，经济实力大幅提升，“四个舟山”建设取得重大进展。党的二十大提出了以中国式现代化全面推进中华民族伟大复兴的历史任务，舟山着眼共同富裕先行和浙江省域现代化先行，把海洋经济高质量发展作为先行探索的关键性、战

① 舟山市统计局：《2023 舟山统计年鉴》“表 11－17 全社会 R&D 经费投入情况”，http://zstj.zhoushan.gov.cn/art/2023/12/20/art_1229774356_58867507.html。

略性、牵引性问题，提出了“高水平建设现代海洋城市”的战略目标，为新的历史条件下舟山向海图强、向海开放确立了新的发展方向。

（一）全域战略布局

“高水平建设现代海洋城市”是2022年在中共舟山市委第八次代表大会上提出的战略目标，是进一步放大舟山的海洋优势、凸显自身战略价值、实现海洋经济高质量发展的必然选择。现代海洋城市发展战略统筹服务国家大局与区域经济社会发展，统筹海洋经济与社会、文化、生态等各领域发展，着眼集成推进系列国家战略、实现“四个舟山”向现代海洋中心城市迭代演进，从六个方面对舟山未来发展做出系统布局。

1. 构筑国内国际双循环海上开放门户

充分发挥国家级新区、自贸试验区、江海联运服务中心等国家战略政策叠加优势，锚定世界一流强港、东部地区重要海上开放门户、大宗商品资源配置新高地等发展目标，打造对接高标准国际贸易规则、参与全球资源配置、链接国内国际双循环的海上枢纽节点。以制度型开放为重点深入实施自贸试验区提升战略，加快探索大宗商品自由贸易新路径。推动海事服务业开放发展，建设国际海事服务基地。进一步提升大宗商品储备能力，加快构建储备、运输、加工、交易、结算各环节相互衔接、全链条布局的大宗商品资源配置枢纽。完善外联内通的港口集疏运体系，优化港区布局，加密辐射长江经济带的江海联运直达航线，重点拓展共建“一带一路”国家航线，推动港口、产业、城市、贸易一体化发展，支持宁波舟山港向世界一流强港迈进。

2. 打造高质量发展的国家海洋战略重地

把海洋经济作为高质量发展的主战场，进一步深耕海洋、经略海洋，加快建设海洋经济强市，努力成为海洋强国重要战略支点和海洋经济高质量发展标杆。加大海洋科技研发投入力度，聚焦重点实验室和海洋高等教育，培育高能级科创平台，重点强化科技型企业梯队建设，推动科技成果转化，增强海洋科技创新策源能力，打造海洋科技创新港。以全产业链发展为导向，实施海洋经济翻番行动计划，加快构建以石化新材料为重点的九大现代海洋产业链，建设八大高能级海洋产业发展平台，培育一批百千亿级海洋产业群，构建现代海洋产业体系。加快智慧海洋舟山试点建设，推动数字技术与海洋产业深度融合，进一步拓展数字技术在港航物流、临港工业、国际贸易、海事服务、海洋管理等领域的应用场景，建设数字海洋。

3. 建设山海共美的海上花园城市

突出群岛型海洋城市特色，全面提升城市能级，着力建设宜居宜业的海上花园城市，以高品质、高能级城市支撑海洋经济高质量发展。优化城市空间布局，推进定海、新城、普陀三个主城区组团发展，提升中心城区首位度，建设紧凑型城市。强化中心城区对周边海岛的辐射带动作用，以滨海公路、桥梁、景观道为主脉贯通城区、海湾和海岛，联动开发“三湾两岸”，建设“山城岛湾”相融的现代化海洋新城。加快城市有机更新，稳步推进定海、普陀等老城区更新改造，以“未来城市”理念推进小干岛商务区、甬东海洋科技新城和白泉高铁新城建设。完善城市交通路网，推进海绵城市建设，优化城市公园、夜市、水街等休闲娱乐设施布局，建设一批示范性未来社区，提升城市品质。统筹全域海岛建设，突出特色化、差异化发展，打造一批海洋产业与海岛城镇协同发展的特色功能岛屿，形成主城区、县城、海岛镇联动发展的多层次城镇体系。

4. 创建共同富裕的海岛样板

全面落实《浙江高质量发展建设共同富裕示范区实施方案（2021—2025年）》，以解决地区差距、城乡差距和收入差距问题为主攻方向，加快建设共同富裕示范区先行市。实施居民收入和中等收入群体双倍增计划，通过就业政策、工资制度改革、渔（农）民创业增收等举措落实“扩中提低”行动，优化收入分配格局。围绕生育、教育、住房、健康、社会保障、养老服务和技能培训等重大民生问题集中发力，加大财政支出力度，创新海岛民生服务模式，构建覆盖面更广、保障力度更大的公共服务体系，打造公共服务优质共享的海岛样板。实施“小岛你好”海岛共富行动，按照“一岛一品、一岛一策”差异化发展思路，打造30个各具特色的美丽海岛。实施新时代“小岛迁、大岛建”工程，全面启动16个小岛迁居工作，逐步引导推动人口向主要大岛集聚。

5. 培育独树一帜的海洋文化承载地

保护传承海洋城市文脉，培育海洋文化新标识，涵养现代海洋城市人文底蕴，建设新时代海洋历史文化名城。加强社会主义精神文明建设，培育“勇立潮头、海纳百川、同舟共济、求真务实”的新时代舟山精神内涵。深度挖掘海洋文化资源，推动文旅体融合发展，扩大“海天佛国”“舟游列岛”“海上古城”等文旅品牌影响力，建设国家全域旅游示范区，打造“诗画浙江·海上花园”海岛文旅休闲胜地。完善公共文化设施布局，重点加强以渔（农）村文化礼堂为代表的基层综合性文化服务中心建设。优化公共文化服务供给，加大文化场馆建设及免费开放力度。实施文艺精品工程，以舟山乡土文化和海洋文化为内核培育文化新业态、新产品、新载体。打造中国海洋文化节、东海音乐节等海岛特色文化活动品牌，培育新型文化传播平台，提升舟山海洋文化名城新形象。

6. 推进绿色低碳的海洋生态示范区建设

深入践行绿水青山就是金山银山理念，全域高水平推进国家生态文明示范市建设。统筹推进能源、工业、建筑、交通、农业、居民生活等六大领域碳达峰及绿色低碳科技创新，加快经济社会发展全面绿色转型。构建高质量的低碳工业体系，深入实施能耗双控，提高项目能耗准入标准，坚决遏制高耗能高排放项目扩张。大力发展蓝碳经济，构建海洋碳汇交易机制，探索建立海洋生态资产交易平台。加强海洋海岛生态保护，严格落实生态红线保护制度，严控陆海污染源。实施海域使用分类管制，加强围填海管控和岸线开发管控，持续推进海洋生态环境修复。加强海岛环境综合整治，推进全域“无废城市”建设，深入实施“蓝色海湾”工程，持续推进“千村示范、万村整治”，改善渔（农）村人居环境。

（二）舟山海洋经济总体发展规划

1. 优化海洋经济空间布局

落实系列国家战略和现代海洋城市发展目标，统筹港口物流、自由贸易、海洋产业和大宗商品资源配置，按照“一岛一功能、多岛强功能”优化海洋经济空间布局。根据发展需要对宁波舟山港总体规划进行修订，按照“一港、两核、二十区”对港口空间布局进行系统性的优化调整。重点围绕衢山、洋山、六横、金塘、岑港、嵊泗、岱山、白泉、定海九个重要港区，进一步优化港口和岸线资源配置，有序推进油品、铁矿石、煤炭、粮食等大宗资源运输系统和集装箱中转运输系统的建设，推动宁波舟山港建设世界一流强港，加快建设国际一流江海联运枢纽港，打造以大宗商品中转、储运、加工、贸易为特色的国家战略重要支点。优化自由贸易布局，持续推进舟山港综合保税区“一区三片”建设。实施自由贸易试验区提升战略，舟山片区围绕大宗商品自由贸易进一步拓展发展新空间，以衢山岛为重点建设大宗商品储运贸易交易中心，探索衢山自由贸易港先行区。优化临港工业集群发展空间布局，构建“一核、三岛群、若干特色功能岛”的临港工业基本空间架构。以舟山本岛为核心，聚焦高端临港制造、海洋高新技术、石化新材料等主导产业体系，打造海洋科技成果功能承载区和海洋智能制造集聚区；聚焦绿色石化与新材料产业，以鱼山、金塘、册子等岛屿为依托打造西北部绿色石化工业岛群；以船舶修造、临港装备制造、石化配套等临港制造为重点发展方向，依托岱山及周边岛屿打造北部先进临港工业岛群；以六横岛、虾峙等南部诸岛重点发展船舶修造、临港装备制造、新能源等产业，打造南部先进临港工业岛群；培育长白船舶修造岛、朱家尖航空产业园等若干特色功能岛与产业集聚平台。

2. 建设海洋科技创新策源地

深入实施创新驱动发展战略，打造长三角海洋高新技术产业基地和海洋科技创新中心，建设海洋科技创新策源地。加快建设新型实验室体系，争取将东海实验室纳入海洋领域国家实验室体系，做大做强现有 13 家省级重点实验室“创新矩阵”。加快建设高水平海洋类大学，支持浙江海洋大学和浙江大学海洋学院构建以现代海洋渔业、海洋食（药）品开发、海洋智能制造、海洋感知、海洋观测为核心的海洋科研体系。加快建设长三角海洋生物医药创新中心、浙江省绿色石化技术创新中心舟山分中心、航空航天创新中心等五大区域创新中心，实施科创平台提能造峰、关键核心技术攻坚突破、创新链产业链深度融合、创新人才引育等“六大提升行动”，力争省级及以上创新平台超过200家。提升企业主体创新能力，深化“雄鹰行动”“雏鹰行动”“凤凰行动”“科技企业双倍增”行动，培育海洋科技型企业，新增高新技术企业和科技型中小企业860家。

3. 构建九大现代海洋产业链

实施现代海洋城市建设“985”行动，以九大现代海洋产业链为主攻方向，构建更具竞争力的现代海洋产业体系。依托鱼山炼化一体化项目推动石化产业向下游石化新材料领域延伸，打造绿色石化和新材料产业链，建成世界一流绿色石化和战略新材料产业集群。围绕石油、天然气、铁矿石、煤炭、粮食、有色金属、高端蛋白七类大宗商品仓储物流、贸易交易、金融结算等环节，打造能源资源农产品消费结算中心产业链。聚焦船舶制造、船舶修理、海工装备、船舶配套等领域，打造船舶与海工装备产业链，建成世界一流的船舶与海工装备产业集群。围绕数字海洋智能电子、数字海洋智能装备、数字海洋新服务打造数字海洋产业链，使其成为数字海洋产业发展高地。按照“可再生能源+储能+联合制氢+蓝碳”技术路线，推进海上风电、光伏、潮流能等开发与新能源装备制造产业发展，打造清洁能源及装备制造产业链，建设海上清洁能源产业基地。围绕海水养殖、海洋捕捞、精深加工、现代商贸、渔旅休闲等环节推动海洋渔业延链补链，打造“一条鱼”产业链，构建引领全国海洋渔业的现代化产业体系。以海洋文旅融合为核心，聚力发展海洋文化、海洋旅游、海洋运动三大产业，优化“一核两带三圈多岛”海洋旅游空间布局，打造海洋文旅产业链。围绕外轮供应、船舶交易、航运金融、海事法务、数据信息服务等领域，吸引高端航运服务业集聚，打造港航物流和海事服务产业链。以舟山波音完工和交付中心为龙头，拓展航空制造、低空经济、民航服务、航空维保的发展空间，加快航空产业园开发建设，打造现代航空产业链。

4. 做强八大高能级发展平台

把八大发展平台作为布局九大现代海洋产业链的重要支撑，推动舟山新一轮跨越发展。以自贸区提升战略为突破口，推动石油、天然气、铁矿石、粮食、煤炭、有色金属等大宗商品储运、加工、贸易交易等全产业链发展，建设大规模商业储备体系，构建具有区域竞争力和国际影响力的大宗商品资源配置枢纽。加快推进鱼山石化基地高性能树脂、高端新材料项目和三期开发建设，形成上下游一体化布局，打造鱼山绿色石化和战略新材料产业基地。以金塘北部围垦区、东部小李岙作业区、南部双礁区块为主要载体，打造功能布局合理、产业关联紧密的金塘国际领先新材料产业岛。以六横小郭巨围垦区为主要载体，围绕车用轻量化材料、新能源新装备材料、氢气新装备新材料、包装与先进膜材料等八大产业及液化天然气（LNG）综合利用，打造六横清洁能源和化工新材料产业平台。建设海上清洁能源生产、转换和供应基地，加快推进海上风电、光伏、潮流能、储能、氢能产业装备制造项目，打造海上可再生能源发展平台。围绕智能光伏、先进信息材料、光电、装备制造四个重点领域，加快布局一批制造业项目，建设高新区光伏新材料产业平台。聚焦航运物流、船舶技术、金融商贸等产业，以“一区一园一平台”为总体布局，打造小干岛金融商贸海事服务功能岛。围绕“数字海洋新高地、都市创业新乐园、青年友好新城区”目标，秉持“整治先导、科创引领、产城融合”理念，打造国内有影响力的甬东勾山海洋科技创新港。

（三）未来展望

当前和今后一个时期，是中国式现代化向纵深推进、实现中华民族伟大复兴的重要历史关口。展望未来，随着“海洋强国”战略的深入实施，在政策引领、产业升级、科技创新、平台建设和绿色发展等多方面因素的共同作用下，舟山海洋经济将迎来更加广阔的发展前景。

一是成为国家迈向深蓝的桥头堡。顺应全球海洋开发“深蓝化”“低碳化”发展趋势，积极推动新能源、海洋探测、海洋信息、深海装备、海洋工程等领域技术创新，前瞻性布局深海资源开采装备、深海探测装备、海底工程设备、海洋生物医药等未来产业，推动船舶工业、航运业绿色低碳转型，大力推动海洋可再生能源开发利用，推动海洋开发向深远海延伸。

二是建设枢纽型海洋中心城市。宁波、舟山联动建设海洋中心城市是新时期浙江省的重要决策部署，舟山将加快建设世界一流强港、国际海事服务基地和大宗商品资源配置枢纽，推动港口功能迭代升级，实现从中转运输型港口向资源配置型港口转型，在保障国家资源能源安全方面发挥更大作用，成为我国参与全球资源配置的重要海上枢纽。

三是向开放度更高的自由港迈进。适应国际贸易的发展趋势，前瞻性谋划自由贸易试验区提能升级的方向，围绕大宗商品贸易投资自由化深入推进制度型开放，加大航运服务业开放发展的力度，推动舟山从单一功能的自贸试验区向功能综合化和多元化的自由港迈进。

四是成为宜居宜业宜游的高品质湾区城市。以杭州湾为主体的“世界级大湾区”将成为未来浙江高质量发展的新载体、重塑浙江经济优势的新赛道。舟山是杭州湾大湾区的重要成员，将以宜居宜业宜游为主线进一步提升海上花园城市品质，并在产业、创新、交通等领域与周边城市展开深度合作，加快融入上海都市圈和宁波都市圈，共同打造国际一流的湾区经济。

四　推动舟山海洋经济进一步发展的对策建议

（一）加强海洋资源综合开发与保护

随着海洋经济的快速发展，对海洋空间资源、生物资源、矿产资源的需求不断增加，同时，海洋运输、海洋捕捞、海洋工程建筑以及临港工业对海洋生态环境造成较为严重的破坏，如何在保护海洋的前提下实现海洋经济可持续发展成为全球关注的重大议题。推动海洋资源综合开发与保护是破解这一难题的重要途径。舟山应坚持生态优先、绿色发展的原则，以海洋科技为支撑，以海洋法律法规体系为保障，积极探索海洋资源综合开发新模式。依托数字技术建设陆海一体的地理信息平台，对海洋资源进行系统分类和精细化管理，构建陆海统筹的海洋空间治理体系。根据海域的自然条件、环境承载力、资源分布特点及经济社会发展需求划分不同的海洋功能区。通过技术创新和产业链整合，构建上下游紧密衔接、相互支撑的产业体系，促进海洋资源的多元化高效利用。积极施行海域出让立体分层设权用海模式，推动风光渔互补项目建设，打造集多种功能于一体的海上平台。加强在海洋科学研究、技术创新、环境保护、资源管理等方面的跨区域交流合作，共同应对海洋面临的挑战和问题。

（二）提升海洋经济产业竞争力

基于舟山的海洋资源禀赋和产业基础，明确主导产业、特色产业及其未来拓展方向，发挥产业政策的协调引领作用，从产业链协同、科技创新、企业组织、政策环境、基础设施等方面着手，整体提升海洋产业的综合竞争力。以全产业链高端化、智能化、绿色化为导向，推动临港石化、船舶制造、海洋渔业、港口航运产业链协同与整合，加强上下游企业的协同合作，构建紧密的产业链和供应链体系，提升产业集群在全球价值链中的地位。建设完善的海洋科技创新体系，加大政府对海洋科技创新的投入力度，打造一批高水平的海洋科技创新平台和孵化器，鼓励企业和社会资本增加研发支出，推动科技成果向现实生产力转化。以市场为导向助力企业成长，确保各类企业公平、公正获得海域、岸线等生产要素。鼓励企业通过兼并重组、资本运作等方式实现规模化、集团化发展，提升产业集中度和市场竞争力。加强中小企业服务体系建设，鼓励中小企业走“专精特新”发展道路，培育一批具有自主知识产权、核心竞争力和市场影响力的海洋经济中小企业。持续深化政务服务增值化改革，打造国际一流营商环境。加快完善陆海交通、港口集疏运体系、信息网络等基础设施建设，为海洋产业发展提供强有力的支撑。

（三）引进培养海洋经济人才

舟山人口总量少，人力资源相对匮乏，以超常规方式加大人才培养与引进力度是解决未来人才需求的重要途径。完善人才工作机制，建立人才引进、创业、培养、评价、服务全流程服务保障体系。持续推进“5313”行动计划、“舟创未来”海纳计划等人才工程，强化人才引进政策，围绕创业平台、经费保障、政务支持、生活保障等重要环节实施一揽子“政策包”，增强舟山对人才的吸引力。根据现代海洋城市发展需要，采取更加多样、更加灵活、更加开放的人才招引方式，围绕石化新材料、船舶与海工装备、海洋生物、数字海洋等九大现代海洋产业链，面向国内外招引相关领域“高精尖”专业技术人才，培养领军型人才创新团队。支持浙江海洋大学、浙江大学海洋学院加快发展海洋基础科学和海洋应用技术专业，培养海洋经济战略人才。建立柔性引人机制，在上海、宁波、青岛等沿海城市建立海洋科技人才飞地。完善境外人才入境、就业、保障政策，探索面向全球的开放用才模式。加大对存量人才的培养提升力度，优化人才考核评价机制，为引进人才的后续发展提供更加公平的环境。

（四）完善海洋经济政策法规

海洋经济是多部门管理、多方式开发、多产业并存的综合型经济。当前，在海洋经济发展过程中仍然存在产业布局与海洋生态保护、发展与安全、不同用海方式之间的突出矛盾。加强顶层设计，统筹海洋资源开发、海洋生态保护与海洋综合管理，建立更加完善的海洋经济政策法规体系对于解决上述问题、引领海洋经济高质量发展具有重要的现实意义。要坚持陆海统筹、多规合一，编制《舟山市国土空间总体规划（2021—2035 年）》，根据现代海洋城市发展需要及时对规划进行修订，明确重点海岛海域的产业功能及发展方向并预留充足的未来发展空间。坚持依法治海、依法管海，完善海岛、海域、岸线、渔业资源开发和海洋环境保护等领域的专项法规，制定科学合理的海洋资源开发利用政策，明确海洋资源的权属、开发利用和保护修复等方面的法律责任和义务。着眼海洋科技进步和海洋新质生产力发展方向及新应用场景，适度推进海洋经济领域的前瞻性立法研究。加强地方涉海法律法规审查，破除立法部门化、局部化、单一化，增强海洋法律法规的协调性、系统性。建立海洋产业政策跨部门协调机制，确保产业政策与环保、渔业、旅游等相关政策相互衔接。

产业篇

Z.2

舟山绿色石化和新材料产业发展报告

崔静怡*

摘　要： 舟山作为我国沿海重要的港口城市，依托独特的地理区位、丰富的海洋资源和优越的港口条件，在我国石化产业绿色转型的进程中发挥了关键作用。自2017年舟山绿色石化基地启动建设到2022年全面生产运营，在短短五年内成功实现了从“0”到“1”的跨越，建成国内最大、绿色发展的炼化一体化基地，将岱山县鱼山岛打造为全球领先的石化产业高地，成为推动杭甬舟石化产业集群高质量发展的重要引擎。但是，当前舟山石化与新材料产业发展仍然面临产业结构单一、科技创新能力不足、市场竞争加剧、环境保护压力与高端技术人才匮乏等问题。为此舟山应当在优化产业结构、加大技术研发、加强区域协同、推进绿色发展以及引进高端技术人才等方面进行政策指引，以推动舟山绿色石化产业高质量、可持续发展，巩固其作为中国石化产业绿色转型的核心角色，并在全球绿色经济转型中发挥重要作用。

* 崔静怡，中共岱山县委党校教师，主要研究方向为海洋经济。

关键词： 绿色石化 新材料 绿色发展 舟山

一 发展历程与现状

（一）发展沿革

2015年2月，国家发展改革委同意舟山开展石化基地的规划布局工作，明确舟山石化基地作为宁波石化基地的拓展区，成为国家七大沿海石化基地的一部分。2016年8月，经浙江省政府批准，舟山绿色石化基地正式设立。2017年5月，浙江省发改委核准浙江石化炼化一体化项目，建设规模4000万吨/年，总投资1731亿元，分两期建设。2019年12月，浙石化项目一期全面建成投产。2022年5月，浙江石化二期全面生产运营。目前，总投资近1000亿元的高性能树脂项目和高端新材料项目正在加快建设，计划于2025年底前陆续投产，届时将再增工业产值上千亿元。[①]

（二）舟山绿色石化基地发展的战略背景

《中共中央关于制定国民经济和社会发展第十四个五年规划和二〇三五年远景目标的建议》指出，发展是解决问题的基础和关键。而在发展过程中，必须坚持新发展理念、以产业为载体促进新质生产力发展，是推动高质量发展的内在要求和重要着力点。

石化产业是国民经济的支撑产业，未来十年是浙江省由“石化大省”向“石化强省”转变的重要战略机遇期。“十四五”时期，石化产业提高能力建设、实现产业基础高级化、产业链现代化是实现规划目标的重要支撑和保障。随着长三角区域经济一体化进程的加快，为加速中国（浙江）自由贸易试验区油气全产业链的发展，在以环杭州湾经济区为核心的浙江石化产

① 《东海鱼山岛崛起绿色石化基地，深刻影响区域经济》，《浙江日报》2023年2月20日。

业集群内，一些面临土地和环境资源紧张的石油化工企业，正不断寻求突破行政边界，以实现产业链的重新布局和迁移。[①] 2020 年，浙江省人民政府发布了《浙江省实施制造业产业基础再造和产业链提升工程行动方案（2020—2025 年）》，进一步明确宁波、舟山作为炼化一体化与新材料产业链[②]的核心，重点发展先进高分子材料、高端电子专用材料等化工新材料产业，推进石化产业基础再造和产业链提升，加快石化产业高质量发展。因此，舟山将依托长三角地区现有雄厚石化产业基础和浙江自贸区建设油气全产业链战略契机，以绿色化工为主体，立足科技创新，面向市场需求，建设大型炼油、芳烃、乙烯联合装置，重点发展中下游低污染、高附加值的化工新材料和精细化工产品，建设生态安全、环境友好、经济高效的现代大型一体化绿色石化产业基地，成为浙江自贸区油气全产业链的最重要支撑和载体。

（三）关键企业的成长

舟山绿色石化基地位于岱山县鱼山岛，是浙江省规划的国际石化产业基地，地理上与杭州、宁波、嘉兴、绍兴等石化产业先发地区接近，产业关系上与上述地区的化纤制造、化学品生产等企业关联紧密。目前，舟山已成为全国重要的临港工业、港航物流、海洋旅游和海洋渔业基地，[③] 建成中国最大的国家战略石油储备基地和商用石油储运中转基地。在地缘优势的支持下，一些先进企业引领着舟山绿色石化与新材料产业的快速发展。这些企业大多源自上海、杭州和宁波等发达地区的石化行业，通过产业转移和资源整合，逐步在舟山建立了新的生产基地，并通过技术创新和产能扩展，成为区域经济的重要支柱。截至 2023 年底，已入驻卓然集成、润和催化、瑞程石

① 曹泱：《绿色石化产业建设背景下的岱山县“飞地经济”研究》，《宁波职业技术学院学报》2020 年第 5 期，第 98~102 页。

② 《不产一滴油的浙江，竞逐国际油气大市场——在家门口配置全球资源》，《浙江日报》2023 年 5 月 12 日。

③ 曹泱：《绿色石化产业建设背景下的岱山县“飞地经济”研究》，《宁波职业技术学院学报》2020 年第 5 期，第 98~102 页。

化、鼎盛石化等企业60余家，规上工业企业8家，规模以上石化企业实现产值2568.9亿元，其中，浙石化工业总产值达2532.3亿元，同比增长10.2%，下游企业实现产值36.6亿元，同比增长26.1%。[①] 随着石化循环经济产业园、舟山绿色石化装备运维产业园等一批投资10亿元以上的项目建成投产，石化产业进入发展快车道。

总投资超2000亿元的浙江石油化工有限公司的4000万吨/年炼化一体化项目是其中的典型代表，其炼油、乙烯、芳烃等主要产品生产规模全国第一；炼化一体化率全国第一；单体产业项目投资世界第一。舟山绿色石化产业不仅为我国产业链供应链安全提供有力保障，而且创造了巨大社会效益，建设期间提供了超8万个工作岗位，建成后直接创造2万多个就业岗位，为舟山推动共同富裕发挥了巨大作用。在生态效益方面，舟山石化产业在建造过程中就采用了当前全球最先进的工艺路线和技术装备，其炼油、乙烯和PX的能效均超过了全国能效标杆水平。在生产过程中，不仅通过使用自产的合成气和干气等脱硫清洁燃料，从根本上降低了二氧化硫的排放，而且首创了全球烟气脱硝处理技术，总环保投入已超过160亿元。[②] 此外，现有的浙石化基地，每年可产生1200万吨的基础化工原料、中间体及合成材料产品，[③] 为发展化工下游产业链延伸提供了充足的原材料。为了进一步延伸石化产业链，舟山将定海工业园区东拓展区、舟山高新技术产业园区、岱山拓展区、金塘北部围垦区以及六横小郭巨围垦区等区块纳入整合提升范围，形成“一核五区”协同发展的格局，为舟山绿色石化产业三期建设提供有力保障。

舟山始终坚持“项目为王”，持续发挥扩大项目有效投资的“稳定器”

① 张瑾：《“八八战略”实施20年·循迹溯源丨岱山县：“链”成一流绿色石化》，“今日浙江”微信公众号，2023年7月8日。

② 靳雅洁：《调研丨浙江迁移石化“绿岛”，近零排放的秘密是什么?》，“中国石油和化工”微信公众号，2023年8月6日。

③ 石油和化学工业规划院、中国石油和化学联合会产业发展部：《舟山绿色石化基地拓展区总体发展规划（报批稿）》，2021年9月。

作用，重点围绕省级“415X”[①]、市级“155”[②]和“985”[③]行动，谋划引进重大制造业项目。目前持续推进的项目有：荣盛金塘新材料项目，总投资795亿元，已累计完成投资32亿元；浙石化高端新材料项目，总投资641亿元，已累计完成投资98.1亿元；浙石化高性能树脂项目，总投资192亿元，已累计完成投资98.2亿元；润海12GW超高效异质结光伏电池及组件项目，总投资110亿元，已累计完成投资18.6亿元，项目一期工程已投产，二期项目开工正在筹备；聚泰20万吨/年新能源电池正极原材料项目，总投资23亿元，已累计完成投资3.5亿元，项目一期计划2024年三季度试生产，计划投资6亿元；华康生物100万吨玉米精深加工健康食品配料项目，总投资24.8亿元，已累计完成投资3.8亿元。[④] 还有浙石化炼化一体化项目改造提升工程、青山数科金钵盂岛年产70万吨精密不锈钢板带及配套精加工项目、国恩先进高分子材料及光学、光伏膜片一体化项目、中远四号船坞及八九号码头新建项目、世倍尔新材料有限公司高端专用化学品项目、万马（舟山）海洋装备智造园项目等多个续建项目加快推进。先进企业带动重大项目，有效保障了舟山绿色石化全产业链的高质量发展。

此外，舟山还通过吸引外资企业进一步提升石化产业的国际化水平。引

① 浙江省政府：《浙江省“415X”先进制造业集群建设行动方案（2023—2027年）》，“4”是指重点发展新一代信息技术、高端装备、现代消费与健康、绿色石化与新材料等4个万亿级世界级先进产业群；“15”是指重点培育15个千亿级特色产业集群，具体为数字安防与网络通信、集成电路、智能光伏、高端软件、节能与新能源汽车及零部件、机器人与数控机床、节能环保与新能源装备、智能电气、高端船舶与海工装备、生物医药与医疗器械、现代纺织与服装、现代家具与智能家电、炼油化工、精细化工、高端新材料；“X”是指重点聚焦“互联网+”、生命健康、新材料三大科创高地等前沿领域，重点培育若干高成长性百亿级“新星”产业群，使之成为特色产业集群后备军。

② 舟山市政府：《舟山市“155”制造业产业集群建设行动方案（2023—2027年）》，“1”是指由石化和新材料1个核心产业引领，第一个“5”指船舶、水产、海洋电子、清洁能源及装备、现代航空5个主导产业支撑，第二个“5”指螺杆、汽配、石化装备、船舶配件、粮油加工5个特色产业，共同构成“155”制造业产业体系。

③ 舟山市“985”行动：构建九大产业链、做强八大高能级发展平台、抓好五件事关全局的大事要事。

④ 舟山市经济和信息化局：《2023年经济和信息化工作情况和2024年工作思路汇报》，2023年12月27日。

入沙特阿美等世界顶级高端新材料企业，借鉴其先进的生产技术及管理经验，推动舟山石化产业的绿色发展，为舟山石化产品开拓了广阔的国际市场，使其在国际市场获得了更强的竞争力。

（四）发展现状

目前，舟山绿色石化与新材料产业已经初具规模，并形成了较为完善的产业链。通过承接发达地区的石化产业转移，舟山不仅实现了产业规模的快速扩张，也逐步推动了产业结构的转型升级，成为我国东部地区重要的绿色石化与新材料生产基地。

在产业规模方面，舟山石化产业已经形成了从石化原料进口、深加工到成品油及化工产品生产的全流程生产体系。根据 2023 年的统计数据，石化产业带动全市全年规模以上工业增加值比上年增长 16.6%。其中规模以上工业高新技术产业增加值增长 18.6%，占规模以上工业增加值的 82.3%；规模以上工业装备制造业增加值增长 19.4%。[①] 当年舟山规模以上工业总产值超过 2750 亿元，石化产业的总产值已经突破 2500 亿元大关，成为本地经济的核心支柱产业。通过技术升级和环保转型，舟山石化企业逐步达到国际领先的绿色生产水平。

在市场影响力方面，舟山石化产品不仅服务于国内市场，还广泛出口至东南亚、欧洲等地区，2023 年，舟山成品油出口 1491.8 万吨[②]，出口额 738.7 亿元[③]。同时，舟山的新材料产品，如“浙江世倍尔新材料有限公司”自主创新研发的异辛酸装置，不仅达到国际先进技术水平，还破解了国外企业垄断多年的行业技术壁垒；“润和催化材料（浙江）有限公司”自主研发并建设了国内第一套具有完全自主知识产权的丙烷脱氢催化剂生产装置，拥有 20 多项国内外专利，可满足国内全部丙烷脱氢装置的催化剂需求；“舟山腾宇航天新材料有限公司”生产的防热涂料成功应用于我国新一代大

① 舟山市统计局：《2023 年舟山市国民经济和社会发展统计公报》，2024 年 3 月 18 日。
② 舟山海关：《2023 年舟山进出口规模创历史新高》，2024 年 7 月。
③ 舟山市统计局：《2023 年舟山市国民经济和社会发展统计公报》，2024 年 3 月 18 日。

推力运载火箭“长征六号甲”，实现了航天新材料领域应用新突破。

在政策支持方面，舟山市委市政府高度重视石化产业发展，积极寻求国家层面和省级层面的大力支持。绿色石化基地的建设，国家发改委等国家多部委均予以支持，并将舟山绿色石化基地作为宁波石化基地的拓展区，纳入全国七大石化基地。在项目规划时期，市委、市政府依托中国工程院院士专家咨询委员会、中国国际经济交流中心、中国国际工程咨询公司、石油和化学工业规划院及中国石油和化学工业联合会等国内顶级权威机构开展规划布局、产品方案、工艺技术等研究，坚持高起点规划、高标准定位、高质量建设绿色石化基地和拓展区块。涉及安全、质量方面的专业问题，更是经过多家专业机构严谨完善地咨询论证，注重专业支撑。坚持发展技术工艺领先、生产安全绿色的石化产业。而在建设初期，市委、市政府还积极推进混合所有制改革，鼓励和引导民营经济与国有经济共同投资炼化一体化项目，最终确定民营企业控股、国有企业参股的混合所有制模式，充分发挥民营控股灵活快捷的决策机制优势[①]，超常规推进项目建设。现阶段，舟山已形成以炼油、烯烃、芳烃等石化产品为源头，覆盖基础化工原料、化工新材料、石化工程配套等领域的石化产业结构，石化工业已经成为舟山市国民经济支柱产业。依托浙石化产业带动，通过重大项目引进，舟山绿色石化基地已打造了一批具有国际竞争力的石化新材料企业，成为浙江乃至全国石化行业投资热度最高的地区之一，舟山石化新材料产业集聚效应进一步显现。

二　存在的问题和挑战

舟山绿色石化与新材料产业虽然具有区位优势和政策支持，并且取得了显著的发展成效，然而，在全球绿色发展趋势加速以及国际市场竞争日益激烈的背景下，仍面临着诸多问题与挑战。

---

① 《浙江自贸区舟山片区：建设油气全产业链稳步迈向三个“1 亿吨”》，《人民日报》2022 年 4 月 8 日。

（一）产业结构单一与高附加值产品不足

当前，全球石化产业正向精细化工和高端材料方向发展。舟山石化产业主要集中在石化原料和基础化工产品的生产上，以原料初加工为主，在全球石化产品供过于求的背景下，这种过于依赖基础化工品的产品结构，使舟山石化企业在面对全球石化市场波动时缺乏足够的抗风险能力。在全球石化产品产能过剩的背景下，产业结构上的单一性限制了整体经济效益的提升，使得舟山石化企业更容易受到价格波动的影响。此外，舟山石化产业还存在高附加值产品开发不足的问题，由于尚未形成高端化工品、功能材料主导的产业链条，其产品结构的整体竞争力偏弱。附加值较低的初级加工产品不仅利润空间有限，而且对外部市场需求的波动非常敏感。因此，舟山石化与新材料产业导向需从以“量”为导向的生产模式转型为以“质”为导向的高质量发展模式，以提升市场竞争力。

（二）科技创新能力不强与研发投入匮乏

科技创新能力不强、研发投入力度不足以及产学研结合不紧密是舟山石化产业发展的主要障碍。在当前全球石化产业加速向绿色低碳、智能化制造方向转型的背景下，科技创新已成为提升产业竞争力的关键因素。高端领域一直是发达国家的领地，目前在高端材料、高端电子化学品等领域基本为少数几家跨国企业控制。近年来，我国部分头部企业逐渐意识到进军高端领域的重要性，并在少数领域与国际先进企业展开竞争，高端化工产品（高技术、高附加值）的技术引进壁垒较高、招商引资的难度较大。一方面，舟山石化产业对外部技术依赖增加，核心技术和关键设备主要依赖进口，导致企业在国际市场上缺乏核心竞争力。另一方面，舟山石化企业与科研机构的合作仍然停留在初级阶段，未能形成有效的产学研结合模式。这使得企业在技术创新过程中缺乏外部支持，科研资源与企业需求未能充分对接，导致技术突破的效率降低，创新成果难以快速转化为实际生产力。

（三）市场竞争加剧与产业链协同不足

在全球石化产业格局加快调整和绿色转型的背景下，舟山石化企业面临的市场竞争压力不断增大。全球市场需求剧烈波动、国际贸易环境不确定因素增加以及更加严格的国际环保标准给舟山石化产品的出口带来了巨大的压力。首先，舟山石化企业与国内其他石化企业存在激烈的市场竞争。与其他地区相比，舟山在基础设施、产业链完整度、科研能力等方面存在一定的差距。欧美市场严格的环保标准和技术壁垒增加了舟山石化企业产品出口难度，企业不仅要面对市场准入的挑战，还要承担较高的环保技术再建设成本。在产业链上下游的协同效应方面，舟山的石化企业尚未建立有效的合作机制，产业链各环节的合作不够紧密，上下游企业之间的协同创新能力不足，限制了舟山石化产业链的整体效率提升。这不仅影响了资源的有效配置，还增加了企业的生产和物流成本，降低了市场竞争力。产业链的协同不足还体现在物流体系的相对滞后。虽然舟山拥有较好的港口资源，但与石化产业相关的物流设施的智能化、仓储管理以及供应链整合等方面仍有待提升。

（四）环境保护压力与绿色发展瓶颈

随着全球环保政策逐步收紧，尤其是在“双碳”目标背景下，舟山石化企业在环境保护方面面临着前所未有的压力。虽然部分企业已经采用了较为先进的清洁技术，但在实现“双碳”目标的过程中，仍然面临一系列技术和经济方面的障碍。一方面，舟山石化和新材料企业在能效提升、碳捕集与封存技术（CCS）等绿色技术的应用上，仍然处于较为初级的阶段，未能实现“零排放”。另一方面，欧美发达国家利用自身在环保技术和标准制定上的优势，陆续实施了一系列严格的环保法规，如欧盟的《化学品注册、评估、授权和限制》（REACH）法规、RoHS 指令和《废电气电子设备指令》（WEEE）等。这些法规不仅对化工新材料和精细化学品的使用进行了严格的限制，也对进口产品提出了更高的环保要求。这不仅限制了企业的产品出口能力，也增加了企业在环保技术升级方面的成本压力。

（五）高端技术人才匮乏与人才保障体系不完善

石化产业作为技术密集型产业，对高端技术人才的需求极为迫切。但是，由于海岛地区交通不便、科研基础设施不够完善，舟山难以吸引顶尖的技术人才。高端技术人才缺乏直接影响了企业的创新能力和技术升级进程。同时，舟山虽然通过政策引导和企业激励措施吸引了一定数量的高素质人才，但由于本地科研资源有限、生活条件相对较为不便，以及上海、杭州、宁波等经济发达城市的人才虹吸效应，舟山高端人才的流失问题较为严重。即便部分企业成功引进了技术骨干，仍然难以形成长期稳定的技术团队，导致企业在技术创新、核心技术突破等方面缺乏强有力的支撑。与经济发达城市的人才保障体系相比，舟山在人才引进、留用等方面缺乏核心竞争力，人才考核评价制度和科研成果激励机制需进一步优化。现有体系未能有效激发技术人才的创新积极性，人才的创新潜力未能充分发挥。

三　对策与建议

（一）优化产业结构与推动高附加值产品开发

舟山必须顺应石化产业从传统大宗原料生产向精细化工、新材料等方向延伸的趋势，加快推动产品结构的调整与优化，向高附加值、高技术含量领域转型，从而提升石化产业的国际竞争力，实现从规模化扩张向高质量发展的转变。

一是积极推动下游产业链的延伸，加大精细化工和新材料项目的研发。同时加强市场调研，及时了解市场对高附加值产品的需求，建立快速反馈机制，帮助企业调整产品结构，提升市场适应能力。为满足日益严格的国际环保标准，还应大力发展环保型材料和可降解产品。

二是进一步开发高附加值产品，减少对初级加工品的依赖。通过创新工艺路线，推动烯烃、芳烃等高端化学品的生产与应用形成全产业链覆盖，提升整体附加值。这不仅符合全球化工产业的精细化和高端化发展方向，也能够使产业实现从资源依赖型向技术密集型的成功转型。

（二）加强技术创新与推动自主研发

技术创新是推动舟山绿色石化与新材料产业高质量发展的核心动力，通过技术创新可以有效突破产业升级过程中的技术瓶颈，增强其在国际市场中的竞争力。

一是构建产学研用协同创新平台，推动企业与国内外知名高校、科研院所及技术研发机构的深度合作，共同开展技术攻关，尤其是在低碳生产、绿色催化剂开发及可降解新材料的应用等领域，形成具有国际竞争力的自主知识产权体系。加速新技术的产业化应用，缩短从研发到市场的转化周期，提升企业的市场应对能力和创新能力。

二是设立科技创新专项资金，鼓励企业自主研发和技术创新。政府通过税收优惠、资金补贴等多种方式，激励企业加大对新技术的研发投入，尤其是在绿色工艺和智能制造技术方面。通过引导企业的技术升级，加快构建高技术含量、高附加值的绿色石化产业链，提升企业在全球产业链中的话语权。

（三）强化产业集群效应与区域合作

产业集群效应对于石化产业的长期可持续发展具有重要意义。舟山应借鉴新加坡石化产业的集群化发展经验，通过推动区域合作和产业链协同，进一步提升产业集聚效应和综合竞争力。

一是加强与长三角地区其他城市的合作，推动石化产业协同发展。与上海、宁波等城市加强合作，整合区域内的资源、技术和市场，优化物流运输体系，增强产业链的互补性与协作性，加快构建跨区域的石化产业集群。

二是积极参与“一带一路”建设，拓展国际合作空间。通过与共建

“一带一路”国家的合作，进一步开拓国际市场，提升产品的出口能力。重点加强与东南亚和中东等新兴市场的合作，提升自身在全球石化产业链中的地位。

三是通过推动上下游企业的协同创新，形成更加紧密的产业链合作关系。加强石化原料供应、生产加工、物流配送等环节的合作，进一步提升产业链的整体效率，增强企业的市场竞争力和抗风险能力。鼓励企业通过并购重组等方式扩大产业规模，提升集群效应，推动产业的高质量发展。

（四）推进绿色低碳发展与环境保护

舟山绿色石化产业必须顺应全球低碳化发展趋势，进一步加强环保技术的引进与应用，推动产业的绿色转型。

一是优化能源结构，减少对传统化石能源的依赖，推动清洁能源的广泛应用。引入太阳能、风能等可再生能源可以有效降低生产过程中的碳排放，提高能源使用效率。同时，加大对绿色能源项目的支持力度，推动清洁能源与石化产业的深度融合，为石化产业的绿色转型提供有力保障。

二是进一步完善环保标准和监管机制，通过严格的环保政策和市场化手段，激励企业加快环保技术升级。通过环保标准的强制执行和环保奖励政策的实施，进一步提高污染物处理效率，减少对生态环境的影响，确保产业的可持续发展。

（五）加强政策指引与高端人才引进

政策支持是推动舟山绿色石化与新材料产业发展的重要保障。

一是继续完善产业发展规划，出台专项政策，支持石化企业向高端化、绿色化方向转型。[①] 明确产业发展定位，深化产业结构调整，设立项目准入门槛，规范化工行业发展。严控“油头”，拉长“化尾”，对接下游市场需

① 祝勇、朱佳翔、林徐勋：《石化“双转”背景下扬子江城市群“港产城”协同发展研究》，《常州大学学报》（社会科学版）2019 年第 5 期，第 36～45 页。

求，大力发展高性能聚烯烃、特种工程塑料、特种橡胶、电子信息材料等先进材料，发展电子化学品、改性塑料、新能源材料等。

二是加强对高端技术人才的引进与培养。完善人才引进政策，搭建人才培养和科研创新平台，吸引国内外顶尖人才。借助现有的大型石化企业，立足本市发展实际，通过与本地高职、中专院校的合作，开设与临港装备制造、港口物流等产业高度契合的专业，针对绿色石化产业发展需求开设化工工艺中高职一体化、化工机械维修高级工等对口专业。

四　展望未来

在全球绿色经济转型的大背景下，舟山绿色石化与新材料产业面临着重要的发展机遇。通过优化产业结构、加大科技创新、推动绿色低碳发展以及强化区域合作和人才引进，舟山将逐步实现石化产业的高端化、智能化和绿色化发展目标，成为国际绿色石化产业的重要参与者和引领者。

未来，舟山绿色石化与新材料产业将在国内石化行业中发挥关键作用。在政府政策引导、企业自主创新和区域协同发展的共同作用下，舟山将坚持协调创新与绿色安全的发展理念，围绕高质量发展目标，以绿色石化基地为核心，致力于打造世界一流的绿色石化产业基地，为实现国家“双碳”战略目标和推动绿色经济高质量发展做出重要贡献。

Z.3

舟山船舶与海工装备制造业高质量发展报告*

赵利平**

摘　要： 本文聚焦舟山市主要船舶制造企业，涵盖设计研发到生产制造、维修服务等多个环节，在深入分析舟山市船舶与海洋工程装备制造业的发展现状及其面临的挑战与机遇的基础上，提出对策建议。研究发现，尽管舟山在船舶海工装备制造方面取得了一定成绩，但仍存在企业综合实力不足、产业链不完整、产业集聚度不高等亟待解决的问题。根据上述分析结果，本文提出以下几点建议：一是把握趋势，瞄准方向，始终高举高质量发展船舶与海工装备制造业这面大旗；二是力求特色，开拓创新，着力提升船舶与海工装备制造业产业链供应链韧性和安全水平；三是找准切口，因地制宜，加快探索船舶与海工装备制造业新质生产力发展新路径；四是深化改革，科学布局，着力提升船舶与海工装备制造业的产业集聚度；五是凝聚合力，优化环境，营造船舶与海工装备制造业高质量发展生态圈。通过实施这些措施，可以有效促进舟山船舶与海工装备制造业健康持续发展。

关键词： 舟山船舶海工　产业链供应链　新质生产力　产业集聚度　生态圈

船舶与海工装备制造业是舟山海洋经济发展的重要产业，是舟山临港制造业的有机组成部分，也是舟山未来推动海洋新质生产力发展的一个重要切

---

* 本文使用数据除特殊说明，均由舟山市相关部门提供数据。

** 赵利平，舟山市人大常委会司法与监察委员会二级巡视员，曾任中共舟山市委办公室主任、政策研究室主任，主要研究方向为海洋经济。

入口。船舶与海工装备制造业是现代综合性产业，涉及 90 多个行业，上下产业链较长，是舟山可以重点突破做大做强的海洋支柱产业。本文力求通过对舟山船舶与海工装备制造业现状与启示的分析，研判未来发展新趋势，探索行业发展新规律，提出舟山船舶与海工装备制造业高质量发展的对策建议。

一　舟山船舶与海工装备制造业发展现状

新中国成立以来，舟山就开始利用海洋资源，服务渔业生产和地方客货运输，发展船舶工业。但就其规模和水平来说，一直比较落后。2002 年以来，舟山紧紧抓住国际船舶工业重心转移、我国打造世界第一造船大国、舟山建设世界级港口群的机遇，同时凭借自身的区位、资源优势，大力发展船舶工业。历经二十多年的风风雨雨，到 2023 年，舟山已发展成为中国沿海重要的船舶海工装备工业基地。

（一）舟山船舶与海工装备制造业的发展阶段

1. 快速发展阶段（2002~2011年）

这一时期舟山认真贯彻省委“八八战略”，大力发展以船舶工业为代表的临港制造业，产能快速扩张。2002 年底，成功引进日本常石集团在岱山县秀山岛投资建设大型船舶修造基地。2004 年 2 月 20 日，舟山市与中远船务工程集团有限公司正式签约。这是当时舟山引进的最大规模投资建设项目。随着日本常石、中远等项目的落户，以及扬帆集团等本地船舶企业的发展壮大，舟山作为全省乃至全国重要的船舶工业基地已成雏形。到 2011 年，全市船舶工业总产值 548.9 亿元，比上年增长 26.9%，造船完工量、新承接订单、手持订单量分别占全国的 10.8%、13.2%、12%。2 家企业进入世界造船业 40 强，3 家企业进入全国修船业 10 强。[①]

① 舟山市史志办公室编《舟山年鉴（2011）》，中国文史出版社，2011。

2. 回落震荡阶段（2012~2020年）

2008 年，美国雷曼兄弟破产，世界金融危机的滞后效应开始显现，全球船舶产业产能过剩导致的周期下行也给舟山船舶企业带来较大影响，全市船舶产业出现回落，缺乏竞争力的中小企业纷纷被淘汰出局，少数大型骨干造船企业由于种种原因出现破产重组现象，规模以上船舶企业从 2011 年的 93 家回落到 2019 年的 52 个。企业“保函难”“盈利难”等问题十分突出，求生存成为这一时期许多造船企业共同面临的问题。2020 年出现的新冠疫情也影响了船舶工业的稳定，受疫情防控影响，2020 年舟山造船产量比上年下降 35%。这一时期，修船业发展势头较好，维持了舟山船舶与海工装备制造业的基本稳定。

3. 复苏上升阶段（2021年至今）

这一时期随着全球新船订单复苏、新冠疫情影响减弱，舟山船企加强技术创新和产品研发，积极推进转型升级，生产经营开始回升，海工装备行业加速发展，绿色修船率先推动，一番洗礼后，舟山成为全国重要的船舶与海工装备产业示范基地和船舶出口基地。到 2023 年底，全市规上船舶行业实现产值 325 亿元，同比增长 26.2%。修船 4445 艘，实现产值 169 亿元，同比增长 23.8%。规上船舶制造业企业利润总额 8 亿元，自 2012 年以来首次盈利，效益恢复向好态势明显。

（二）舟山船舶与海工装备制造业的发展现状

1. 船舶强市的地位基本确立

2023 年，舟山造船完工量为 189 万载重吨，新接订单量为 533 万载重吨，手持订单量为 801 万载重吨，同比增长分别为 44%、173%、83%，占全国的 4.5%、7.5%、5.7%；修船产值占全国 35%以上，约占全球 20%。已成为国际最大船舶修理改装基地，国际修船界基本形成“世界修船看中国、中国修船看舟山”的行业格局。全市共拥有船坞 86 座，船坞总容量 680 万吨（修船坞 330 万吨），其中 50 万吨级船坞 1 座，30 万吨级以上船坞 11 座，10 万吨级以上船坞 24 座，船坞容量约占全国 20%。同时拥有配套舾装码头泊位148个，可满足各种船舶和海工产品修造。从业人员约6万人，用工体系完备。基本具备全船型的生产设计能力，共有重点设计企业8家；船配产业不断发展，船配制造企业达到15家，包括欣亚船舶电气、飞鲸油漆等全国知名企业。其中中远海运重工四号船坞以及八号、九号码头新建项目，计划总投资12亿元，项目投产后，将用于生产企业自主研发与设计的行业首艘15.4万吨级穿梭油轮、省内首艘7.5万吨级浮船坞、填补行业空白的2万吨级有动力转载驳船等高附加值船型。浙江船舶行业在全国排名第四，其中舟山船舶份额占浙江的70%。定海区、普陀区等一批船舶海工装备功能岛，被浙江省政府列为“415X”集群中船舶海工制造集群的核心区，岱山县被列为协同区。

2. 产品向高端化、绿色化、智能化方向发展

舟山船企布局高端化、前沿化市场，已相继制造了7800PCTC汽车滚装船、32万吨VLCC、25万吨VLOC、650人海工生活平台等高端海工装备，其中2.6万立方米FSRU、7500立方米LNG加注运输船等16项产品被认定为国家或省首台（套）产品。常石集团6.4万吨和8.2万吨节能型精品散货船全球市场占比突破30%，舟山中远15.4万吨穿梭油轮获评入围中国十大创新船舶，长宏国际11500TEU LNG双燃料集装箱船、舟山中远2万吨智能转载驳、扬帆集团7000车位LNG双燃料汽车滚装船、东鹏船舶9000吨油电混合动力化学品特种船等高附加值产品开工，常石集团承接5900TEU甲醇双燃料集装箱船。长宏国际承建2万立方米的LNG加注船，和泰船舶开建1.4万吨江海联运系列船；海工行业加速发展，2023年，全年海工行业实现产值16.8亿元，同比增长43.6%。舟山中远交付650人海工生活平台，太平洋海工完成全球首例超大型矿砂船加装旋翼帆项目。舟山惠生海洋工程有限公司实施了大型浮式天然（FLNG）上部模块、陆地LNG液化模块、陆地模块化发电装置等高附加值海工装备项目，承接的俄罗斯北冰洋LNG生产加工模块产能大幅释放，企业处于订单饱和状态；修船业不断提升，浙江友联、华丰船舶等顺利承修国际豪华邮轮、大型LNG船、海工平台等高端船舶产品，国际修船界基本

形成“世界修船看中国、中国修船看舟山”的行业格局；紧抓欧洲国家绿色转型契机，引导船企发展 VLGC、LNG 船舶等高附加值修造业务，绿色订单明显提升，太平洋海工交付全球首艘甲醇双燃料营运集装箱船。在国内首创推出《舟山绿色修船企业规范》，连续 5 年大力推进规上修船企业开展绿色修船装备和工艺革新，超高压水除锈、机器人除锈、无气喷涂装置等得以广泛应用。万邦船舶重工和中远海运重工被认定为国家级“绿色修船示范企业”。普陀区的“绿色修船”经验在挪威国际海事展展示宣传。推进数字化、智能化改造，普陀区建成全省首个“船舶修造行业产业大脑”。“船舶智造 e 建通”应用入选工信部工业互联网平台创新领航应用案例。中远海运重工定制远程质检装备后，实现专家团队“远程会诊”，质检费用降低 90%、时间缩减 50%。联合武汉理工大学成立了“智能船厂创新联合研发中心”，打造“智能船厂”。加大高技术船舶修造技术储备，2023 年，综合运用首台（套）、技改补助等惠企政策，落实资金 1200 万元，引导企业向高端、绿色、节能产品发展。研发应用精度焊接装备、5G+AR 技术、坞修机器人、超高压水除锈设备等绿色、智能修船装备，提升船舶修造水平。

3. 多种所有制形式构成多元化格局

中远海运重工等国有企业在舟山船舶海工装备发展过程中扮演着重要角色；长宏国际、扬帆集团、鑫亚船舶等民营企业经受了多年来的市场考验，具有较高的灵活性和市场适应性；常石集团、太平洋海工等外商独资、合资企业拥有先进的技术和管理经验，对提升舟山国内船舶制造业的整体水平产生了积极的影响。为应对市场变化，全市船企通过多渠道加强与央企、名企的交流对接，吸引和推动其以多种形式参与合作重组，晨业船舶、中船重工船业等船企顺利完成兼并重组。船企加强改造升级，浙江友联邮轮改装基地项目、中天重工二期项目、舟山中远海工项目等有序推进。一批重点船舶企业发挥自身制造优势，对接本地重大项目并不断向外拓展，加快多元化转型，中集长宏盘活金海智造江南山基地修造船产能，中铁宝桥收购中船重工拓展桥梁、铁路箱梁等钢结构非船业务。

4. 对外开放不断推进

对外开放是舟山船舶与海工装备制造业的一个重要标志。舟山海工装备产品外销占很高的比例。2023 年，舟山船舶造船出口 84.7 亿元，比上年增长 19.3%，约 70%的新造船为出口船舶，修船出口 112.38 亿元，比上年增长 31.4%，外轮修理量已占全国 45%以上。近年来，舟山利用外资发展船舶与海工装备制造业取得新的进展，定海区船舶海工协会和新加坡海事与离岸能源工业协会签署战略合作框架协议，双方将共同打造“新加坡长白海工岛”。新加坡新航集团拿出 30%股权牵手定海华丰船舶，联合成立欣航重工。2024 年，双方将投资 1.4 亿美元，打造高端船舶和海工装备修造基地。中天重工与韩国多友合作生产新型高端船用脱硫塔，浙江友联与法国 GTT 合作拓展 LNG 船等高附加值船舶修理改装业务。国际知名船东均与舟山市船企保持良好合作关系。

二　舟山船舶与海工装备制造业高质量发展的机遇与挑战

（一）舟山船舶与海工装备制造业高质量发展的机遇

行业拐点已至，机遇就在眼前。当前和今后一个时期舟山发展船舶与海工装备制造业具备诸多有利条件。

1. 中央和浙江省政府支持舟山船舶与海工装备制造业的高质量发展

习近平同志一直十分关心舟山船舶工业的发展。2004 年 9 月，正当舟山船舶工业兴起之时，习近平同志在普陀区六横镇中远船务舟山修船基地考察时提出，舟山发展临港工业的目标之一就是要建设成为全国重要的修船造船基地。2015 年 5 月 26 日，习近平总书记到舟山长宏国际船舶修造有限公司考察，语重心长地对企业负责人说，修造船领域国际竞争十分激烈，但要看到机遇和挑战并存。我们企业自身就是从无到有、从小到大、从拆船起家发展到覆盖造船、修船、拆船全产业链。要从这样的发展历程中增强信心，全面提高发展质量和核心竞争力。[①] 2024年3月，浙江省经济和信息化厅等十部门印发的《浙江省高端船舶与海工装备产业集群建设行动方案》提出："做强舟山船舶与海工装备产业示范基地。"[②]

2. 全球船舶更新需求为舟山船舶与海工装备制造业高质量发展带来外部有利条件

2023年报统计显示，2005~2010年全球交付了大量船舶，该批船舶将在2025~2030年陆续达到20年船龄，其中散货船占比最多，油船其次，集装箱船占比最小。船舶价值折旧具有非线性的特点，当船龄达到15年后，船舶价值将加速下跌。国际减排措施开始实施，对高能耗船舶进行处罚，促进船队更新。自2024年起，5000Gt以上的船舶将被纳入欧盟碳交易市场（EU-ETS），相关规定要求船舶必须检测其二氧化碳排放量，向有关部门报告，同时必须购买欧盟碳配额，以向监管机构返还配额抵补年度排放量。2024年，我国交通运输部等十三部门联合印发《交通运输大规模设备更新行动方案》[③]。实施老旧营运船舶报废更新行动，支持内河客船10年、货船15年以及沿海客船15年、货船20年船龄以上老旧船舶加快报废更新，鼓励有条件的地区建立现有燃油动力船舶退出机制。大力支持新能源、清洁能源动力运输船舶发展。这些年来，我国船舶工业发展迅猛，这也反映了我国当前船舶工业发展的良好态势，增强了沿海各城市的国际竞争力。

3. 经历产能出清后的舟山造船格局重塑，抗风险能力增强

舟山造船产能的快速扩张是在上轮造船大周期时期，金融危机期间，大量造船繁荣期新建的船厂倒闭，经过了十几年的产能出清后，截至2022年全球在运营船厂301家，不到2007年峰值数量的一半。在全球造船低迷大

---

① 霍小光：《中国印丨习近平总书记舟山行》，央广手机网，2015年5月26日，http://m.cnr.cn/news/20150526/t20150526_518650170_tt.html。

② 浙江省经信厅：《浙江省经济和信息化厅等十部门关于印发〈浙江省高端船舶与海工装备产业集群建设行动方案〉的通知》（浙经信装备〔2024〕65号），2024年4月10日，https://jxt.zj.gov.cn/art/2024/4/10/art_1582899_26194.html。

③ 交通运输部网站：《交通运输部等十三部门关于印发〈交通运输大规模设备更新行动方案〉的通知》（交规划发〔2024〕62号），2024年5月31日，https://www.gov.cn/zhengce/zhengceku/202406/content_6956170.htm。

背景下，舟山造船行业从2016年进入主动去产能阶段，基本完成了对落后产能的淘汰。从产业生命周期看，目前正处于快速发展期，发展潜力很大，这为新一轮周期承接高附加值船型打下了较好的基础。

（二）舟山船舶与海工装备制造业高质量发展面临的挑战

在看到机遇的同时，我们也要看到影响和制约舟山船舶与海工装备制造业高质量发展的若干挑战。

1. 外部环境问题

总体上，当前国际市场大环境有利于中国船舶与海工装备制造业发展，但需要注意以下几个外部因素。一是船运周期与全球宏观经济相关性较大，世界经济形势不稳定、宏观经济不景气，必然会拖累甚至打断船舶与海工装备制造业的上升周期。二是全球地缘政治也会影响我国船舶与海工装备制造业的正常发展，当前国际地缘政治紧张，2024年美国对中国船舶业启动“301”调查，影响我国船舶与海工装备制造业的快速发展。三是国际上实施的船舶海工绿色环保政策一旦不能完全到位，也会影响到对全球船舶更新需求的预期。四是虽然我国船舶工业走出下行周期，但经过这几年的发展，已从过冷过渡到正常年景，下一步继续上升，不排除出现偏热、过热现象。中国船舶行业协会公布的2023年中国造船产能利用监测指数（CCI）达到了894点，创十年新高（见图1）。

图1　中国造船产能利用监测指数

资料来源：中国船舶行业协会提供。

2. 企业综合实力问题

通过多年的努力，舟山船企综合实力有了提高，但整体的竞争力还不够强。从产品高端化来看，舟山船舶企业仍处于产业链中低端，与国内外头部船企相比，产品结构比较单一，高端船舶的开发设计、生产制造能力不足；从技术创新来看，自动化、智能化、绿色化装备的应用还不够全面，只能进行同质竞争、低价竞争；从精细管理来看，民营造船企业在组织架构、成本控制、生产流程等方面与外资企业还存在较大差距。

3. 产业链问题

舟山船舶与海工装备制造业产业链不长、不完整，这在初创时期是可以理解的。在新一轮船舶产业的上升周期会掩盖这个问题，但一旦进入下行周期，则会加剧风险。当前舟山的船舶与海工装备制造业产业链细分领域，存在两大问题：一是造船不强、修船不优，二是设计不精、船配不大。特别是船舶配套问题一直是舟山的老大难问题。2023 年，船舶配套水平舟山本土装船率不到 10%，全国本土装船率为 60%左右，韩国本土装船率为 90%以上。

4. 产业集聚度问题

舟山船舶与海工装备制造业的产业集中度在提升，但相较于国内先进地区和韩国仍有较大差距。2023 年，全国造船完工量排名前十的企业中，浙江和舟山均未有企业上榜，分别是江苏（4 家）、上海（3 家）、山东（1 家）、广东（1 家）、辽宁（1 家）；新接订单量排名前十的企业中，浙江只有舟山长宏国际 1 家，其余是江苏（5 家）、上海（1 家）、辽宁（2 家）、山东（1 家）。舟山在吸引国内外头部企业落地或与本土船企开展重组合作等产业集聚方面的举措还需要加强（见表 1）。

表 1　全国造船完工量及新接订单量统计

序号	造船完工量前 10 家	新接订单量前 10 家
1	江苏扬子江船业集团公司	江苏扬子江船业集团公司
2	江苏新时代造船有限公司	江苏新时代造船有限公司

续表

序号	造船完工量前10家	新接订单量前10家
3	上海外高桥造船有限公司	扬州中院海运重工有限公司
4	大连船舶重工集团有限公司	大连船舶重工集团有限公司
5	青岛北海造船有限公司	恒力造船（大连）有限公司
6	广船国际有限公司	青岛北海造船有限公司
7	沪东中华造船（集团）有限公司	江苏新韩通船舶重工有限公司
8	江南造船（集团）有限责任公司	上海外高桥造船有限公司
9	扬州中院海运重工有限公司	舟山长宏国际船舶修造有限公司
10	南通中远海运川崎船舶工程有限公司	中船澄西船舶修造有限公司
前10家集中度	58.4%	60.7%

三　舟山船舶与海工装备制造业发展启示与对策建议

（一）舟山船舶与海工装备制造业发展启示

1. 舟山必须坚定不移地做大做强船舶与海工装备制造业

舟山具有发展船舶与海工装备制造业区位、港口、航运等良好条件。20多年的船舶与海工装备制造业的发展实践证明，只要坚定信心和决心，充分利用舟山优势，适应船舶与海工装备制造业发展周期，创新发展，舟山船企完全可以在激烈的国内外市场竞争中站稳脚跟、不断发展壮大；舟山政府完全可以将船舶与海工装备制造业发展成海洋经济支柱产业。

2. 舟山必须扬长避短走船舶与海工装备制造业差异化发展之路

船舶与海工装备制造业是市场化程度很高、竞争激烈的行业。同质充满风险，差异才能生存。这些年来，舟山船舶与海工装备制造业之所以能在产能过剩的情况下未被出清、淘汰，而是顽强地生存下来并有所发展，一个重要的法宝就是克服舟山船舶与海工装备制造业先天性不足，在行业发展中创特色、产品开发中求个性：造船不行搞修船、低端不行谋高端。坚持特色化、绿色化、智能化，走差异化发展道路，无论过去、现在、未来，都是舟山船企遵循的发展策略。

3. 舟山必须顺势而为遵循船舶与海工装备制造业发展规律

船舶与海工装备制造业具有三个特征。一是人力密集、技术密集、资本密集。二是产业转移：由工业化水平高、劳动力成本高的国家地区向工业化水平低、劳动力成本低的国家地区转移；船舶产业承接顺序技术梯度由低到高、先总成后配套。三是市场具有大周期、中周期、小周期。舟山船舶与海工装备制造业的成与败、挫折与复苏昭示：只有遵循船舶与海工装备制造业市场规律和产业特性，抓住有利时机，乘势而上，才能在高质量发展道路上行稳致远。

4. 舟山必须奋发图强拉长船舶与海工装备制造业的全产业链

这些年来，舟山在船舶与海工装备制造业的下行周期遇到挫折并出现回落现象，一个很重要的原因是该行业的产业链不长、韧性不足。就其产业转移的规律来说由低到高、先总成后配套，这对于舟山这样的地区来说是无法避免的。但面向未来，必须奋发图强、迎头赶上，纵向贯穿船舶与海工装备制造业的上下游，横向连接产品、服务及研制生产、运营管理全过程，综合构建舟山海工装备业的全产业链，增强产业链的韧性和抗风险能力。只有这样，才能增强船舶与海工装备制造业竞争优势，无论是上行周期还是下行周期都能立于不败之地。

（二）舟山船舶与海工装备制造业高质量发展的对策建议

1. 把握趋势，瞄准方向，始终高举高质量发展船舶与海工装备制造业这面大旗

自 2021 年以来，舟山船舶与海工装备制造业已进入新的时期。这一时期的三个趋势是：一是舟山正从船舶海工大市向船舶海工强市转型；二是舟山正从常规船型的“量”的承接向发展高附加值船型及船舶配套产业“质”的承接转移；三是舟山正从随着船舶上升周期加快发展、下行周期回落向船舶上升周期高质量发展、下行周期保持稳定转变。围绕这样的趋势，一是坚定高质量发展舟山船舶与海工装备制造业的信心决心，无论行业大趋势如何

变化，都要做到坚定、清醒、有作为，把这一产业作为舟山海洋经济的支柱产业，防止出现上升期关心重视、回落期置之不理的现象；二是坚定舟山船舶海工产业高质量发展的科学方向，从舟山实际出发，把握船舶与海工装备制造业发展规律，坚决走个性化、特色化发展路子，塑造舟山独有的市场竞争新优势；三是坚定舟山船舶海工产业高质量发展的奋斗目标，作为浙江省船舶行业的引领城市，舟山要向国内沿海城市看齐，重振过去雄风，力争3~5年全市造船主要指标占到全国10%以上，修船量占到全国40%左右，形成造船提质、修船更强、海工向优、船配做大的高质量发展新格局。

2. 力求特色，开拓创新，着力提升船舶与海工装备制造业产业链供应链韧性和安全水平

求特色、谋创新是舟山船舶与海工装备制造业发展的一条重要经验。面对船舶产业的周期波动，只有人无我有、人有我特，依靠创新，才能在激烈的市场竞争中立于不败之地。舟山相对于其他地区而言，综合实力强、国内外极具影响力的头部企业较少，因此，要提升船舶与海工装备制造业产业链、供应链韧性和安全水平，不在于大而全，而是在于特而优。一是在造船开发高端产品中求特色、谋创新。继续主攻油船、集装船、散货船三大主流船型，做精做专一批舟山船企有能力开发的高端优势产品，积极布局、发展适应国内外市场需要的新船型。支持企业开展首台（套）产品工程化攻关和“首创首制首设”，提升高新产品建造能力。二是在海工整体水平的提升中求特色、谋创新。要着力发展深海勘探和油气资源开发装备、浮式天然气生产液化储存装置，积极开发海上风电场、海流能装备、深远海养殖装置、清洁能源浮岛、海上碳捕捉封存装备等新型海工装备。三是在突破船配、设计能力中求特色、谋创新。船配、设计是舟山的最大短板。要重点发展船用新型动力系统、智能操控系统、通信导航系统、甲板舱室等关键设备，做强电线电缆、管系泵阀等通用器材。要借助外力，努力招引高端配套制造项目，提高船舶产业配套制造能力；要提高船舶装备研发设计的集成创新，全力争取国家级船舶海工设计院所在舟山市设立研发机构，增强船舶装备研发设计能力。四是在做优船舶修理中求特色、谋创新。按照国际化、智能化、清洁化、标准化的要求，推广绿色修船新装备、新技术，制订绿色修船企业规范，把重点企业全部打造成绿色修船示范企业，树立绿色修船品牌，进一步提升舟山修船业品质，扩大在国内外的影响力。

3. 找准切口，因地制宜，加快探索船舶与海工装备制造业新质生产力发展新路径

党的二十届三中全会通过的《中共中央关于进一步全面深化改革、推进中国式现代化的决定》（以下简称《决定》）提出，健全因地制宜发展新质生产力的体制机制，发展以高技术、高效能、高质量为特征的生产力。船舶与海工装备制造业既是传统产业，又是战略性产业，更是适应探索新质生产力的产业。船舶与海工装备制造业发展新质生产力是一篇大文章，要从舟山船舶与海工装备制造业的现有条件出发，找准切入口，加快探索新路径。一是在特色化产品的开发中体现新质生产力元素。特色化产品就是创新产品，往往体现着新质生产力特性。要引导中小船企发展“专精特”船型，布局江海联运船型、新型渔船、海钓船、休闲游艇等地方特色船舶；无人艇是一个适应舟山前瞻布局的船舶新质生产力项目，目前需要积极探索的是实现从军用向民用的转变，创造民用消费市场。二是在智能化技术的赋能中体现新质生产力元素。智能化将是未来船舶竞争的制高点。舟山在导向明确的政策支持下，已取得了一定的进展。下一步要从智能海洋装备、智能配套、智能生产和智慧海事服务等领域进行布局，打造船舶领域设备、系统、平台、体系相融合的人工智能生态，赋能产品、服务及研制生产、运营管理全过程，综合构建舟山智能化产业竞争优势，为落实海洋强国战略提供新质生产力。要鼓励企业加快应用和优化数字化系统，建设数字单元、数字生产线、数字车间，促进船舶总装建造数字化转型，提升智能制造水平。三是在船舶业绿色发展中体现新质生产力元素。

2023 年 7 月，国际海事组织（IMO）审议修订了航运温室气体排放初始战略，全球航运业正加快探索以船舶新能源替代为核心的脱碳路径。同年 12 月，工业和信息化部等五部门联合印发的《船舶制造业绿色发展行动纲要（2024—2030 年）》亦提出，到 2025 年，船舶制造业绿色发展体系初步构建。

绿色发展是船舶制造业发展新质生产力的新路径。新赛道孕育着新机遇。要以绿色发展为主题，构建绿色船舶产品体系。燃料电池在高铁、汽车上的推广应用，预示着其技术有可能向船舶领域扩展，世界不少国家的头部船企正在进入这一领域，舟山应超前布局跟踪、招引相关方面的研发技术，以实现船舶动力的颠覆性创新和船配核心部件的弯道超越。要优化提升大型远洋船舶LNG动力船型，加快甲醇、氨动力船型研发，形成系列化绿色船型品牌产品；大力发展绿色化修船，全面推广超高压水除锈等绿色表面除锈技术，全面实施安全和环境无害化拆船，引领我国绿色修船产业发展；探索建设绿色船舶配套供应链，健全完善绿色低碳标准体系，建设绿色发展公共服务平台。

4. 深化改革，科学布局，着力提升船舶与海工装备制造业的产业集聚度

党的二十届三中全会《决定》提出，构建高水平社会主义市场经济体制，坚持和落实“两个毫不动摇”，构建全国统一大市场。完善高水平对外开放体制机制，稳步扩大制度型开放。深化改革、扩大开放过去是现在是将来还是舟山船舶与海工装备制造业发展壮大的不竭动力。一是充分发挥舟山船舶与海工装备制造业多种所有制集聚的优势，保证各种所有制船企在舟山优势互补、共同发展。支持国企国资企业进一步做强，积极引进中船系、中远系、招商系等国资头部船企，布局实施一批重大项目，兼并重组舟山存量船企。支持企业积极参与军辅船建造、配套及维修等任务，从而提高舟山船舶与海工装备制造业的集聚度。要坚持致力于为民营船企的稳定发展、做大做强营造良好的环境和出台更多的政策措施，特别是要完善民营船企融资支持政策制度，破解船舶下行周期融资难、融资贵的问题。二是不断扩大船舶海工领域对外开放，坚决落实中央提出的全面取消制造业领域外资准入限制措施。要继续在国内外开展招商引资工作，鼓励境外知名船舶集团以参股、换股、并购等方式与舟山企业开展合作，优化企业结构。特别是要争取韩国知名船配企业、境内外知名船舶设计机构在舟山注册落地，提高舟山船配、设计能力。深化与国际主要航运公司、船级社、海洋石油公司等交流合作，大力开拓国际市场。三是优化产业布局，着力打造一批船舶海工功能岛。基于海域岸线资源禀赋、承载能力、产业基础和发展潜力，浙江省政府已明确

要做强舟山船舶与海工装备产业示范基地，确立定海区、普陀区为核心区，岱山县为协同区。进一步优化船舶与海工装备制造业布局，这是提升船舶与海工装备制造业产业集聚度的需要。从总体上看，经过20多年的发展，舟山船舶与海工装备制造业产业布局基本是合理的。下一步要按照“一岛一功能”的原则，适当调整一些不利于环保、不利于城市发展的船企布局，通过兼并、重组的形式向主要功能岛集聚，着力打造长白海工岛、舟山岛北部船舶装备工业园区、六横修造船岛以及蚂蚁、虾峙、西白莲船舶修造岛，秀山、长白船舶海工岛。为培育嵊泗县经济增长点，支持在黄龙岛、绿华岛布局船舶修造岛。

5. 凝聚合力，优化环境，营造船舶与海工装备制造业高质量发展生态圈

推动舟山船舶与海工装备制造业高质量发展，必须凝聚各方合力，营造良好的生态圈。一是建立良好的政策环境和支持体系。船舶与海工装备制造业是一种特殊的行业，过度交给市场经济抉择，无法熨平周期。既要让市场在资源配置中起决定性作用，又要更好发挥政府作用。舟山是浙江省船舶与海工装备制造业发展的龙头地区，自省至县（区）各级政府都要精准谋划，一县（区）一策，强化船舶与海工装备制造业支持举措。省、市相关产业基金等要将船舶产业列为重要投向，安排船舶产业奖补资金。特别是在船舶与海工装备制造业周期底部要提供必要的补贴和支持，帮助船企渡过难关。二是银企要互相支持，照顾彼此关切。良好的银企关系是船舶与海工装备制造业高质量发展的重要外部条件。银企之间必须互利双赢才能构建良性的生态圈。一方面，金融保险机构在对船舶企业不抽贷、不断贷、不压贷的同时，通过保函业务减轻企业资金压力。探索银团贷款等方式，创新金融产品，为船企提供多元化买方信贷融资服务。另一方面，船企也要遵循市场经济规律，照顾金融保险机构的关切，踏准市场进退节奏，化解金融风险，达到双方互赢目的。三是各有关部门要优化产业发展环境。舟山市各有关部门要积极搭建产业链合作交流平台，支持船舶产业链关联企业联合构建公共服务平台，为产业发展提供前瞻研究、技术支持、智能改造、政策宣传等服务。海关、港航口岸等部门要支持符合条件的船企申请口岸开放，优化相关报关、引航、检验、通航等流程。科技部门和驻舟相关高校要加强船舶海工专业学科和科研力量建设，加强高水平研发人才、现代管理人才培养。

展望 2024 年和今后一个时期，全球经济增速面临诸多挑战，这给世界航运和造船市场带来不少不确定性。但对舟山船舶装备海工产业而言，经过 20 多年的激烈市场竞争考验，已经具备高端船型制造的能力，高级生产要素优势正逐渐增强，正处于产业发展的成长期。只要认真贯彻落实党的二十大和二十届三中全会精神，乘势扬帆，破浪前行，锐意进取，舟山船舶与海工装备制造业高质量发展必定春山可期、前景良好。

Z.4
舟山港口航运业发展报告

庄韶辉*

摘　要：　本文以舟山港口航运业作为研究对象，在利用现有研究资料和第一手调研资料的基础上，借助产业发展的相关理论，运用文献研究、比较分析等方法，对舟山港口航运业的现状、问题展开了研究。研究认为舟山港口航运业具有港口资源禀赋优越、产业发展体系完备、大宗商品物流优势明显、江海联运服务全国领先、航运业发展水平较高等特点，但也发现在港口集疏运体系、港口资源利用规模化、港口航运业发展能级、江海联运服务市场一体化、航运产业集中度等方面，舟山港口航运业发展面临不少问题和制约。为了促进相关产业进一步发展，在上述研究的基础上，本文提出如下建议：一是积极推进港口集疏运能力提升；二是积极延伸港航产业链；三是积极推动港口体制机制创新；四是开拓江海联运服务市场；五是加强航运业产业组织和市场开发。

关键词：　港口航运业　集疏运　江海联运　舟山

舟山作为天然良港，有着得天独厚的优势。2015 年 5 月，习近平总书记来到舟山考察调研并指出“舟山港口优势、区位优势、资源优势独特，其开发开放不仅具有区域性的战略意义，而且具有国家层面的战略意义”[①]。近年来，随着“浙江舟山群岛新区”“舟山江海联运服务中心”“自由贸易试验区”等国家战略的叠加，舟山港口发展活力不断激发，港口优势持续

* 庄韶辉，中共舟山市委党校政治教研室主任、副教授，主要研究方向为产业经济学。

① 陈佳莹：《种好试验田 走在最前沿》，《浙江日报》2018 年 7 月 27 日，第 7 版。

放大，港口功能与作用得到充分释放，港口航运业实现了跨越式发展，产业整体实力和竞争力显著提升。

一　舟山港口航运业发展现状

舟山港于1987年开港运营，1990年港口货物吞吐量只有186万吨。进入21世纪以来，随着国际贸易的显著增长，舟山港作为长三角乃至国家对外开放的重要窗口，港口优势得以充分发挥，港口货物吞吐量实现了年均20%以上的连续高速增长，从2001年的3280万吨不断攀升，至2006年首次突破1亿吨大关。进入新世纪的第二个十年，在三大国家战略的叠加下，港口货物吞吐量继续保持高速增长，至2023年完成货物吞吐量6.51亿吨[①]。其间，借助港口物流业的迅猛发展，作为传统产业的航运业也取得了长足发展，到2023年底，全市水路货运船舶总运力突破900万载重吨[②]，航运业已经成为舟山当前的支柱产业，为舟山经济社会发展发挥了日益重要的作用。从当前发展状况来看，舟山港口航运产业发展主要呈现如下特征。

（一）优越的区位及港口资源禀赋优势

舟山港有着得天独厚的区位优势，拥有丰富的深水岸线资源和优越的建港自然条件，其发展具有坚实的基础和良好的条件。

1. 舟山港有着独特的区位优势

从经济区位来看，舟山港地处我国东部海岸线的中间，背靠长三角经济区，与沪、杭、甬等重要城市相邻，是长江经济带与21世纪“海上丝绸之路”的T形交汇区，向内沿江而上可以覆盖整个长江经济带，向外直接面向日本、韩国等发达经济体及环太平洋经济圈，其经济区位优势非常明显。

① 《舟山的雄心：由中转港变身国际物流岛》，《中国远洋航务》2011年第7期，第44~46页。

② 舟山市统计局：《2023年舟山市国民经济和社会发展统计公报》，2024年3月18日，http://zstj.zhoushan.gov.cn/art/2024/3/18/art_1229339440_3845482.html。

从水上运输走向来看，舟山港处于我国南北海运和长江水运的交汇区，又面向太平洋靠近国际航线，处于国际和国内水上运输的结合部，具有较好的水运区位优势。近年来，舟山港发挥经济和水运区位优势，已逐步发展成为长三角乃至我国的重要港口，在大宗商品存储、中转、贸易方面发挥着日益重要的作用[①]。

2. 舟山港拥有丰富的港口资源

全市拥有岸线 2778 公里，全港规划港口岸线总长 350 公里。目前，已开发岸线 162 公里，未开发利用岸线 188 公里[②]，今后尚有较大开发潜力。港域内航道通畅、港池宽阔、锚泊避风条件优越，目前拥有万吨级主要航道 17 条，其中 10 万~30 万吨级 9 条，30 万吨级 3 条。锚泊作业面积约 290 平方公里[③]，能满足当前主要船型及未来更先进船型的通行和靠泊，其港口资源丰富程度居我国甚至世界前列，充分具备大型现代化深水港发展的优秀资源条件。

（二）初具规模的现代港口体系基本形成

依托于优越的区位和优秀的港口资源条件，经过长期发展，舟山港已基本形成布局合理、功能明确、配套完善的现代港口体系[④]，成为我国及长三角地区大宗商品储运、中转的重要保障基地和主要枢纽。

1. 码头泊位建设水平居全国前列

从生产性码头泊位建设来看，舟山港现有生产性码头泊位 359 个，其中万吨级及以上泊位有 96 个，30 万吨级及以上泊位 11 个（全国 71 个，占比

---

① 孙建军、吴晓健、冯柏泓等：《舟山港口物流业发展战略研究》，《浙江海洋学院学报》（人文科学版）2010 年第 1 期，第 46~52 页。

② 舟山统计局：《2023 舟山统计年鉴》，2023 年 12 月 18 日，http：//zstj. zhoushan. gov. cn/art/2023/12/18/art_ 1229774344_ 58867301. html。

③ 范英楠：《舟山群岛新区港航物流金融服务体系建设研究》，浙江海洋大学硕士学位论文，2018。

④ 吴筱颖：《舟山群岛新区现代港口服务业的发展》，《港口经济》2016 年第 8 期，第 30~32 页。

15.5%），包括40万吨铁矿石泊位3个、1个45万吨原油和4个30万吨油品等一批全球最高等级码头①，具备接纳全球各主要货种最大船型能力，港口总设计通过能力居国内沿海港口前列。

2. 集疏运体系初步形成

从港口的集疏运条件来看，大陆舟山连岛工程、北向大通道、环岛公路等项目的建成通车，以及江海联运服务中心的落地，港口与铁路、公路、内河水运等枢纽衔接不断完善，为发展江海、海陆等多式联运提供了有力支撑，港口与周边大中城市联系更加便捷，一个面向长三角、辐射长江中上游的集疏运体系初步形成。

（三）以大宗商品为主的港口业务发展迅速

舟山港从国家战略和长三角地区经济社会发展需要出发，利用港域区位及水水中转优势，确立了以大宗商品为主的业务发展定位，围绕布局定位，重点推进相关商品的港口接卸能力建设，有力地推进了油品、铁矿石、煤炭、粮油等大宗商品业务的发展，港口货物吞吐量连年攀升，使得港口稳步跻入国内十大港口行列。

1. 大宗商品接卸能力居全国一流水平

从大宗商品接卸所需的配套设施来看，其能力水平领先全国绝大多数港口。油品接卸方面，建成了全国最大的油品储运基地。拥有油品储存能力3198万吨，约占全国1/4，油品吞吐量全国第一；拥有超大型油品泊位7个，约占全国1/6，其中45万吨原油泊位1个，占全国1/2。LNG接卸方面，建成了长三角重要的气源基地，拥有LNG储存能力162万立方米，接卸能力800万吨。铁矿石接卸方面，建成东北亚铁矿石储运基地，拥有铁矿石堆存能力1151万吨，居全国第四；拥有超大型矿石泊位4个，其中40万吨矿石泊位3个，在建2个，总数全国第一。粮食接卸方面，建成全国最大的进口粮食中转中心，拥有粮食仓储能力110万吨。煤炭接卸方面，建成华

① 舟山港航和口岸管理局：《舟山港航口岸经济发展现状调研座谈会材料》，2024年7月。

东地区最大的煤炭中转基地，现有专用泊位 10 个，设计通过能力 2177 万吨①。总体来说，大宗商品接卸能力稳居全国港口前列。

2. 港口货物吞吐量居全国前列

以大宗商品为主的发展布局，推动了港口业务快速发展。宁波舟山港货物吞吐量连续 15 年稳居世界第一。其中，舟山港域货物吞吐量排名全国第五。2023 年完成港口货物吞吐量 6. 51 亿吨，比上年增长 4. 4%。其中，从主要产品看，石油及天然气吞吐量 15732 万吨，增长 18. 4%；金属矿石吞吐量 18436 万吨，增长 4. 3%；煤炭及制品类吞吐量 4261 万吨，增长 15. 7%。全年集装箱吞吐量 299. 9 万标箱，增长 16. 5%②。以大宗商品为主的港口业务发展迅速，港口吞吐量连续攀升，跻身全国乃至世界大港行列。

（四）江海联运服务中心建设成效显著

舟山港自 2016 年获批成立江海联运服务中心以来，在国家战略的支持下，在省委、省政府的统一部署下，模式不断创新、合作不断拓展、规模不断扩大。2023 年，江海联运量达到 3. 21 亿吨，较 2016 年增长 97%，占长江干线比重从 10%攀升到 20%以上，其中进口粮食、铁矿石、油品分别占同类货物进江总量的 65%、44%、41%，有力服务保障了国家战略物资运输安全和长江经济带发展③。

1. 江海联运服务覆盖长江中下游主要港口城市

目前，舟山港已与长江沿线 31 个港口开展物流合作，主要物流节点全线贯通，其中 15 个亿吨干线港口实现全覆盖，江海联运的服务范围大为拓展。江海联运业务从上海、江苏等长江下游，纵深推进至安徽、江西、湖北、湖南等中游港口，并通过“海江铁”多式联运，打通川渝地区物流通道，实现上中下游串联成线。2024 年 5 月 11 日，舟山—重庆直达航线开

① 舟山港航和口岸管理局：《舟山港航口岸经济发展现状调研座谈会材料》，2024 年 7 月。

② 舟山市统计局：《2023 年舟山市国民经济和社会发展统计公报》，2024 年 3 月 18 日，http：//zstj. zhoushan. gov. cn/art/2024/3/18/art_ 1229339440_ 3845482. html。

③ 舟山港航和口岸管理局：《舟山港航口岸经济发展现状调研座谈会材料》，2024 年 7 月。

通，实现了万吨江海直达轮过闸三峡大坝、直航到达长江上游、直达航线里程最长等3项历史性突破，具有重要的历史意义和战略意义。

2. 以江海直达运输为主的江海联运方式快速发展

全国首支最大规模江海直达船队打造完成。在2018年投用2.2万吨首艘江海直达示范船的基础上，针对市场需求，优化船型设计，2021年推出了1.4万吨散货、438T集装箱新船型，目前船队总运力扩大到17艘22.8万吨。在此基础上，积极推进船港货一体化运营，创新组建全国首个江海直达“运力池”，形成集中配航线、配货物和配码头的全程物流服务，目前已开通9条至长江中上游直达航线。从市场实践来看，江海直达相较传统江海联运方式，具备减少中转环节、转船次数以及缩短运输周期等优势。以舟山—武汉1.2万吨粮食运输为例，与传统运输方式比较，江海直达能减少物流成本16元/吨，运输时间能缩短4天以上，中转损耗相应减少7万元[①]。

（五）航运业发展水平居全国沿海地区前列

依托于港口区位、资源禀赋等优势，在政府和市场的共同推动下，作为传统产业的航运业保持稳步增长，在航运业市场中具备了较强的竞争力，尤其是在油、化等特种运输方面居领先地位。

1. 航运业整体规模和运力达到较高水平

自2013年以来，舟山市一直致力于引导航运企业转型升级，不断促进产业做大、做强、做精。截至2023年底，全市有水路运输企业309家，水路货运船舶1193艘，船舶总运力886.75万吨，占全国沿海城市的8.6%。全市万吨级以上船舶211艘，579.38万吨，占全市总运力的65.3%。对比2013年，全市运力增长70%；单船平均吨位增幅为119%；万吨级以上船舶数量增长76%，航运企业数量和船舶艘数均列全国沿海地级市首位，整体规模和运力的发展有效地提升了产业竞争力水平[②]。

① 舟山市港航和口岸管理局：《舟山港航口岸经济发展现状调研座谈会材料》，2024年7月。
② 舟山市港航和口岸管理局：《舟山港航口岸经济发展现状调研座谈会材料》，2024年7月。

2. 专业化运力和细分市场开拓方面极具特色

在专业化运力发展方面，舟山航运业重点发展特种船舶运输，尤其是油、化专业化运输。截至2023年底，有油船356艘计180.15万吨，占全国沿海的15.7%，化学品船98艘计43.99万吨，占全国沿海的25%，油、化专业化运力规模位列全国沿海地市第一。在细分化市场开拓方面，主要体现在国际运输市场开拓上。截至2023年底，有国际航行船舶59艘计112万吨，重点开发东南亚航线的市场业务，主要从事钢材、机械设备等货物运输[①]。

二　舟山港口航运业发展面临的主要问题

（一）港口发展面临腹地支撑不足和集疏运体系不完善等因素制约

现代港口的发展必须以广阔的腹地作为支撑，同时也离不开高效便捷多样的集疏运体系，而海岛的地理空间特点对上述两方面形成了天然的制约，影响了舟山港的进一步发展。

1. 港口发展的腹地支撑不足

从港口发展的腹地情况来看，主要是陆向腹地不足和经济腹地难以充分利用。岸线分布于各个岛屿，导致区域港口布局较为分散，与港口服务相关的产业如堆场、仓储、物流很难集聚，产业发展的规模效应难以体现，有限的腹地资源难以集中利用开发。尤其是深水岸线主要分布在外岛，相对于本岛，很多外岛的陆向腹地更为狭小，制约了相关产业的拓展。经济腹地的开发利用也存在较大制约。尽管舟山港口以长三角甚至长江经济带作为自己的港口腹地，但由于长三角区域内港口众多，竞争非常激烈，舟山港较难与一些大港争夺港口服务市场，尤其在高附加值的集装箱市场方面竞争力较弱，只能从事附加值较低的大宗散货等港口服务业务，这在很大程度上制约了港口的高质量发展。

---

① 舟山市港航和口岸管理局：《舟山港航口岸经济发展现状调研座谈会材料》，2024年7月。

2. 集收运体系能力和水平有待进一步提高

从集疏运体系的完备性来看，尽管随着甬舟跨海大桥、宁波舟山港主通道项目的全线建成通车，港口的集疏运能力有了较大改善，但与其他沿海港口相比仍有较大差距。陆路交通的完备性方面，目前还缺少铁路运输这一重要的集疏运方式，现有公路运输方式高度依赖于甬舟跨海大桥，其通达能力受到气候、安全等多方面因素制约，在物流的全天候无缝对接方面存在不足。水路交通的集疏运能力也面临瓶颈制约，随着舟山港货物吞吐量的不断攀升，以及港口服务业的发展，原有的港口航运基础设施已不能充分满足发展需要，尤其是原有航道锚地已达到开发利用上限，其通过和承载能力已无法满足进一步发展需要，对港口发展形成了现实制约。

（二）港口资源开发利用的规模化、集约化水平不高

受经济发展水平、港口开发体制机制等因素影响，港口资源开发利用在有序性、可控性和整体性方面有所欠缺，在资源的规模化、集约化利用方面水平不高。

1. 岸线资源利用方面存在无序开发现象

特别是经济发展起步阶段，由于岛屿的经济社会发展和对外交流高度依赖于港口，为了促进岛屿经济发展，各级政府、企业纷纷参与到岸线开发上来。开发主体整体实力较低，再加上资源使用成本不高，导致出现开发节奏过快、遍地建设码头、乱占岸线资源等现象，这一现象的负面影响持续至今，导致港口在岸线使用上较大程度存在深水浅用、多占少用等情况。这对实现岸线、土地资源的集约化、规模化利用形成了制约，也难以实现码头、后方堆场、配套设施等的合理布局，不利于推动港口的现代化发展[①]。

2. 港口码头开发方面缺乏整体性

在港口开发初期，为了加大港口开发力度，促进岛屿经济快速发展，本

① 徐芬、汪长江：《新区建设背景下舟山港口资源的综合开发与利用研究》，《浙江海洋学院学报》（人文科学版）2016 年第 1 期，第 54~58 页。

地吸引了不少货主及厂商参与港口开发，从而形成了业主码头多、公用码头少的港口开发格局。业主码头通常占有较为优质的岸线资源，但是受经营范围和所有权限制，业主码头往往无法作为专业化的分工环节，难以参与多条物流链、较难满足多个客户的不同物流需求，在港口物流的共享性方面较差，其所占有的优质岸线资源没有发挥最大经济价值，一定程度上降低了港口资源的利用效率。在公共码头的开发利用上，受到开发主体实力限制，也未能有效主导公共港区的开发。如果上述港口开发格局和现状不能有效扭转，势必影响舟山港整体服务水平和能力的提升。

（三）港口航运业发展能级有待进一步提升

舟山港呈现以大宗商品中转储运加工为主的功能特点，与此相关的港口产业链延伸不足，从这一港口功能特点来看，目前还处于从第一代港口向第二代港口转型发展阶段，港口发展能级有待进一步提升。

1. 港口物流业服务业还处于以传统服务为主的阶段

舟山港以大宗商品中转为主的业务发展特点非常明显，港口围绕着油品、天然气、铁矿石、煤炭、粮食等大宗商品的中转业务布局，主要集中在码头装卸、仓储、运输等传统服务领域。由于舟山港大宗商品中转大多以船对船或者水水方式中转，因此传统服务业的发展空间受限，港口传统服务业规模与港口吞吐量无法完全匹配，没有将大宗商品的吞吐量转换为港口经济发展的强劲动力。另外，受经济腹地、区域港口竞争等因素影响，附加值相对较高的集装箱业务一直发展缓慢，与之相关的产业链发育不足，也较大制约了港口服务能级的提升。

2. 港航产业高能级经济形态尚未形成

从港口发展能级来看，大宗商品加工、贸易、交易等高增值产业还有待进一步发展。当前，依托浙江自由贸易园区的制度供给，以油品为主的相关产业链正在形成并且快速发展，产业链的加工、交易、贸易规模居全国前列。油品产业链的快速发展，使得港口经济产业链有效延伸，港产城实现了一定程度的融合。但是，基于铁矿砂、煤炭、粮食、有色金属的相关产业链发展缓慢，下一步还需要增链补链强链。总体来说，当前港产城联动融合还不够紧密，与港口相关的产业链发育不够充分，尚未形成高质量港口经济形态，港口对地方经济发展的支撑带动作用还有进一步发挥的余地。

（四）江海联运发展面临市场一体化难题

江海联运横跨沿海沿江诸多区域和港口，涉及沿海、沿江两个水上运输市场，不同的运输规则、标准、设施对江海联运的进一步发展构成了制约。

1. 江海联运服务市场一体化面临不少堵点

江海联运的发展改变了传统的水路运输市场格局，也打破了传统的利益分配格局。为了维护各地的传统利益，同时也是基于发展的需要，有些地方利用自身的区位和港口资源优势，开始谋划和部署江海联运业务，这方面的市场竞争将日趋激烈。也有些地方从运输规则、标准入手，制定了一系列措施和办法，对舟山江海联运业务，如 LNG 的海进江运输构成了较大的制约，使得舟山的储运、港口等优势难以充分发挥，这些因素都对舟山江海联运的发展构成了一定的制约。

2. 服务接收体系一体化存在不足

长期以来，长江沿岸地区的码头泊位和设施设备以服务沿江运输为主，其接受能力和水平相对有限，尤其是南京以上的沿江港口，存在的问题比较普遍。随着长江航道的改善、大型内河船及江海直达船的出现，沿江接收体系在服务时出现了能力不足的现象，表现为码头长度不足、作业设施不匹配、码头泊位等级与航道通航能力不匹配等一系列问题，这也是江海联运下一步发展面临的制约因素。

（五）产业集中度不高和经营困难

当前，舟山航运业发展主要面临两个问题：一是产业组织水平不高，缺乏具有规模和竞争力的头部企业；二是受市场需求低迷影响，相关企业经营普遍比较困难。

1. 产业组织水平不高

从航运业产业组织的情况来看，产业集中度较低。当前，舟山航运业缺乏具有影响力和领导力的头部企业，在本地排名靠前的几家企业与国内外的航运巨头企业相比，存在较大的规模差距。产业集中度不够，企业规模普遍较小，309 家本地航运企业总共拥有 1193 艘运输船舶，计 886.75 万吨运力，万吨级以上船舶为 211 艘[①]，平均分摊下来，每家企业只有 2.8 万吨左右运力，每家企业拥有万吨级船舶 0.69 艘左右，单船平均吨位只有 7400 吨左右。在当前航运业产业不断集聚、运输船舶向大型甚至超大型发展的趋势下，这一产业现状无法充分适应日益激烈的市场竞争。

2. 航运业普遍出现经营困难

从航运业面临的宏观环境来看，当前水路运输市场整体疲软。反映在运价上，2024 年以来运价逐月下降，普通货物运输比上年底下降 20%，成品油运输一季度比上年底下降 15%，二季度环比下降 20%。从运营成本来看，船用燃料油近几年一直处于高位，叠加具有结构刚性的船员高工资，这两项成本占到了航运企业的 70%以上[②]，运价下降加上成本上升，使得企业经营压力居高不下，多数企业处于亏损状态，船舶待港严重，特别是大型特种运输船舶。为了降低运营成本，维持企业经营，在其他地区优惠政策的吸引下，本地部分企业将运力转到其他省市，也有不少企业将船舶转到国外注册（挂方便旗），导致本地运力流失严重。

三　舟山港口航运业发展对策建议

（一）积极推进港口集疏运能力提升

要加强集疏运体系建设，加快提升港口配套服务能力，增强江海、海陆

① 舟山市港航和口岸管理局：《舟山港航口岸经济发展现状调研座谈会材料》，2024 年 7 月。
② 舟山市港航和口岸管理局：《舟山港航口岸经济发展现状调研座谈会材料》，2024 年 7 月。

联运能力，打造面向长三角、辐射长江中上游的有机衔接、运转高效的综合集疏运体系①。

1. 加快完善港口集疏运体系

统筹水路、公路、铁路、管道等运输方式发展，完善港口与铁路、公路、内河水运等枢纽衔接，重点要加强水路和陆路两方面通道建设。一是在水路通道方面要集约利用深水泊位，优化大中小泊位布局，同时要加快建设一批与港口发展相配套的码头泊位、航道锚地，提升船舶通行能力与效率，增强船舶作业安全保障能力，重点提升大宗商品及集装箱集疏运能力。二是在陆路通道方面重点加快推进甬舟铁路建设，积极谋划推进“舟山本岛—岱山—大洋山—上海”的跨海大通道建设，弥补铁路运输这一重要的运输方式短板，促进沿海、沿江、陆域腹地的快捷互通。

2. 加快提升港口配套服务水平

通过加快提升引航、货代等服务水平，提升港口集疏运能力。一是提升引航服务水平。完善引航基地网络布局，加快构建集计划、调度、监控等功能于一体的引航信息网络服务系统。扩大 24 小时引航覆盖范围，实现全港域全天候引航服务。研究建立港区拖轮基地，并稳妥、有序地放开拖轮经营市场，形成统一规范、收费合理、响应迅速、服务优质、竞争有序的市场机制②。二是加快建立船货代理行业协会，研究制定行业服务标准，规范、引导船货代理市场，提高服务质量。利用相关公共信息平台，集成船货代理的相关信息资源，提供数字化物流服务，提升船货代理等服务水平。三是积极发展现代港口物流服务。依托矿、煤、油等大宗散货储备基地优势，做大做强仓储主业的同时，积极拓展流通加工、分拨配送、贸易等功能。

（二）积极延伸港航产业链

紧紧围绕港航主导产业，积极延伸大宗商品储存、加工和现代港航服务

① 鄢琦、朱根胜：《江海直达一路畅行》，《中国水运报》2018 年 4 月 13 日，第 7 版。

② 吴筱颖：《舟山群岛新区现代港口服务业的发展》，《港口经济》2016 年第 8 期，第 30~32 页。

等相关产业，实现主导产业与相关产业的互相促进、良性互动，带动区域经济发展和居民增收，推进港产城协同发展。

1. 拓展延伸大宗商品储备加工产业

要紧紧抓住党的二十届三中全会提出的“支持有条件的地区建设国际物流枢纽中心和大宗商品资源配置枢纽”的机遇，扩大大宗商品储备规模，推进大宗商品加工基地建设。一是增强国家大宗商品战略储备能力，有序扩大商业储备规模，成为国家重要的大宗商品储备基地。要在油品储备、铁矿石储运、粮油储备等方面合理布局，重点推进相关项目建设，不断扩大大宗商品储备规模、种类。适时规划建设一批钢材、有色金属、煤炭、木材等储运基地。二是建设大宗商品加工基地。要择优建设一批大宗商品加工基地，促进区域产业发展优势互补。推动舟山国际绿色石化基地不断做大做强，争取建成现代粮油产业基地，建设我国重要的高端农产品加工基地。谋划推进建设钢材、有色金属等产业加工基地建设。

2. 重点推进以海事服务为主的现代港航服务产业发展

要充分利用毗邻国际航线优势，以保税燃油供应为重点和突破口，积极拓展外轮供应服务产业。此外，在依托现有港航服务基础上，积极促进船舶设计、航运咨询、信息平台和金融保险等港航服务产业发展，提升现代航运基础服务能力，为港航产业发展提供充分支撑和保障。

（三）积极推动港口体制机制创新

当前，舟山港发展面临的困难和挑战，从深层次来说都是体制机制的问题，因此，要进一步推进港口高质量发展，必须推动与港口发展相关的体制机制创新。

1. 创新资源整合机制

研究制定港口岸线等岸线资源收储制度，完善港口岸线等岸线资源储备出让交易机制，形成一级市场由政府主导、二级市场面向社会的市场化配置资源模式，发挥政府统筹管控职能作用，促进港口岸线等岸线资源集约节约利用。创新项目融资机制。拓展重大海洋港口项目的多种投融资模式。支持开发性和政策性金融机构在港口基础设施、集疏运体系建设和临港产业发展等方面给予中长期信贷支持。完善政府和社会资本合作（PPP）模式，积极推进浙商回归、央企对接、外资引进，引导社会资金投入海洋港口重大项目建设①。

2. 创新运营服务机制

积极依托宁波舟山港集团港口产业一体化、规模化、集约化运营优势，强化舟山港与省内沿海港口、内河（陆）港口的分工与协作，积极发挥集团在海洋资源开发特别是港口基础设施建设中的投融资主平台作用，推进港口运营和物流服务能力向全球一流港口迈进②。创新推进口岸服务便利化机制。推动“信息互换、监管互认、执法互助”大通关改革，在工作机制上实现“关关”“检检”“关检”无缝对接。以检验检疫通报、通检、通放为基础，完善出口直放，试点进口直通，提高通关效率和国际贸易便利化水平。

（四）开拓江海联运服务市场

为了进一步做大江海联运量，针对长江上、中、下游水运市场的不同特点，要制定相应的市场开发方案，同时要积极构建一体化市场。

1. 明晰科学发展策略

要坚持“稳下游、强中游、拓上游”的发展策略，不断做大江海联运量。在稳下游方面，要持续做大矿、油、建材等主力货种“海进江”货运量，重点发展2万吨级以上散货船、5000吨级以上油船、3000吨级以上化学品船的“海进江”转运船队，增强江海转运能力，服务保障国家战略物资运输安全和长江经济带发展能力进一步增强。在强中游方面，积极对接鄂蜀水铁联运、开发进江新货种、拓展回程货源等举措，持续开发中西部市

① 浙江省人民政府：《浙江省人民政府公报：浙江省海洋港口发展“十三五”规划》，2016年4月21日。

② 浙江省人民政府：《浙江省人民政府公报：浙江省海洋港口发展“十三五”规划》，2016年4月21日。

场，积极拓展江海联运经济腹地。为强化这一市场开发，要配套建成一批江海直达船，通过加大招商引资力度，做大江海直达船队，增强长江中游业务支撑。在拓上游方面，确保当前重庆直达航线常态化运行，同时谋划开通新的直达航线，重点要配套研发应用江海直达“过闸”新船型，增强港口直接辐射力。

2. 推动江海联运一体化市场建设

要努力打破行政区域界限和壁垒。一是要向上级争取支持政策。积极向交通运输部、长江航务管理局等上级部门汇报，争取江海直达船海段航区扩区、降低最低安全配员标准、沿江码头靠泊等级提升等政策支持，进一步提高船舶运营效益。二是创新港口合作开发新模式，在秉持互利互惠、合作共赢的原则前提下，通过错位发展、互为补充、战略联盟等合作形式，加强舟山港与长江沿线港口战略合作。三是推进江海联运口岸服务一体化改革，深化区域通关一体化建设与管理，推动口岸信息系统互联共享，促进口岸执法部门信息互换、监管互认和执法互助，以推动构建统一的江海联运服务市场。

（五）加强航运业产业组织和市场开发

结合舟山航运业发展的基础和特点，针对当前面临的困难和问题，要进一步促进产业组织提升产业竞争力，要加大市场开发力度，以不断做大、做强、做精舟山航运业。

1. 努力提升航运产业组织水平

要加强产业组织工作，不断提升产业竞争力。一要以提升产业集中度为目标，加大对龙头企业的培育力度，充分发挥龙头企业示范引领作用，鼓励企业做大做强，增强抵御市场风险能力，提升市场占有率和竞争力；同时加大招商引资力度，扭转运力流失局面，稳定现有运力基本盘。二要强化产业现有专业化动力优势，尤其是要加大油、化运输专业化船队培育扶持力度，促进航运企业运力结构进一步优化，争取到 2024 年底舟山市油、化专业化运输船队运力保有量达到 230 万吨，在国内油、化运输市场形成较强竞争力。

2. 加大航运市场开发力度

一是要加大对航运市场开发的扶持力度，支持舟山市航运企业实施“走出去”战略。为了进一步增强舟山市航运企业市场竞争力，不断扩大市场份额，要重点围绕服务“海上丝绸之路”和舟山江海联运服务中心建设，出台相关扶持政策，支持企业不断开拓国际、国内航运服务市场，扩大航运企业的服务范围和对象。二是要加强港航联动。制定相应方案，加强航运企业与港口尤其是货主型港口企业衔接，提升本地船舶运输份额，实现港口吞吐量和航运发展的有效联动。通过制定扶持政策，鼓励企业参与国际一程运输，做大“国货国运”。

Z.5
舟山“一条鱼”全产业链发展报告

储昊东*

摘　要：　“一条鱼”全产业链以产业链之间串联的形式助推海洋经济高质量发展，其立足渔业现代化，将产业链逐渐延伸至现代商贸、渔旅休闲、冷链物流以及海洋生物医药等上下游领域，构建完整产业体系。通过对舟山市渔业局、旅游局，舟山远洋基地以及医药类企业等相关部门走访，发现“一条鱼”全产业链发展目前面临诸多现实难题，包括渔民年龄结构偏大、精深加工过度同质竞争、高端渔旅保障服务难以跟进以及行业标准不同等。根据舟山群岛城市的特殊性以及渔业地位的重要性，为进一步实现“一条鱼”全产业链的高质量发展，应采取做优做强本土优质企业，借助外来企业、人才、资金等资源，构建渔业要素流通平台以及渔业基础设施与营商环境并举等措施。

关键词：　“一条鱼”　全产业链　海洋经济　舟山

舟山依托海洋、发展海洋，素有“海天佛国、渔都港城”之称。港、景、渔是舟山大力发展海洋经济的重要方式，其中渔业是当地经济发展的重要产业。习近平总书记指出，要树立大食物观，“吃饭”不仅仅是消费粮食，肉蛋奶、果菜鱼、菌菇笋等样样都是美食。除耕地以外，我国还有40多亿亩林地、近40亿亩草地和大量的江河湖海等资源①。未来食物获取的渠道多元，可放眼于海洋，建设海上牧场、“蓝色粮仓”。随着食品安全保

* 储昊东，中共舟山市委党校经济教研室教师，主要研究方向为产业经济、数字平台。

① 习近平：《加快建设农业强国 推进农业农村现代化》，《求是》2023年第6期。

障不断严格以及民众需求不断提升，围绕渔业发展不断衍生出远洋捕捞、水产品贮藏及精深加工和冷链物流等相关产业的发展。上下游渔业产业链的形成，构建了“一条鱼”全产业链，显著提升了舟山渔业在全国市场的竞争力。同时，舟山渔业以及相关领域从业者众多，对建设现代渔业、增加农渔民收入和调节水产品供给等方面具有重要的民生意义。

一 舟山“一条鱼”全产业链发展历程

（一）第一阶段（1952~1984年）：新中国成立之后，海洋渔业生产逐步恢复

新中国成立之后，温饱问题是摆在人民群众面前的重要命题。自 1952 年开始，舟山市积极响应国家“恢复渔业生产”的号召，因地制宜，大力发展海洋渔业。政府部门通过发放渔业贷款、建立鱼市场的方式，推动当地渔民主动生产。在政府支持以及渔民合作下，增添木质渔船进行海洋捕捞生产。1953 年，舟山市确定了“以渔为主”的经济发展方针，开展渔业互助合作，在渔业领域进行改革，大大增强对渔业生产的投入①。自 1955 年起，舟山市更新船舶装备，开始使用装有动力机械的机帆船进行捕捞作业，机帆船得益于较好的抗风性和安全性，大幅提升了渔民捕捞效率，成为当时主要的海洋捕捞工具。随着这一装备的应用，舟山市海洋捕捞产量迅猛增加。1958 年舟山市海洋捕捞产量达到 20. 38 万吨，是 1955 年的 1. 52 倍；机帆船数量达到 253 艘，是 1955 年机帆船数量的 42. 2 倍②。

---

① 国家统计局舟山调查队：《辉煌七十载，生活换新颜——新中国成立以来舟山渔农村居民生活变迁综述》，2019 年 9 月 19 日，http：//zjzd. stats. gov. cn/zs/dcxx/dcfx/201909/t20190919_ 94244. shtml。

② 舟山市统计局：《历年渔船拥有量》，2023 年 12 月 18 日，http：//zstj. zhoushan. gov. cn/art/2023/12/18/art_ 1229774345_ 58867332. html。

（二）第二阶段（1985~2014年）：保护东海渔业资源，不断开拓远洋渔业

1985 年，中国首支远洋船队远赴西非，开展探索性的捕捞作业，该船队包括来自舟山的 4 艘远洋渔轮和 46 名渔民船员。此次的西非捕捞不仅是中国远洋渔业历史发展的起点，也象征着舟山渔业迈向远洋时代。在远洋渔业发展初期，基于对远洋水域海况和渔汛规律不熟悉、捕捞生产方式和渔具设备落后等因素，舟山在捕捞规模和效益上未能达到预期。为尽快适应远洋渔业，舟山渔业企业通过远洋合作项目大力引进先进船舶并学习远洋捕捞经验。1988 年，舟山涉足金枪鱼渔业；1990 年，首次远洋鱿钓试捕获得成功；1992 年，舟山第一家远洋渔业资格企业正式组建，由最初合作依托式发展向本土自主经营过渡；1994 年，当地渔民自发购买渔船，具有开创性的意义；2001 年，第一家民营远洋渔业资格企业正式成立，由此民营资本不断涌入这一领域。到 2010 年末，舟山拥有远洋渔业资格企业 20 家，远洋渔船 275 艘，当年实现远洋渔业产量 12.2 万吨，产值 13.5 亿元[①]。

（三）第三阶段(2015年至今)：远洋基地成立，“一条鱼”全产业链全面发展

2015 年，农业部同意设立舟山国家远洋渔业基地，标志着舟山远洋渔业发展进入崭新的时代。舟山远洋渔业逐渐形成了以民营为主导、以大洋性鱿钓为主体的产业特色，奠定舟山远洋渔业在全省乃至全国的重要地位。舟山的远洋渔业产业格局以北太平洋、东南太平洋、西南大西洋鱿钓为主体，同时以印度洋、南太平洋金枪鱼延绳钓、印尼渔场作为补充。舟山作为“中国鱿钓渔业第一市”，早在 2017 年就投产鱿钓船 363 艘，鱿鱼捕捞量

---

① 国家统计局舟山调查队：《远渡重洋三十载 迎风破浪再起航——改革开放 40 年舟山远洋渔业发展成就》，2018 年 9 月 12 日，http：//zjzd.stats.gov.cn/zs/dcxx/dcfx/201809/t20180912_90200.shtml。

52.8万吨，占全国鱿钓产量的60%以上，是国内最大的鱿鱼捕捞生产基地[①]。远洋金枪鱼钓捕捞方式则难度较高，主要涉及围网、延绳钓两种作业方式。近年来，通过与印尼、巴布亚新几内亚、马尔代夫等国合作开发小型金枪鱼围网、杆钓生产，舟山自捕金枪鱼产量大幅提升。此外，超低温金枪鱼延绳钓渔船的投产使用，极大提升金枪鱼捕捞船队的自动化、专业化水平，渔船捕捞处理能力极大增强，促使金枪鱼捕捞区域范围逐步扩展。

二　舟山“一条鱼”全产业链发展现状

2020年，舟山市委、市政府提出“打造千亿级现代海洋渔业产业”的决策部署，聚焦“链式融合、创新驱动、数字赋能、品牌引领、陆海统筹”发展理念，坚持两手都要抓，一手抓产值规模，一手抓项目落地，力争“一条鱼”全产业链的深度融合发展。根据《舟山市“一条鱼”全产业链发展建设三年行动计划（2021—2023）》，构建“2431”全产业链发展体系：“2”代表海洋捕捞与海水养殖两大基础性产业；“4”代表精深加工、现代商贸、渔旅休闲以及海洋生物医药四大延伸产业；“3”代表冷链物流、高端装备以及高技术服务三大支撑产业；“1”代表培育一批新兴融合业态。

（一）水产品总产量稳中有增，海洋捕捞与养殖产量均达到预期目标

舟山市统计局资料显示，2012~2022年，舟山水产品总量从148.3万吨增长至188.3万吨，总增幅达26.97%，年均增速2.42%。2022年，全市水产品总产量为188.3万吨，同比增长3%，其中，海水养殖产量为29.74万吨，同比增加1.19万吨；海洋捕捞产量为158.5吨，同比增加4.4万吨；海洋养殖的面积为3988公顷，处于历史面积较低水平，同时捕捞和养殖产

① 陈斌娜：《舟山鱿钓30年，逐梦新时代》，《舟山晚报》2019年10月23日，https://dhnews.zjol.com.cn/xinwenzonglan/zhoushanxinwen/201910/t20191023_744633.shtml。

量均稳定增长①。由上述海水养殖面积与水产品产量可以判断，通过科技创新改变养殖模式、推进水产养殖绿色发展，当前捕养产业结构逐年优化，在养殖面积不断缩小的背景下，养殖产量逐年增加，实现海水养殖业高质量发展。同时，渔业市场较为稳定，产值处于稳定上升状态。2022 年，全市渔业经济总产值为 288.67 亿元，同比增长 3.9%②。国内减船转产和捕捞作业结构调整持续推进。

（二）现代商贸平台稳步搭建，精深加工企业聚集效应逐步凸显

舟山市着力搭建远洋渔业平台，充分发挥龙头企业带动效应。主要招商引资的对象是大洋世家、明珠加工园区、浙江兴业等一批远洋渔业及上下游行业领军企业，重点项目陆续向基地聚集。2023 年，落地 10 个亿元以上项目，包括宁波万泓水产品精深加工、新诺佳深海鱼油、平太荣现代海洋智造产业基地、六横现代海洋牧场生态渔旅综合体、“一米八”嵊泗贻贝产业升级等。远洋捕捞的高附加值鱼类带动配套产业链不断延伸。鱿鱼、金枪鱼、秋刀鱼等主导品种形成了产业化规模，使得舟山成为全国最大的鱿鱼和金枪鱼输入口岸和主要加工地区。母港装卸、冷链物流、金融服务、渔船修造等远洋渔业产业链格局基本形成。中国远洋渔业协会牵头，联合上海海洋大学、舟山国家远洋渔业基地与杭州数亮科技股份有限公司，编制发布中国远洋鱿鱼价格指数。中国远洋鱿鱼价格指数成为指导中国乃至全球鱿鱼产业可持续发展的重要风向标，舟山借此掌握了鱿鱼交易价格的主动权，提升了舟山鱿鱼品牌的知名度，形成了“世界鱿钓看中国 中国鱿钓看舟山”的市场影响力、辐射力和核心竞争力。

（三）培育一批渔业新兴产业，完善“一条鱼”全产业链的发展蓝图

从政策支持力度来看，目前已出台并实施《舟山市深入推进渔农业

① 舟山市统计局：《海水养殖面积和产量》，2023 年 12 月 19 日，http：//zstj. zhoushan. gov. cn/art/2023/12/19/art_ 1229774345_ 58867469. html。

② 舟山市统计局：《2022 年全市农林牧渔业总产值增长 3. 9%》，2023 年 2 月 1 日，http：//zstj. zhoushan. gov. cn/art/2023/2/1/art_ 1229339436_ 3767180. html。

“双强”行动驱动渔农业现代化先行工作方案》《进一步加快推进舟山市远洋渔业高质量发展若干政策》《加快推进舟山海水养殖高质量发展的若干政策》《舟山市现代物流业高质量发展三年行动计划（2023—2025年）》《关于推进深远海养殖项目高效审批若干措施》等一揽子政策。从渔业技术支撑来看，“舟山渔业育种育苗科创中心”“舟山市水产品预制菜技术创新公共服务平台”“舟山市水产品精深加工全流程自动化改造提升公共服务平台”“长三角海洋生物医药创新中心”“舟山市远洋渔业检验检测中心”等产业服务平台逐步组建，聚焦产业发展难点堵点，精准施策，靶向发力，合力提升“一条鱼”全产业链产业生态。从渔业品牌建设来看，近年来舟山举办项目推介和品牌提升活动，打响舟山水产品在市场中的知名度。积极开展地理标志产品宣传与保护，“舟山带鱼”地理标志首获第一届浙江省知识产权奖一等奖，有力提升舟山海鲜品牌形象。此外，舟山梭子蟹、嵊泗贻贝等产品获得广泛认可，并在细分海洋水产品竞争中独具价格优势。

三　舟山“一条鱼”全产业链发展中存在的问题

近年来，各地区渔业竞争不再围绕单一水产品，而是对种类、运输以及跨领域进行多方位博弈。舟山“一条鱼”全产业链为进一步推动渔业高质量发展，积极构建从海水捕捞养殖业到加工、运输冷链业等一大批新业态产业，形成稳定的渔业发展新局面。与此同时，舟山正处于渔业转型升级的关键过渡期。随着渔业新业态快速涌现，全产业链条不断延伸，产业链中各环节的薄弱点逐渐显现。

（一）同业竞争愈加激烈，渔业发展进入细分赛道

舟山市积极布局渔业全产业链，同时周边省市也逐步加大对海洋资源的利用，传统的海洋捕捞难有明显的竞争优势。尤其是离舟山渔场地理位置较近的江苏省南通市洋口、刘埠及吕四渔港，依次沿着黄海海岸线自北向南排列，在保障黄海附近作业渔船避风补给的同时，对鲁浙渔船鱼货投售产生巨

大吸引力，对舟山市水产品收购产生明显影响。对于海洋渔业来说，新鲜度是价值衡量的重要标准，如东海梭子蟹的作业区域愈加靠近北部，到吕四渔港的时间是到沈家门渔港的一半，巨大的经济价值使得更多渔民选择其他渔港卸货。特别是启东吕四渔港作为国家中心渔港，随着综合配套服务能力的提升，对舟山市水产品交易市场产生重大冲击，给舟山市渔业产业造成巨大的竞争压力。此外，广东、福建、山东等省相继出台远洋渔业扶持政策，积极打造国家远洋渔业基地，通过提高补助标准吸引渔业资源集聚，舟山市远洋渔业加工原料存在逐步流失的风险。

（二）中小企业林立，尚未形成特色市场品牌

长期以来，舟山海鲜在全国的知名度相对较低，具有地标性的水产品十分稀缺，这限制了其在市场上实现高附加值定价的能力。同时，舟山市水产加工业行业集中度较低，大企业引领作用不明显，均处于同质化竞争赛道中。而中小型水产品加工企业大多属于薄利企业，难以有足够的资金支持研发创新，技术创新积极性普遍不高，往往采取紧跟大企业的方式来进行水产品加工生产。长此以往，中小型水产品加工企业利润较低，加工积极性较低，在市场竞争中难以承担低附加值鱼货，因此难以充分挖掘水产品的经济价值。尤其是在海洋生物医药、高技术服务等领域，产、学、研结合不够紧密，资源的配置分散，缺乏实验性质生产基地，高值化利用程度不高，成果转化效率不高，未能形成远洋渔业的全产业链。很多实验室水平的优良成果无法向市场转化，难以扩大企业的盈利空间。

（三）舟山海水养殖业还处于技术性转型发展阶段

目前，舟山海水养殖主要依靠扩大养殖面积提高产量，专业化、规模化、集约化养殖水平偏低，近海养殖带来的环境污染风险加大。传统海水养殖用海用地空间有限，且在获得较为稳定的使用权方面存在制度性障碍。同时，随着舟山市临港工业和港口航运业的发展，大量滩涂和围塘被占用，传统水域养殖功能逐步丧失，海水养殖业进入发展瓶颈期。深远海养殖受装备

与技术约束发展缓慢，大型围栏海水养殖在设施及装备建设等方面仍需继续进行技术攻关。围塘养殖机器换人、科学养殖尚未大面积推广。大黄鱼、对虾、贻贝在本市还未真正实现商业化育苗，主要依赖福建、海南等地区进行育种，水产品差异性较小。此外，渔业配套产业不完善，服务能力不强。全市具有捕捞、加工、销售、服务完整产业链的企业数量少，渔业发展模式仍处于“低、小、散”状态，渔业企业规模普遍较小，组织化、产业化生产经营程度不高。

（四）渔业全产业链服务保障功能较弱，难以支撑高需求产业

基于城市能级、产业配套以及交通物流等客观因素，舟山相对于周边经济发达城市略显后劲不足。随着港口吞吐量的迅速扩大，本土服务业急剧扩张，但主营业务流程结构简单，产业链延伸能力和创新发展能力较弱，在市场中缺乏高端竞争优势。尤其是缺少对口金融机构对前沿产业保障服务，比如海洋保健食品、医药产品在出口跨境结算、支付流程等金融服务需求。全市总体仍以船舶供应、船舶修造等基础性服务为主，船舶管理、航运金融、航运科技等高价值服务板块处于萌芽阶段。高端金融服务企业或机构数量较少，大部分以分公司、分中心、分院的形式在舟山设立办事处，且主要业务以服务国内市场为主，国际服务能力较弱，国际市场的能力和竞争力需进一步提升。

（五）高端水产品行业标准不一，存在安全食用风险

舟山本土水产品加工技术相对滞后，对于高端水产品利用程度不足。目前，许多水产企业仅对海洋水产品进行初级加工，产品未能满足高端市场的应用需求，局限于低附加值领域。以南极磷虾为例，挪威在捕捞、探测、加工、生产、销售等各方面形成南极磷虾全产业链，产品形式复杂多样。而我国目前的南极磷虾产业开发才刚刚起步，大部分的南极磷虾粉作为饲料使用，经济附加值低。在国际上南极磷虾油虽已被列入新资源食品，但因为总砷超标，无法成为保健品。另外，功能肽产品、甲壳素及其衍生物、虾青素

等高附加值的产品，由于相关国家行业标准缺失，也未能得到有效开发。远洋渔业因产品的特殊性，存在部分质量安全问题，例如金枪鱼组胺超标、鱿鱼甲醛超标、南极磷虾氟超标等问题对水产品的经济价值产生极大的影响。另外，远洋渔业产品的捕捞、保鲜、加工工艺不统一，容易导致产品质量参差不齐，也限制了舟山渔业的有序发展。

（六）渔业可持续管理体制机制尚未完善

国内捕捞强度仍然过大，渔业资源养护水平亟待提升。虽然目前东海渔场资源有所恢复，野生大黄鱼等高附加值品种再次进入大众视野，但渔业资源持续衰退趋势尚未得到根本扭转，需要持续推进减船减产，尤其是年代较长的高危船只。现有的生态修复和渔业资源养护水平还处于较低层次，对于以往东海渔场高附加值产品的修复工作尚未出现明显逆转，生态修复的手段和效果仍有较大提升空间。渔业管理体系不够完善，治理能力亟待提升。渔民为了短期利益而违规捕捞和使用违禁渔具的现象时有发生，同时，渔具乱丢等现状也频繁出现，这些行为产生的海洋垃圾对海洋生物的繁衍造成危害，破坏海底生态环境并造成了长期负面影响。海底环境治理费用远远超过渔具以及捕捞水产品价值，对事后治理也存在极大的挑战。

四　舟山做大做强“一条鱼”全产业链的对策建议

舟山“一条鱼”全产业链事关舟山渔业未来高质量发展，也是舟山现代海洋产业体系的重要组成部分。渔业作为舟山海洋经济发展不可或缺的一部分，是广大渔民以及相关行业从业者的主要收入来源，在构建“一条鱼”全产业链时，同时做优做好链与链之间连接以及链主自身的发展，是解决全产业链发展的重要举措。

（一）鼓励做优做强本土企业，巩固全产业链发展根基

受城市能级限制，舟山的龙头企业知名度不高，需整合本土资源协同发

展，避免内部同质化竞争。一方面，要加快龙头企业发展步伐，综合评估企业的管理水平、信誉状况、产业链现状等方面，评选一批远洋渔业优质企业作为全产业链融合发展龙头企业，集中力量做强本土品牌特色。另一方面，要鼓励企业间的兼并重组与合作生产，中小企业缺乏加工技术手段，利润较低、抗风险能力较弱、发展机遇较少，要充分发挥舟山国家远洋渔业基地国有资本运作的优势，建立起跨区域、跨企业的合作平台，为转型升级企业提供资金、技术等方面的扶持与合作。政府有关部门要鼓励支持有实力的企业上市融资，并提供政策奖励和技术层面的指导。

（二）借助外来企业技术、资金以及人才资源，进一步优化全产业链结构

充分利用中国（浙江）自由贸易试验区的政策优势，吸引全省乃至全国优质远洋渔业企业入驻舟山，打造远洋渔业总部经济和上下游产业融合发展集聚区。引进国家重点龙头企业，集捕捞—加工—贸易于一体，拓展高端水产品体验馆等，为舟山远洋渔业企业在现代企业经营管理、产业链延伸等方面提供先进经验。加快远洋渔业产业基金的建设，积极吸纳外资和民间资本参与到远洋渔业基地基础设施建设、渔船装备改造、产品工艺升级等各个环节，以产业基金入股的方式，与远洋水产品加工企业合作成立高端水产品精深加工企业，开发优质产品。

（三）构建渔业要素生产平台，加强链主与链主之间信息流通

通过“互联网+渔业要素”的方式搭建产业要素交易流转平台，提供拍卖、评估、融资、物流等综合服务，推动渔用机器制造、饲料、药物以及涉渔劳动力、渔船产权、船网工具指标、捕捞渔获物等要素进场流转、交易，促进渔业生产要素的有效合理流动。通过“互联网+生产信息”建设渔业生产要素战略储备库。在全市积极谋划并就近建设生产要素战略储备库，储备对舟山渔业发展至关重要的渔用机器制造、饲料和药物，在突发事件发生时为全市渔业发展提供重要的要素保障。此外，联同行业主管部门与行业协

会，组织有关企业参与国内各大农产品交易博览会和专项推介会，帮助企业打开国内市场。完善互联网交易平台，培育电商产业园，推动大宗商品线上交易和终端消费品电商发展。

（四）渔业基础设施与营商环境并举，提升消费链与供给链的服务品质

正确处理渔港建设与水产品市场建设关系，进一步营造水产市场良好软硬环境，重点抓好国际水产城和远洋渔业基地建设，支持电子商务发展，以现代化设施、优质服务、优惠政策吸引渔民渔商投售。加强渔港经济区建设。借鉴"最多跑一次"改革经验，主动优化进场交易环节、简便交易手续，提供一条龙代办服务。在渔港基础设施建设中，根据舟山市各地渔业规模和产业发展情况，在规划的指导下，对沈家门中心渔港、西码头远洋渔业基地、岱山中心渔港、嵊泗中心渔港建设作出合理分工，促进舟山市渔港经济区健康发展。继续加大渔港经济区建设力度，安排专项资金用于渔港疏浚和为渔服务的基础设施配套工程，切实提高为渔综合服务水平和保障能力。支持沈家门中心渔港扩容并加强管理软件建设。支持岱山中心渔港经济区建设，确保集一二三产融合的蟹文化产业园早日发挥经济效益。

（五）着眼专业渔业人才培养，助推"一条鱼"全产业链人才保障

与省内高校合作，组织开展远洋渔业企业管理人员培训班，提升企业管理人员的现代企业经营管理理念，推动企业经营管理的现代化转型升级。依托浙江国际海运职业技术学院和舟山航海学校，继续完善渔民培训机制。加强对来自内陆地区船员的专业知识培训，完善外籍船员试点口岸建设，加强对外来船员文化、技术等方面的培训，鼓励近海捕捞渔民转型从事远洋捕捞，完善远洋渔业船员证书考试认证制度，加强对船员的法律法规尤其是国际渔业组织和沿海国法律政策的培训，引导船员依法合规开展远洋渔业生产，确保软实力与硬实力相协调、相促进。此外，加强绿色渔业教育，禁止渔具随意丢弃污染海底生态环境，造成持续性的生态恶化。即便在捕鱼期

间，也应呼吁渔民在捕捞过程中对鱼类幼崽进行放生，率先树立保护渔业繁殖恢复的意识，促使“一条鱼”全产业链可持续发展。

（六）推动舟山远洋渔业品牌建设，提升“一条鱼”全产业链经济价值

加强品牌建设，建立舟山远洋渔业金字招牌。借鉴“品字标”“浙江制造”品牌建设的成功经验，建立舟山远洋渔业统一品牌，制定准入门槛、质量追溯等标准，对市内品质好、市场潜力大的水产品授予舟山远洋渔业统一品牌。与淘宝网等电子商务平台合作，借助“双十一”等网络购物节，开辟舟山远洋水产品专场，以舟山远洋统一品牌，集各企业明星单品，组团销售，提升消费者对舟山远洋水产品的认可度。借助二维码等现代信息技术手段，融合远洋捕捞、水产品加工等环节视频影像，让更多消费者了解舟山远洋、认可舟山远洋，帮助舟山远洋水产品打开市场。承办中国国际渔业博览会，提升舟山远洋渔业国际影响力。借鉴世界油商大会和国际海岛旅游大会的成功经验，借力中国（浙江）自由贸易试验区的政策优势，积极与农业农村部等主管部门对接，承办中国国际渔业博览会，搭建舟山渔业与世界对话的平台，促进渔业领域的国际合作，以展会带动贸易，不断提升舟山远洋渔业在国内与国际的影响力。

Z.6
舟山国际海事服务业高质量发展报告

胡 佳*

摘 要： 习近平总书记历来高度重视开放发展。舟山作为国家批复设立的自由贸易试验区，应在率先探索以开放促改革促发展、激发制度创新活力和动力、拓展全面深化改革开放深度和广度中发挥重要作用。舟山推动国际海事服务业高质量发展，有助于扩大高水平对外开放、打造向海图强重要增长极、建设全球海洋中心城市。但也面临产业发展以现场服务为主、布局亟待优化、开放拓展条件受限等现实困境，在对接产业需求、对表国家要求、对标国际先进的基础之上，本文提出：推动形成"1个一体化公共信息管理服务平台、1个综合监管机构、1套市场化法治化国际化监管制度"的立体监管体系，并从做好顶层设计、做强优势产业、打造"两区五园"航运服务集聚空间、优化口岸营商环境等方面构建"四位一体"高效协同发展新体系，赋能舟山国际海事服务业高质量发展。

关键词： 国际海事服务业 高质量发展 舟山

党的二十届三中全会提出，"必须坚持对外开放基本国策，坚持以开放促改革，依托我国超大规模市场优势，在扩大国际合作中提升开放能力，建设更高水平开放型经济新体制"。[①] 舟山推动国际海事服务业高质量发展，

---

* 胡佳，中共舟山市委党校副教授，主要研究方向为海事服务。

① 《中国共产党第二十届中央委员会第三次全体会议公报》，中华人民共和国中央人民政府网站，2024年7月18日，https://www.gov.cn/yaowen/liebiao/202407/content_6963409.htm。

具有很强的战略意义和现实价值。第一，有助于发挥舟山区位、港口、海洋资源优势，打通内外联动“大通道”，提高港航服务能力、江海联运水平、大宗商品资源配置能力以及制度型开放能级，提升国内国际两个市场两种资源联动效应，扩大高水平对外开放。第二，有助于落实国家战略、服务“两个先行”，抢抓发展机遇、推动市域崛起，奋力建设国家经略海洋实践先行区，打造向海图强重要增长极。第三，有助于促进陆海高水平统筹和港产城高质量融合发展，提升舟山城市能级和国际影响力，推动建设全球海洋中心城市。

一　舟山国际海事服务业高质量发展的基础条件

自2017年浙江自贸试验区挂牌以来，舟山坚持对标新加坡，聚焦“船舶、船东、船员”需求，通过整合政府侧、市场侧、社会侧资源，加快打造舟山国际海事服务新高地。2023年，实现海事服务总产值510.9亿元、增加值113.9亿元，占全市GDP的5.42%（占全市服务业GDP的12.5%），创税22.9亿元。[①] 其中保税油加注量跃居全球第四，外轮供应、外轮维修、船舶交易规模稳居全国首位。以保税油加注带动产业链式发展，加快形成具有舟山辨识度的海事服务产业体系。

第一，海事服务产业链基本成型。截至2023年底，全市共引进海事服务企业782家，注册资金147亿元，累计集聚企业超1500家，其中全球排名前列的船舶供应、检验检测、船舶总代、船级社等头部企业48家[②]，基本形成了以船舶代理、外轮供应、外轮维修等基础服务为主，船舶交易、检验检测等中高端服务为配套的海事服务产业链。[③]

① 数据由舟山市港航和口岸管理局提供。

② 数据由舟山市港航和口岸管理局提供。

③《浙江自贸区国际海事服务基地建设取得新成效 海事服务业实现逆势增长!》，中国（浙江）自由贸易试验区舟山片区网站，2021年1月27日，http：//china-zsftz.zhoushan.gov.cn/art/2021/1/27/art_1228974569_58895605.html。

第二，保税燃供品牌形成国际竞争力。依托自贸试验区油气全产业链创新发展，围绕船加油基础配套、市场主体、油源供应、政策创新等全领域，积极探索改革集成创新，持续激发市场活力，成为国内供油体量最大、全球增速最快、效率和价格比肩国际最高水平的最具潜力区域。五大船加油锚地23个锚位形成南中北贯通的整体布局，锚地气象、通信、监控、溢油应急等全港域覆盖，可满足40万吨级大型散货船、30万吨级VLCC油轮满载加油需求。构建起涵盖混兑、生产、调拨、进口全链条的油品供应体系。建立全国首个以人民币计价的低硫燃料油报价体系，成为我国保税船用燃料油行业指导价格。完成国内首单港外锚地散货船LNG、海上集装箱船生物燃料试单加注，成为国内第一个能在锚地实现多种清洁能源加注的港口。[①] 保税油年供应量从自贸试验区挂牌前的106万吨提升至2023年的704万吨，全球排名从前十名开外跃升至第四位[②]，实现了“一年一进位”的跨越式发展。

第三，“船舶供应、船舶修理、船舶交易”规模全国领先。一是做大船舶供应。全国首创锚地综合海事服务，持续丰富拓展锚地业务功能，从单一的供油延伸至物料供应、船员轮换等服务，时效从原先的3天缩短至1天内。[③] 上线海事服务船供平台，创新打造“船供超市+智慧供应链”业务模式，推动线上线下联动发展。2023年，完成外轮供应货值40.17亿美元，成为全国第一大补给港。[④] 二是做强外轮维修基地。聚焦“绿色修船”，推广应用超高压水除锈、机器人切割、智能喷涂等绿色修船工艺装备，延伸发展双燃料船舶改装、高端海工装备等高附加值业态，其中舟山中远海运重工、鑫亚船舶、万邦永跃、龙山船厂四家企业跻身全球修船企业前十强，万邦重工成为中国船舶修理企业中首家国家级绿色工厂，“舟山绿色修船规

① 《舟山港外锚地LNG海上加注业务实现常态化》，浙江潮新闻客户端，2024年2月29日，https：//new. qq. com/rain/a/20240229A03KKD00。

② 数据于2024年7月12日调研舟山市港航和口岸管理局时获得。

③ 数据由中国（浙江）自由贸易试验区舟山管理委员会政策法规局提供。

④ 数据由舟山市港航和口岸管理局提供。

范”成功入选国务院自贸试验区试点经验在全国推广复制。2023年，实现外轮维修产值90.54亿元，约占全国40%[①]，成为我国最大的外轮维修基地。三是做优船舶交易市场。打造“拍船网”品牌，集成船舶拍卖、评估、产权交易、经纪等功能形成产业链，不断丰富拓展金融服务功能和境外业务。支持浙江船交市场与新华社常态化合作发布新华·中国船舶交易价格指数（XH. SSPI）。2023年，全市船舶交易额达80.7亿元，约占全国1/3，成为我国最大的船舶交易市场。[②]

第四，船员综合服务全力推进。依托产业发展，建成以浙江海洋大学为本科、以浙江国际海运职业技术学院为高职、以舟山航海学校为中职的多层次船员教育培训体系。开工建设全省唯一的国家级船员评估中心，连续六届举办中国海员技能大比武并成为永久会址。2023年，共举办培训班1043期，培训学员33121人次；有注册海船船员4.9万名，占全省55.39%、全国4.97%；舟山口岸船员换班渠道进一步畅通，各涉外港口、船厂等船员换班工作保持平稳有序开展。2023年，船员换班2.4万人次，船员外派4900余人。[③]

这些成绩的取得，背后原因主要源于以下三方面。第一，区位优势得天独厚。舟山既是国际习惯性航路和东北亚多条近远洋航线的重要节点，也是中国南北沿海航线和长江黄金水道的T字形交汇枢纽，是长江三角洲和长江流域对外开放的海上门户和重要通道[④]，具有牵引南北、承启内外的独特优势。第二，自贸试验区先行先试开展制度创新。紧扣中央赋予的三大战略定位——建设成为“东部地区重要海上开放门户示范区、国际大宗商品贸易自由化先导区和具有国际影响力的资源配置基地”，舟山以“一中心三基

① 数据由舟山市港航和口岸管理局提供。

② 数据由舟山市港航和口岸管理局提供。

③ 数据由舟山市港航和口岸管理局提供。

④ 桂海滨、胡朝麟、邵哲一等：《浙江自贸试验区与新加坡海事服务产业发展对比研究》，《物流科技》2020年第6期，第96~98页。

地一示范区[①]”为主要载体，聚焦深化集成改革和差异化探索，截至2023年末，累计形成特色制度创新成果299项，全国首创137项，全国复制推广32项，全省复制推广97项，首创率高达45.8%[②]，其中海事服务领域形成74项制度创新成果，49项为全国首创，11项向全国复制推广。[③]制度创新的首创率和复制推广率均走在全国自由贸易试验区前列，承担着为国家试制度、为开放搭平台、为地方谋发展的重要使命。第三，各部门凝聚共识、通力协作、攻坚克难。港航和口岸、海事、海关等部门敢于担当、精诚协作、攻坚克难，全力推动海事服务发展扩面增量、提档升级。其中，保税燃料油经营专业性强，受国家管控较严，又涉及多个行政部门，统筹协调难度较大。但舟山善于守正创新、敢于啃硬骨头，率先全国制定保税船用燃料油经营管理办法和操作规程，从一船多供、一库多供、港外锚地供油到跨关区跨港区直供等，奋力突破传统规制，健全业务流程，缩短供油时间，大幅降低供油成本，既优化了口岸营商环境，提高了船东等市场主体的获得感、满意度，又提升了保税油加注的市场活力和国际竞争力。

二　舟山国际海事服务业高质量发展的现实困境

（一）产业发展以现场服务为主，与国际标杆有一定差距

舟山海事服务仍以现场作业为主，包括船修、船供、引航、助泊、船代、货代、报关等中低端、基础性航运服务，高附加值门类有待进一步挖掘提升，而诸如海事法务、航运金融、信息咨询、船舶融资等高价值服务板块处于萌芽阶段[④]，业务不多，亟待发展。比如船舶融资，舟山作为国内重要的修造船

---

① “一中心三基地一示范区”，即建设“国际油气交易中心，国际海事服务基地、绿色石化基地、国际油气储运基地和大宗商品跨境贸易人民币国际化示范区”的“131”目标任务。

② 数据由中国（浙江）自由贸易试验区舟山管理委员会政策法规局提供。

③ 数据由舟山市港航和口岸管理局提供。

④ 韦海声：《扬帆起航正当时——浙沪联动打造国际海事服务产业集群的设想》，《统计科学与实践》2019年第12期，第24~27页。

基地，但船东在打造新船时大多选择到香港、新加坡、上海等地融资，这与舟山目前金融等相关配套服务不完善有很大关系。金融机构对海事服务发展支撑不够，航运服务企业跨境结算、支付流程烦琐。金融服务企业或机构数量较少，大多以分公司、分中心等形式在舟山设立办事处，且业务辐射范围以服务国内市场为主，国际服务能力较弱，国际市场开拓和服务能力仍需提升。航运保险、海损理赔、公证公估、航运组织、海运经纪等服务产业发展动能不足。高端海事人才供给不足，海事人才结构层次有待优化和提升。

（二）产业布局亟待优化，竞争优势还不显著

受交通物流、城市功能、政策资金、产业配套、人才支撑等方面限制，舟山海事服务业服务水平与新加坡等自由港相比仍有一定差距。第一，产业布局较为分散，集聚度不够。县区、功能区虽各具特色但缺乏协同联动；产业发展不平衡，发展重心以本岛等南部区域为主，北部区域市场开拓不足；产业链各节点关联度不高，处于“碎片式”发展状态。第二，产业门类不够齐全，产业链延链补链强链能力有待提升，整体竞争优势不足。第三，企业普遍规模偏小，龙头企业、国内外知名企业入驻不多，辐射带动能力有限，产业集群发展处于初级阶段。

（三）产业开放拓展条件受限，营商环境有待优化

产业开放发展受到诸多限制，与新加坡等自由港相比，舟山在产业配套、通关监管体系等方面存在差距。锚地综合海事服务水平有待提升，锚位资源紧张，锚地、驳船、岸基等基础设施配套建设不足，供应锚地船只排队等候情况仍然存在；船供仓储规模小、分布散，未形成基地化、专业化集聚；国际船员到港后交通不便，相关服务亟待完善。新加坡采取单一集成的管理体制和“一方主导、多方合作”的发展模式，由海事及港务管理局（MPA）承担口岸监管职责，对国际航行船舶采取备案制，实现高效调度和快速通关；而舟山海事服务业涉及众多行政管理部门，如港航与口岸、海事、海关、边检、税务等多部门，以现场监管为主，从而影响了通关效率。

三　舟山国际海事服务业高质量发展的突破路径

基于以上分析，在对接产业需求、对表国家要求、对标国际先进的基础之上，应加快形成稳定、透明、可预期的制度环境，释放自由贸易试验区制度型开放红利，加大开放压力测试，先行先试探索更加高效便利的海上监管制度，为国际海事服务业高质量发展贡献舟山样本、舟山智慧。

（一）做好顶层设计，一张蓝图绘到底

基于系统化思维和“整体政府”理念，打造“三位一体”架构，即建立“1 个一体化公共信息管理服务平台、1 个综合监管机构、1 套市场化法治化国际化监管制度”的立体监管体系，真正实现“一站式”监管和“一站式”服务，优化口岸营商环境。以服务好“船舶、船东、船员”为根本宗旨，继续做大做强保税船用燃料加注、船舶物料供应、船舶维修、船舶交易等优势产业，加快发展船员船舶管理、船舶融资租赁等延伸产业，完善基础设施，强化政策支撑，通过延链补链强链，推动全产业链创新发展，持续提升产业综合竞争力和全球影响力。① 并从迭代升级国际船舶供应中心、打造国际船舶绿色维修基地、建设全球知名船舶交易市场、全链打造国际船员服务基地等维度打造“四位一体”生产要素高效协同发展新体系。

（二）做强优势产业，提升舟山品牌国际影响力

1. 做强国际船舶供应中心

一是提升保税船燃加注能级。拓展舟山北部供油市场，加快打造“南部岙山、北部黄泽山”双提油中心，实现供油市场“南北并进”。强化与大型船东、贸易商合作，深挖“大船大单”及跨关（港）供油潜力。迭代升

① 《舟山市人民政府办公室关于推动自贸试验区国际海事服务产业高质量发展的实施意见》，中国（浙江）自由贸易试验区舟山片区网站，2023 年 2 月 10 日，http：//china－zsftz.zhoushan. gov. cn/art/2023/2/10/art_ 1228974577_ 58896299. html。

级“海上数字加油站”，优化锚位申请机制，提升供油效率。提升 LNG、生物燃料供应规模，争取突破新型燃料加注试点政策，加快形成生物燃料加注产业链。二是丰富船舶供应服务。推动建立国际船舶供应中心，集燃料供应、船舶维修、船员服务、船舶污染物接收处理等多功能于一体，推动线上线下联动发展。拓展供应品种，提升锚地生活用品、船用物资等供应服务水平。积极培育船供市场主体，招大引强集聚国内外知名船供企业。提升货源组织能力，打造若干船供配送基地。支持设立船舶供应数字化服务平台，大力拓展船供市场辐射能级。

2. 做强国际船舶绿色维修基地

一是做大做强船舶企业。支持船企兼并重组，推动中小船企向“专精特”发展。引育重点企业，促进船坞、码头等配套设施优化升级，适应国际船舶大型化发展趋势；吸引国内外龙头企业，提升国际船舶修造综合竞争力。二是提升绿色修船水平。健全绿色修船标准体系，推行绿色工艺，提高船企智能制造和精益管理水平，做大做强舟山“绿色修船”品牌影响力。推动产业高端化发展，通过强化与科研院所、高等院校攻关合作、支持重点企业“数改智造”，打造数字车间、数字生产线等途径，大力拓展高价值船舶的修理和改装业务。

3. 建设全球知名船舶交易市场

一是提升船舶交易市场船舶处置能力。做大做强“拍船网”品牌，提升船舶拍卖、产权交易等专业服务水平，加快设立海外分支机构，拓展国际业务空间布局。二是完善拓展交易服务功能。深挖“船舶交易+数据服务+金融服务”潜力，完善评估勘验、航运金融、保险代理、船价指数等上下游功能，提升航运资产处置能力。[①] 深化数字化改革，研发推广智慧航运产品。强化与新华社合作，提升船价指数行业影响力。

4. 打造国际船员全链服务基地

一是提升船员教育培训质量和特色。以建设浙江省国家级船员评估中心为契机，整合资源，打造教育培训共享平台，开展船员特色培训，创新船员

① 资料来源于舟山市人民政府办公室印发的《舟山市航运服务业高质量发展规划》，2024 年 9 月。

培养模式。健全船员教育培训质量评价机制及意见反馈机制，倒逼培训质量提升。二是开展船员换班到港综合服务。提升全国船员业务咨询热线服务质量。完善餐饮、购物、休闲等国际船员到港服务。办好“世界海员日”“中国航海日”等活动，打造国际海员和航运人才的宜居地。三是构建船员外派服务产业链。积极引进船员管理公司、国际船员服务机构落户舟山。推进国际船员服务增值化改革，拓宽船员外派渠道，做大国际船员劳务输出市场。

（三）打造“两区五园”航运服务集聚空间，实现产业集约化发展

兼顾集聚发展和全域服务，打造舟山航运服务业“两区五园”空间布局。其中“两区”为新城航运服务综合集聚区和普陀航运服务特色集聚区，“五园”为定海干览、普陀西岙、岱山衢山、嵊泗洋山、新城小干海事服务产业园。一是全力打造新城航运服务综合集聚区。依托新城商务区，建设小干金融商贸海事服务功能岛，以船舶供应、检验检测、航运、船员服务等产业为发展重点。探索发展“前海后园、云店实仓、产城融合”新模式，加快推进海事服务从“一向多、散到集”“一件事”向“一类事”“线上线下同步”集成转变[①]。二是加快建设普陀航运服务特色集聚区。依托自贸试验区本岛南部区块成熟的商务配套和六横船修产业基础，以保税油供应、油化船运输、船舶维修等产业为发展重点。三是加快建设五个海事服务产业园。衢山国际海事服务园区紧紧围绕铁矿石、油气等大宗商品全产业链，重点发展船舶供应、船舶维修等产业；嵊泗依托洋山港积极发展综合海事服务产业链；定海依托远洋渔业基地提升远洋渔船、运输船综合配套服务能力；小干岛海事服务产业园依托国家级船员评估中心等一批标志性项目，全面招引船舶代理、船员管理、航运、涉海金融机构、海商事律所等产业要素集聚入驻；普陀西岙重点培育锚地综合海事服务产业。[②]

---

① 《浙江舟山“园区+锚地”一体化运营模式上线——创新建设海上综合服务区》，中国经济网，2024 年 9 月 16 日，http：//m. ce. cn/ttt/202409/16/t20240916_ 39140696. shtml。

② 资料来源于舟山市人民政府办公室印发的《舟山市航运服务业高质量发展规划》，2024 年 9 月。

（四）优化口岸营商环境，提升服务效率

第一，完善基础设施。一是提升海事服务锚地、船队等配套能力，统筹推进锚地建设、开放和启用，同步完善海上气象、通信、监控、防溢油等配套建设。① 二是提高锚地管理水平。新加坡常年风浪平缓，可全年不间断进行供油等生产作业，新加坡海事及港务管理局（MPA）作为主管部门，允许多船同时加注，且受油船之间只需间隔约300米，效率较高。借鉴新加坡经验，舟山应因地制宜、分类施策，探索实行锚地分级分类管理，统筹调度、协调锚地锚位资源。

第二，不断深化改革。新加坡在海事服务领域，设立了一套完整的系统，包含港口信息平台（PortNet）和网络贸易平台（TradeNet），将所有相关方纳入系统中，平台数据流相互畅通，输入仓单信息、上传1份电子文档即可进行申报，在1分钟之内即可完成通关审批，系统自动放行，真正实现全天候无感监管、“一站式”服务。借鉴新加坡经验，舟山应继续深化“放管服”改革和“最多跑一次”改革，减少行政审批事项，打通各部门的平台壁垒和沟通障碍，构建跨部门纵横相连、功能齐全的“一站式”平台，真正实现监管和服务由串联到并联，优化流程，提高便利化。同时在平台优化升级过程中，应多倾听企业诉求、关注企业感受，引导企业全程参与，提升平台功能和用户满意度。一是强化政策有效供给。以市场需求为导向，以产业高质量发展为目标，修订优化现代航运服务业高质量发展等政策，着力激活港航联动、江海联运、新型船燃等板块新质生产力，重点围绕做强航运企业、做大江海联运市场、发展新型船燃加注业务、建设海事服务市场化平台等方面加大支持力度。② 二是深化重点领域改革。围绕自贸试验区提升战略，深化航运主业、海事服务等制度创新，加快落地一批便利化政策。三是迭代升级配套设施。迭代升级“智慧化一站式口岸监管服务平台”“江海联运在线”，打造形成多功能综合性航运服务应用场景。③

---

① 数据由舟山市港航和口岸管理局提供。

② 资料于2024年7月12日与舟山市港航和口岸管理局座谈交流时获得。

③ 资料由舟山市港航和口岸管理局提供。

Z.7
舟山海洋文旅产业发展报告

余蔡彤*

摘　要： 舟山作为海岛城市，发展海洋文旅产业具有较大的先天优势，近年来，海洋文旅是舟山市九大千亿产业之一，在舟山市委、市政府高度重视下，通过挖潜力、拓增量，推精品、促转型，引项目、创品牌，文旅产业蓬勃发展。然而，研究发现舟山市文旅产业发展在招商引资、吸引人才、交通运输、品牌影响、宣传推广、产品品质、文化资源开发等方面具有明显的缺陷与短板。在新征程上，舟山市要突出产业融合重点，构建充满活力的融合格局、合理规划，优化文旅产业空间布局、挖掘海洋文化内涵，完善业态多元的产品体系、配套基础公共服务设施、加强行业监管，建立模式创新的消费场景、加大推广力度，强化多元联动的市场传播、打造机制健全的营商环境、引才留才用才，强化海洋文旅产业人才保障政策，真正把文化旅游业打造成推动市域经济高质量发展的重要产业。

关键词： 海洋文化　海洋文旅　舟山

习近平总书记高度重视海洋经济的发展，在党的二十大报告中明确强调，要发展海洋经济，保护海洋生态环境，加快建设海洋强国。[①] 作为海洋经济的重要产业组成部分，海洋文旅产业的融合发展能够为我国经济高质量

* 余蔡彤，中共舟山市委党校政治教研室教师，主要研究方向为马克思主义基本原理与中国实际。

① 习近平：《高举中国特色社会主义伟大旗帜 为全面建设社会主义现代化国家而团结奋斗——在中国共产党第二十次全国代表大会上的报告》，人民出版社，2022。

发展注入新的活力。为进一步加快文旅产业的转型升级，2018 年 3 月，原文化部和国家旅游局合并成为文化和旅游部，这意味着文旅产业融合已上升为国家战略。作为一个海岛城市，舟山市发展海洋文旅产业具有先天的地理环境优势，近年来，作为舟山市九大千亿产业之一，在舟山市委、市政府高度重视下，海洋文旅产业蓬勃发展。与此同时，舟山市在文旅产业融合的过程中进一步延长了文旅产业链条，进一步提高了竞争优势，并在很大程度上推动了文旅产业的转型升级。

一　舟山海洋文旅产业的发展历程与现状

（一）舟山海洋文旅产业的发展历程

海洋是陆地的自然延伸。与内陆地区以及大多数沿海城市相比，舟山群岛具有鲜明而独特的海洋特质。舟山群岛位于杭州湾东南方向、浙江省东北部海域，距陆地最近点 8.1 千米，舟山群岛总面积 2.22 万平方千米，其中海域面积 2.08 万平方千米，有岛屿 2085 个，住人岛 141 个，人口、资源发展主要集中在本岛（舟山本岛包括朱家尖岛）、两县城（岱山县城所在地岱山岛和嵊泗县城所在地泗礁岛）、三大岛（金塘、六横、衢山三个乡镇大岛），拥有优越的滨海地理条件，发展海洋文旅产业优势明显。客观上，海洋文旅产业已经成为舟山海洋经济发展的一个重要着力点。

1. 改革开放以来舟山文旅产业的萌生发展

随着改革开放大幕的拉开，舟山海洋文旅产业也逐步开始由萌芽状态转向正常发展阶段，市委、市政府积极响应中央和省委关于发展海洋经济的指示要求，在发展海洋经济的过程中进一步催生了海洋文化产业。总体而言，这一时期舟山市文旅产业呈现良好的发展势头，其发展特征可以概括为以下三个方面：一是以开发一般海洋文化资源为主，对于一些优质的资源认识还不足，开发力度也有待提高；二是产业结构体系较为单一，尚未形成体系化、现代化的产业结构；三是大多停留在旅游景点的观光层面，还没有触及深层次的海洋文化价值挖掘等。

2. 世纪之交前后舟山海洋文旅产业的提升发展

在这一发展阶段，随着人们海洋意识的持续提高，海洋文化资源的重要性日益凸显，政府及社会各界对海洋文化资源的关注也越来越深入，舟山海洋文旅产业在包括节庆会展、休闲旅游、工艺美术、海洋体育等各个领域均取得了显著成就，其所能提供的产品和服务包括但不限于休闲渔业、体育赛事、海洋文化节庆、海洋文化会展与博览、海洋工艺品等方面，进一步夯实了舟山海洋文旅产业发展的基础。

3. 新时代舟山海洋文旅产业的高速发展

在新时代的背景下，随着海洋强国战略的提出，舟山市在同全球各大海洋国家的长期稳定合作与交流中，其海洋文旅产业已逐渐成为最具广阔前景和发展潜力的海洋产业之一，尤其是在推动“21 世纪海上丝绸之路”倡议中发挥着日益重要的作用。舟山市严格执行国家相关战略要求，同时结合自身发展的市情与实际需要，制定并实施了一系列大力发展海洋文旅产业的规划政策，打造出了特色鲜明的产业集群。

（二）舟山海洋文旅产业的发展现状

1. 产业布局逐步优化

一是全域旅游发展格局逐步形成。布局创意市集、展览陈列、时尚秀场、网络直播、主题乐园、休闲绿道、水上运动、社群聚落“八大流量业态”，打造新螺头理想村、鸦片战争遗址公园、海丝之路星光秀场、海洋文化艺术中心馆厅群落、双阳数字文化产业园、城市公共艺术商业体、沈家门十里渔港、舟山星音乐艺术中心、矿山主题度假酒店、大青山星空露营基地“十大地标空间”。二是海岛公园建设有序推进。目前，舟山市各个海岛公园建设规划均已通过省级评审，嵊泗海岛公园和普陀海岛公园在近年的省级评估中名列前两名。三是产业发展平台多点开花。根据各个岛屿特色和旅游产业发展基础，建成了花鸟、白沙、东极、秀山等一批文化旅游主题岛，成为旅游经济“新增长极”。

2. 产业项目迭代更新

一是打造产业项目招引平台。通过举办国际海岛旅游大会，集聚了一大批国内外文旅组织、知名文旅企业、金融机构、投资机构等行业资源，搭建了项目招引、产业转型升级的重要平台。在2023国际海岛旅游大会上，14个浙江省十大海岛公园重大投资项目签约，协议总投资83.5亿元，涉及康养、现代农旅、商业综合体、主题乐园、红色文旅等领域，将驱动海洋海岛旅游跨越式发展，开启让海岛“美起来、游起来、热起来、富起来”的新征程。二是绘制旅游产业全链条招商图。舟山市立足全产业链招商，对旅游全产业链进行了全面梳理与谋划，将项目招商建设与海岛公园、特色小镇、文化旅游主题岛等平台建设相结合，更加注重项目的规模、品质和整体拉动效益，形成旅游投资集聚效应。三是加大项目建设力度。2024年，舟山市共计推出文旅体项目65个，年度计划投资100亿元，截至7月完成投资85.96亿元，年度投资完成率86%；新签约项目15个，涉及资金47.85亿元；新招引落地项目13个，其中亿元以上项目10个，涉及总投资31.85亿元。[①]“星辰大海”计划聚焦城市滨海岸线独特地理空间，致力于打造一批海洋景观设施、文化标识工程、精品文旅产业项目，实现“串珠成链、串链成带、串带成环”，形成文化和旅游产业融合发展和城市滨海岸线融合共生的新格局，努力将舟山城市海岸线打造成为可观星、揽月、望海的海岛理想生活风情海岸带[②]。“星辰大海”计划到2025年底，完成七条示范段建设，贯通环“三湾两岸”、环朱家尖岛82公里城市海岸线，基本建成“全时、全景、全域”产业融合示范带，将城市海岸带建设成为舟山市展示最美海上花园城市的新载体和打造国际海岛休闲度假目的

① 《规模超100亿元！舟山解锁旅游“新玩法”!》，澎湃新闻客户端，2023年5月29日，https://mp.weixin.qq.com/s?__biz=MjM5ODU0NTI4Mw==&mid=2653172266&idx=1&sn=d5a6491e3e5309a9e2ee6bc67a5df591。

② 《舟山推介“星辰大海”计划》，央广网，2022年11月10日，https://travel.cnr.cn/dsywzl/20221110/t20221110_526056294.shtml。

地的新标识。[①]

3. 产业体系不断完善

一是创新融合主题产品。文旅融合先行先试，乡村旅游、海洋旅游、运动休闲旅游等旅游方式日益丰富，蓝色康养旅游初见成效。2021 年，舟山市定海区马岙村被文化和旅游部和国家发改委认定为全国乡村旅游重点村，嵊泗县花鸟乡成功创建 5A 级景区镇，为舟山市首家。二是打造产业示范基地。岱山秀山岛创成省级生态旅游区，普陀冠素堂创成省级工业旅游示范基地，普陀里羊岩创成省级中医药文化养生旅游示范基地，白沙、秀山、东极等海岛海钓运动基地建设日益完善，舟山市博物馆等 3 家单位创成省级研学旅游教育基地和营地，普陀 520 幸福街区成功创建省级夜间文化和旅游消费集聚区。三是加快产业提升发展。全市共有 A 级景区 34 家，其中 5A 级 1 家，4A 级 5 家，省级 A 级景区村庄 203 个，旅游类特色小镇 2 个，旅游风情小镇 6 个[②]。舟山市共有精品民宿 136 家，省白金级民宿 3 家，高品质、规模化酒店 34 家；初步形成沈家门渔港小镇、朱家尖禅意小镇、嵊泗十里金滩小镇等一批特色小镇，《印象普陀》《观世音》等一批旅游演艺大戏成功推出，文游产业功能不断完善，产业经济效益持续凸显。

4. 产业品牌整合强化

近年来，舟山市通过大力宣传推介，在市外多地开设旅游形象店，举办国际海岛旅游大会、中国海洋文化节、观音文化节、国际沙雕节、东海音乐节、舟山群岛马拉松等一系列大型文旅体活动，显著提升了舟山群岛旅游的品牌影响力和知名度。同时，围绕“吃、住、行、游、购、娱”深入挖掘地方特色资源，打造精品项目和特色品牌。例如，推出的“舟游列岛”海岛城市旅游品牌，正致力于发展成为一个集旅游营销、城市宣传、文化传播

① 《舟山市城市海岸线文化旅游产业发展计划（“星辰大海”计划）实施方案（征求意见稿）》，澎湃新闻客户端，2022 年 7 月 27 日，https：//f. qianzhan. com/wenhualvyou/detail/220726-de08451e. html。

② 练海军、李晓莹、刘倩倩等：《锦时筑梦，且待芳华　产业提质文旅融合 携手共迎星辰大海》，《浙江日报》2023 年 3 月 22 日。

等功能于一体的综合性品牌。

5. 发展政策机制不断完善

近年来，舟山市先后编制出台了《关于加快海岛休闲旅游目的地建设的实施意见》《舟山全域发展规划（2017—2025 年）》《舟山国际旅游岛战略性总体规划》《舟山市人民政府办公室关于促进舟山市海岛精品民宿高质量发展的指导意见》等政策文件，完成《舟山市全域旅游发展规划（2017—2025 年）》《舟山国际旅游岛战略总体规划》《舟山海岛旅游与海上运动产业发展规划》等编制工作，高标准谋划舟山市海洋旅游发展定位和产业布局。

二　舟山海洋文旅产业发展存在的问题与困难

（一）现阶段海洋旅游产品供给与疫情后旅游市场需求不相适应

新冠疫情的暴发和防控措施的常态化导致游客旅游需求发生根本性变化。短途化、个性化、体验性、沉浸式的旅游产品成为大众旅游的热门之选，如露营、海钓、帆船等。尤其是涉海体验项目，市场需求旺盛，但目前产品供给不足、更新速度慢、创新力度不够。如舟山虽具备发展邮轮、游艇、海钓等业态的资源优势，但严重缺乏基础设施配套、运营管理的政策支撑。

（二）海洋旅游项目招引较难

随着疫情后各类规范性约束趋紧，资本市场收缩，各方投资者愈加谨慎，海洋旅游项目具有投资大、回报周期长、用海用地政策支持难等特点，大项目、好项目招引落地愈加困难。如舟山在海洋旅游产业招引平台、扶持政策、企业支持等方面没有特别优势，各类海洋旅游企业普遍规模较小，缺乏龙头企业和领军企业，产业发展动力不足。

（三）海岛交通短板问题凸显

尽管舟山跨海大桥已于 2009 年通车，岛内已经建成了东西快速路、新城大桥等重大交通设施基础项目，但舟山依旧是目前全省唯一一个未通铁路的地级市。舟山与外界的联系主要依赖甬舟高速跨海大桥，地理环境的局限性影响了舟山交通的进一步发展。因此，在交通运输方面，舟山尚未完全实现同上海等长三角中心城市的一体化。除此之外，舟山到目前为止并没有形成联合交通运输模式，尤其是在旅游区域范围内的水路、公路、航空等协同效率方面有待提升。高等级公路的比例依旧不高，且一小部分经济大岛如六横岛还没有实现骨架路网的通畅。受岛群地理特征制约，舟山的离岛交通设施存在明显不足，在节假日和旅游旺季期间，交通拥堵问题尤为严重，极大地影响了旅客的体验。舟山目前总体呈现“大动脉流通，毛细血管不畅”的交通格局，构建“互通互联、快进慢游”的海岛旅游交通网迫在眉睫。推进“交通+旅游”深度融合、深化主客共享、推动岛际交通从简易民生交通向品质旅游交通转型升级是群岛城市发展海岛旅游的关键。

（四）海洋旅游专业人才相对短缺

乘着海洋大开发的东风，海洋旅游业作为海洋经济的支柱产业迎来了前所未有的发展机遇，但舟山海洋旅游的专业人才配备却跟不上发展的速度需要。首先，舟山群岛地处长三角都市圈，相较于长三角都市圈中的其他城市，舟山的城市建设水平和薪资待遇水平都难以对当地年轻一代形成较大的吸引力，尤其一些文化程度较高的年轻人更愿意去大城市拼搏奋斗，导致舟山在海洋旅游专业人才吸引方面与周边旅游城市相比缺乏竞争力，尤其缺乏旅游策划、市场营销、经营管理等方面的高层次人才。除此之外，舟山对文旅产业发展所需人才的培养机制与激励机制也缺乏一定的制度支撑和现实保障，未能有效解决高层次人才就业后所面临的一系列问题。

（五）海洋文化产业品牌影响力较弱，缺乏标杆

舟山的旅游市场目前主要是观光型产品，大多与佛教相关，缺乏能够深刻展现舟山地域文化特色的滨海旅游产业品牌。总体而言，旅游产品结构较为单一，尤其是随着社会主要矛盾的变化，很难满足人们日益多元化、个性

化的消费需求。近年来，尽管舟山在旅游产品创新方面进行了积极探索，但依旧难以完全突破传统的普陀山佛教文化旅游的框架。实际上，舟山蕴藏着丰富的地域民俗旅游资源，比如独特的充满历史韵味的海防遗址、热闹非凡的海洋节庆以及别具一格的海洋民俗等，这些元素都承载着深厚的文化价值。遗憾的是，目前这些资源尚未得到有效包装和整合，导致舟山的滨海旅游产品缺乏深度文旅融合的旅游产品。除此之外，舟山部分产业项目处于初级阶段，市场有待进一步培育与开发，如邮轮游艇产业，尚不具有较强的品牌影响力。

（六）产业融合开发中文化底蕴彰显不足

海洋旅游业已成为海洋第三产业的支柱，但在舟山海洋旅游业发展中存在文化内涵缺失的现象，主要表现为滨海旅游过度商业化、海洋文化资源挖掘深度不够、原真性缺失、没有体现海洋文化的人文价值等，尤其是关于史前文化、渔俗文化、宗教文化、商帮文化、海防文化等宣传力度不足。根据相关部门的调研，发现许多外来游客以欣赏自然风光为主，普遍对舟山本地文化了解不足，对探索本土文化的兴趣不高。

（七）产业融合推广的宣传力度不够

宣传推广是促进产业融合的重要途径之一，也是让广大人民群众更好地了解文旅产业发展现状的一个重要窗口，需要树立全局观念、大局意识，从系统层面进行统一全面的部署，引领产业发展的方向。近年来，随着信息技术的发展和传媒技术的进步，新媒体宣传推广日益呈现专业化、制度化的特质。舟山市旅游的局限性，主要体现在两个层面。其一，是空间布局上的限制。舟山，这座融合了佛教传统与海洋文化特色的城市，孕育出独具特色的海洋文化。然而，当前旅游市场的目光多聚焦于普陀山，而其他同样熠熠生辉的景点却鲜少受到关注，它们的潜在价值远未得到充分挖掘和利用。其二，则是宣传策略上的局限。目前，舟山市在滨海旅游的宣传上尚显不足，宣传手法相对单调，缺乏创新和多元化，这使得许多游客对舟山旅游资源的了解仅停留在表面，未能深入体验舟山独特的旅游魅力。“花园城市”“海天佛国”是舟山市官方的城市名片，除此之外，鲜见有其他较为出名的宣传推广。

三　加快舟山海洋文旅产业发展的对策建议

（一）突出产业融合重点，构建充满活力的融合格局

文旅融合的核心实际上是产业的融合，所以应该秉持“能融尽融”的原则，按照立足新发展阶段、贯彻新发展理念、构建新发展格局、推动高质量发展的要求，实现数字音乐等领域的全面发展和“音乐+”领域的融合发展，提升舟山音乐产业整体发展水平，夯实“海上音乐之城”建设的产业基础，提升海岛旅游城市音乐文化对外影响力。加快推进海上影视基地建设，推进舟山影视特色化、集约化、专业化和规模化发展，促进影视产业和文化旅游产业双向赋能，推动影视产业成为舟山市经济发展的重要增长点。打造海上赛事之城。因地制宜地开发举办特色化、国际化、高端化的体育赛事，依托海洋海岛资源重点培育风筝帆板赛、帆船跳岛拉力赛、沙足赛、海钓等“山海沙”系列三大特色赛事体系，实现品牌赛事“全域+全季”全覆盖。

（二）合理规划，优化舟山文旅产业空间布局

城市海岸线是舟山最具标识度的人文地理空间，要重点打造古韵人文型定海湾滨海段，山海文艺型普陀自在莲洋北段，时尚乐活型普陀自在莲洋南段，渔港风情型沈家门十里渔港段，滨海都市型新城十里海街段，滨海度假型朱家尖黄金海岸段、如意港湾段，形成“全域、全时、全季、全龄”发展格局。要完善外联内畅的车行系统，贯通步道跑道的慢行系统，提升停泊接驳的换乘系统，新建环滨海岸线快速通道，打通山海观景通道，改造自驾游通道，促进大交通与小环线互通互畅、精品线与小游线互串互联。

（三）挖掘海洋文化内涵，完善业态多元的产品体系

海洋文化与旅游融合发展是实现海洋文化价值的要求，是时代发展和人民生活的需求，是传承和保护海洋文化的重要手段。因此，建议加大对海洋文化的研究力度，提供更高级别的海洋文化研究平台，将群岛史前海洋文明、海上丝绸之路文化、水下文化遗产等海洋文化研究纳入全国、全省重点文化研究方向，做好海洋文化基因解码及成果的转化利用，丰富海洋文化内涵和外延。合力打造文旅“金名片”产品。深度解码海洋海岛历史人文资源，推进海上丝绸之路、文化名城复兴，以海岛文化特色基因解码为核心，打造东海文廊长廊、定海古城、鸦片战争遗址公园、沈家门渔港小镇等海洋文化地标和美术馆、音乐厅、非遗馆等具有区域辨识度的海洋文化地标。发掘海岛历史文化旅游资源，打造定海马岙街道、中大街、普陀沈家门、桃花岛、枸杞岛、花鸟岛等海岛风情鲜明的文化旅游发展区，推动历史遗产“活化”利用，促进海岛文化和旅游产业互动融合。

（四）完善配套公共服务设施，提供便捷高效公共服务

舟山市基础设施的提升是推动文旅产业高质量发展的关键。要推进文旅场所功能融合工程，支持公共文化场所增设旅游咨询功能，开展旅游宣传，新建、改造、提升一批文化和旅游咨询点和驿站。要推进数字赋能服务创新工程，强化“舟游列岛”数字文旅服务平台建设，拓展数字文旅应用场景，提升景区、酒店、旅行社、民宿、乡村旅游等数字化水平。推进文旅公共空间拓展工程，增加城市公共文化休闲空间供给，建设集文化展示、旅游咨询、旅游集散于一体的“城市客厅”和“海岛客厅”。

（五）加强行业监管，建立模式创新的消费场景

大部分消费者决定是否购买商品的关键因素在于他们能否在营销活动中获得相应的情景体验，或者参考产品的口碑。舟山市可借助跨界混搭的方式构建多元化场景，突破传统场景，利用消费者的好奇心作为刺激消费的因

素，通过模式创新，让消费者在日常生活场景中跨界体验到更多元素。要加快行政审批制度改革的步伐，尽可能简化流程，动态调整各项服务清单，同时依托“马上就办”机制，实现“互联网+政务服务”的全覆盖，进一步推动智能审批和全程网上办理等工作，切实实现“一趟不用跑”。要优化消费环境，支持举办文旅消费季、消费节、惠民季等消费促进活动。加大金融支持文旅消费工作力度，创新信贷资产和服务。

（六）加大推广力度，强化多元联动的市场传播

文旅融合背景下，若要提升舟山市旅游类短视频的传播成效，需要深入挖掘景区的特色，对其独特魅力进行深层次传播，并通过把控细节，有效激发受众的强烈兴趣和向往。培育认定一批文化和旅游融合示范 IP 项目，培育一批具有舟山特色、海岛风格、海洋气派并受国内外市场欢迎的数字文化品牌。推进文化基因解码工程，加大对海洋文化的挖掘、研究和展现，办好“海岛生活节”“海鲜节”等节庆活动，扩大海洋文化传播。采取“传统媒体+新媒体”“线上+线下”等方式，加强与媒体深度合作，扶持舟山优秀文艺产品创作，发挥影视、文学作品在文化旅游传播中的作用，多维度展示舟山文化和旅游品牌形象。积极参加国内外文化和旅游展会，在重点客源地城市举办形式多样的推介活动，用“舟山语言”推广舟山文化、讲好舟山故事。

（七）打造机制健全的营商环境

对于企业的发展而言，一个良好的营商制度环境，能够鼓励企业家主动将更多的精力与时间投入生产活动中，而不是过度依赖政治资源或其他非市场手段来谋取利益。要优化文旅发展环境，研究制订促进民宿产业发展、渔民画发展保护、传统民居建筑保护等条例措施，为文旅融合高质量发展提供法治保障。要培育文旅融合市场主体，支持市场主体引进文旅大项目、大活动，支持文旅头部企业、一流运营团队的招引，加强领军企业、骨干企业和新锐企业的梯队培育。要加强文旅市场监管，推进文旅市场综合行政执法，

建立健全文旅投诉举报处理机制，持续推进旅游目的地常态化综合监管，严厉打击文化旅游市场违法违规行为。

（八）引才留才用才，强化海洋文旅产业人才保障政策

无论是城市还是乡村，发展的原动力在很大程度上都源自人力资源。对于海洋文旅产业而言，人才同样是推动其发展的关键性优势资源。要加大海洋文旅产业人才培育引进力度，舟山处于长三角一体化高质量发展的有利位置，同时拥有浙江大学（舟山校区）、浙江海洋大学等综合性大学，在长三角一体化的发展驱动下，应该进一步加大人才的引进力度，尽可能地与周边的综合性大学建立高质量的人才合作战略，大力培育文旅产业发展所需人才。同时，对于已经引进的人才，应更加重视其培养，尤其是通过多样化的方式加强对实用型人才的培养，以期他们推动当地的经济和社会发展。

新时代，高质量发展已经成为我国经济发展的一大核心要素。作为深化文旅产业发展的重要方式，产业融合的作用越发凸显。当前，随着舟山文旅产业的发展，舟山市海洋文旅不仅在国内外有口皆碑，也促进了浙江省乃至全国海洋经济的发展。新征程上，舟山市不再满足于简单的规模化扩张，而是追求更高质量的产业服务，力争实现产业的深度融合，打造出极具竞争力的新产品和新业态，为舟山高水平建设现代海洋城市做出贡献。

创新篇

Z.8
中国（浙江）自由贸易试验区舟山片区制度创新实践

丁友良*

摘　要： 中国（浙江）自由贸易试验区舟山片区自设立以来，围绕自贸试验区的特性、聚焦舟山片区的发展定位，以及运用数字技术通过数字赋能不断进行制度创新，截至2023年末，累计形成制度创新成果299项，其中全国首创137项，有32项制度创新典型成果向全国复制推广。未来浙江自由贸易试验区舟山片区制度创新要充分发挥舟山海洋、海岛、区位、港口和自贸试验区优势，选择合适区域，争创大宗商品特色自由贸易港，重点围绕四大方向，即研究争取高水平开放的大宗商品贸易管理制度、研究争取自由便利的大宗商品投资经营管理制度、研究争取高度开放的大宗商品国际运输管理制度、研究争取大宗商品资金便利收付的跨境金融管理制度开展制度创新。

关键词： 自贸试验区　制度创新　舟山片区　浙江

* 丁友良，中共舟山市委党校管理与文化教研室副教授，主要研究方向为体制改革与基层治理。

建设浙江自贸试验区是党中央、国务院作出的深化改革开放的重大战略决策，也是浙江积极参与构建全方位对外开放新格局、建设成为新时代改革开放“重要窗口”的重大举措。2017 年 4 月 1 日，中国（浙江）自由贸易试验区正式挂牌，成为国家第三批自贸区之一［当时浙江自由贸易试验区只有舟山片区，2020 年 9 月 21 日，国务院发布《中国（浙江）自由贸易试验区扩展区域方案》，又新增了宁波片区、杭州片区、金义片区］。挂牌以来，浙江自由贸易试验区舟山片区[①]不断改革体制机制，在投资便利、监管高效便捷、法治环境规范等方面进行创新突破，取得了丰硕成果。

一　制度创新典型成果

截至 2023 年末，浙江自贸试验区舟山片区累计形成 299 项制度创新成果，全国首创 137 项，有 32 项制度创新典型成果向全国复制推广。其中，被国务院作为试点改革经验的有 11 项；被国务院自贸区工作部际联席会议办公室向全国推广的最佳实践案例的有 5 项；被商务部认定的各部门自行复制推广的改革试点经验有 13 项；被生态环境部作为自由贸易试验区加强生态环境保护推动高质量发展案例的有 2 项；其他被复制推广的创新政策有 1 项。

（一）被国务院在全国范围内复制推广的改革试点经验

《国务院关于做好自由贸易试验区第四批改革试点经验复制推广工作的通知》（国发〔2018〕12 号）、《国务院关于做好自由贸易试验区第五批改革试点经验复制推广工作的通知》（国函〔2019〕38 号）和《国务院关于做好自由贸易试验区第六批改革试点经验复制推广工作的通知》（国函〔2020〕96 号），将浙江自贸试验区舟山片区 11 项制度创新成果在全国范围

① 本文所提及的制度创新成果仅限于浙江自由贸易试验区舟山片区，不包括浙江自由贸易试验区扩区后的其他片区。

内复制推广。其中，投资管理领域1项，贸易便利化领域5项，事中事后监管措施5项。

1. 投资管理领域的创新成果

为进一步促进修船行业组织关注环保问题以及推动修船业的绿色健康发展，浙江自贸试验区舟山片区制定《舟山市绿色船舶修理企业规范条件（试行）》，将绿色修船标准化。浙江自贸试验区舟山片区的"绿色船舶修理企业规范管理"改革事项被国务院充分肯定，《国务院关于做好自由贸易试验区第六批改革试点经验复制推广工作的通知》（国函〔2020〕96号）将其作为投资管理领域的改革事项在全国范围内复制推广。

2. 贸易便利化领域的创新成果

浙江自贸试验区舟山片区积极推动大宗商品贸易便利化，其中被国务院在全国范围内复制推广的贸易便利化领域的创新成果有5项，分别是"保税燃料油供应服务船舶准入管理新模式""进境保税金属矿产品检验监管制度""外锚地保税燃料油受油船舶'申报无疫放行'制度""国际航行船舶进出境通关全流程'一单多报'""保税燃料油跨港区供应模式"。

3. 事中事后监管措施

为了提高自贸试验区监管效率，浙江自贸试验区舟山片区不断探索和改进事中事后监管措施，取得了良好的成效。其中有5项事中事后监管措施被国务院在全国范围内复制推广，分别是"简化外锚地保税燃料油加注船舶入出境手续""外锚地保税燃料油受油船舶便利化海事监管模式""优化进口粮食江海联运检疫监管措施""保税燃料油供油企业信用监管新模式""优化进境保税油检验监管制度"。

（二）被国务院自贸区工作部际联席会议办公室推广的最佳实践案例

《国务院自由贸易试验区工作部际联席会议办公室关于印发自由贸易试验区第三批"最佳实践案例"的函》（商资函〔2019〕347号）和《国务院自由贸易试验区工作部际联席会议办公室关于印发自由贸易试验区第四批

“最佳实践案例”的函》（商自贸函〔2021〕189 号）中公布的供各地借鉴的最佳实践案例中有 5 项是浙江自贸试验区舟山片区的制度创新成果。

1.“海上枫桥”海上综合治理与服务创新试点

浙江自贸试验区舟山片区将陆上“枫桥经验”嫁接到海上，推进海事纠纷的处理，强化海洋执法，促进了社会的和谐稳定，形成了“海上枫桥”新品牌。其主要做法是推动海上执法“联动化”、矛盾化解“多元化”、海上防控“全域化”和海上管理“智能化”。

2. 海洋综合行政执法体制改革

为提高海洋执法效能，降低海洋行政执法成本，解决“多龙治海”和海上执法缺位问题，浙江自贸试验区舟山片区按照“区内高度集中、区外紧密联合”的工作思路，组建成立了海洋行政执法局，承担海洋综合行政执法职能，开展海洋综合行政执法体制改革创新实践，探索相对集中处罚权，逐步实现海洋上一支队伍管执法，增强了工作合力，执法效能明显提高。其主要做法：一是抓好执法部门、人员、职能“三集中”；二是整合执法资源，搞好海洋联合执法；三是加强培训教育，提高执法人员素质；四是开展统一的联合执法行动；五是进一步梳理海洋行政执法事项，拓展综合执法领域；六是与海警建立紧密的执法合作机制。

3. 竣工“测验合一”改革试点

浙江自贸试验区舟山片区坚持以问题为导向，针对建筑工程项目竣工验收环节涉及部门多、办理程序复杂等问题，按照“标准统一、联合测绘，以测代核、核审分离，多验整合、依法监管”的思路，全面推行“竣工测验合一”改革，研究制定 6 个政策性和规范性文件，全面整合技术标准、服务机构、管理数据和办事流程，组织开展联测联核业务培训，并建成了全省第一个建筑工程“竣工测验合一”信息系统，极大地提高了竣工验收工作效率。

4. 工程建设项目审批制度改革试点

浙江自贸试验区舟山片区认真贯彻落实《国务院办公厅关于开展工程建设项目审批制度改革试点的通知》（国办发〔2018〕33 号），在建筑工程

“竣工测验合一”改革率先取得全方面突破基础上，深入推进工程建设项目审批制度改革，精简了申报材料，提升了服务效率，减轻了企业负担，创新了审批模式。其主要做法：一是调整和优化审批流程；二是精简和取消不必要的审批事项；三是完善和打造集成服务体系；四是放管结合加强监管维护市场秩序。

5. 优化国际航行船舶进出境监管改革创新

浙江自贸试验区舟山片区率先着力打造船舶进出境通关无纸化口岸，优化国际航行船舶境内续驶进出港口岸监管流程。其主要做法：一是深入挖掘业务痛点，明确改革创新路径；二是分步细化实施路径，逐步推进改革创新；三是强化区域协同，共同推进改革。

（三）被商务部认定的各部门自行复制推广的改革试点经验

商务部于2020年1月6日公布了各部门自行复制推广的改革试点经验汇总表，列出了2017年2月至2019年9月期间部门推广的21项改革试点经验。浙江自贸试验区舟山片区的13项改革试点经验被国家部委直接采纳进行垂直条线内复制推广，其中“取消因私出入境中介机构资格认定（境外就业除外）”，由国家移民管理局以《关于取消因私出入境中介机构资格认定审批有关事项的通知》（国移民发〔2018〕4号）的文件形式予以推广。另外12项促进服务自贸区建设的移民与出入境便利政策由国家移民管理局于2019年7月17日召开新闻发布会宣布在全国范围内推广复制，并在公安部官网上公布。[①]

（四）被生态环境部推广的创新成果

《生态环境部办公厅关于印发自由贸易试验区加强生态环境保护推动高质量发展案例的通知》（环办综合函〔2022〕391号）中将浙江自贸试验区

① 《国家移民管理局在全国范围内推广复制促进服务自贸区建设12条移民与出入境便利政策》，中华人民共和国公安部官网，2019年7月17日，https://www.mps.gov.cn/n6557558/c6613913/content.html。

舟山片区的 2 项创新成果向全国推广。

1. 实践先行探索净零碳乡村建设县域路径

浙江自贸试验区舟山片区根据联合国人居署的《净零碳乡村规划指南》编制了本土化导则——《定海区净零碳乡村建设导则》，并设计九大路径和 27 个行动目标，大力实施净零碳乡村五年行动计划。通过打造示范点，有机融入净零碳理念，因地制宜打造个性化建设方案，全力打造净零碳乡村 2.0 版。

2. 探索建立“海上环卫”工作机制

浙江自贸试验区舟山片区海洋资源丰富，岛礁众多，海域辽阔，共有大小岛屿 2085 个，海域面积 2.2 万平方千米，海岸线总长 2444 千米，沿岸沙滩、港口众多，是居民生产生活重要场所。随着社会经济发展，各种海漂垃圾、沿岸生活垃圾、养殖渔业等污染物不同程度地污染着海洋生态环境。为此，舟山片区全方位探索实践“海上环卫”机制，为建设现代海洋城市的美丽海岸线提供坚实制度保障。其主要做法如下。一是建立责任落实机制。落实湾（滩）保洁属地责任，建立市、县（区）、乡、村四级湾（滩）管理组织体系，将海岸垃圾治理纳入城市精细化管理体系，建立四级监督考核机制，并不定期暗访检查，一旦发现问题立即督促整改。二是组建常态化“三支队伍”。即建立专业化海上保洁队伍、海域海岸线保洁队伍，并大力培育“民间湾滩”志愿者队伍。

（五）其他创新成果

《国务院关于深化“证照分离”改革进一步激发市场主体发展活力的通知》（国发〔2021〕7 号）中将浙江自贸试验区舟山片区的“危化品经营许可证核发（批发无仓储经营）事项告知承诺制”向全国自由贸易试验区推广。

浙江自贸试验区舟山片区在全国首创的“危化品经营许可证核发（批发无仓储经营）事项告知承诺制”实现了三个方面的突破。

一是审批制度上突破。统一制度文本，并明确企业首次申请危险化学品经营许可证（无储存场所经营）及申请延期时，申请批发无仓储经营方式的，可以选择以告知承诺方式取得许可，申请材料由原来法定要求的10件材料直接简化为一“书”（行政审批告知承诺书）和一“表”（危险化学品经营许可证申请表）。

二是审批环节上突破。审批环节由原来的“受理→审查→审核→审定→办结”五步优化为“受理→发证办结”两步。

三是事中事后监管上突破。出台了《中国（浙江）自由贸易试验区油气贸易企业事中事后监管办法》（浙自贸综协〔2020〕1号）、《舟山市应急管理局关于切实加强自贸试验区油气贸易企业安全监管的通知》（舟应急发〔2019〕72号）等事中事后监管相关配套的制度办法，全面实施“双随机、一公开”监管，以加强风险防范。

二　制度创新主要特点

浙江自贸试验区舟山片区制度创新以解决自贸试验区高质量发展面临的堵点难点为目的，注重实际问题的解决和各领域效能的提升，坚持全国首创、集成创新、优化创新并重，使自贸试验区的制度创新工作不断深入推进。从总体上看，浙江自贸试验区舟山片区制度创新呈现以下三大特点。

（一）围绕自贸试验区的特性进行制度创新

自贸试验区的设立旨在推动高水平对外开放和高质量发展，通过制度创新和实践，为国内外企业提供更加便利化的营商环境和优惠政策，以促进国际贸易和投资的增长。浙江自贸试验区舟山片区的制度创新主要也是围绕营造“法治、便利、高效的营商环境”这一自贸试验区的特性而展开的。

从向全国复制推广的32项制度创新典型成果来看，这方面的制度创新主要有：“优化国际航行船舶进出境监管改革创新”，避免上下港通关重复申报，提高申报和通关效率；“进境保税金属矿产品检验监管制度”，大幅缩短检验通关时间，促进保税矿石供给量；“国际航行船舶进出境通关全流程‘一单多报’”，最大限度实现数据简化，大幅提高了申报办理速度；

“外锚地保税燃料油受油船舶‘申报无疫放行’制度”，在控制进境卫生检疫风险、保障口岸公共卫生安全的同时，最大限度减少船舶通关时长、便利船舶通关放行，有效提高口岸通行效率。

除了向全国复制推广的 32 项制度创新典型成果外，其他创新成果中围绕自贸试验区的特性进行制度创新的也有很多，如“推行商事主体登记服务‘四个零’举措”①，提高审批办证效率及办事便利度；“建立‘一窗受理，集成服务’的‘一站式’服务模式”，提升行政服务效率和服务质量；构建“企业投资项目‘一三六’高效审批机制”②，提高项目审批效率；“实施重大投资项目‘四个一’③ 为核心的‘项目中心制’”，大幅提高重大项目投资决策效率；制定“首个自贸试验区企业投资项目行政服务地方标准”，为营造一流的投资便利化营商环境提供制度保障；制定“首个自贸试验区市场主体登记行政服务地方标准”，有效降低自贸试验区投资企业的运营成本，最大限度实现贸易自由化、投资便利化；探索形成“‘建标—对标—达标—创标’循环长效优化营商环境模式”④，持续推进自贸试验区营商环境再上新台阶；“试点推广保税磨矿业务”，进一步优化铁矿石供应链，提高该行业的贸易便利化程度；构建“司法服务保障大宗油气交易协作机制”，充分发挥司法职能作用，营造良好国际化、市场化、法治化营商环境；在全国率先试点开展“国际航行船舶进出境通关无纸化”，大幅提高通关效率；探索“国际航行船舶港口国监督检查远程复查模式”，提升港口国监督检查效能，促进港口通关便利化；“创新船舶供油‘网上申报+远程监

① 零跑动——全面推行商事登记全程电子化，实现多部门信息共享，实现无纸化登记的“零跑动”；零见面——申请人通过营业执照自助打印服务终端机完成自助登记和打印营业执照；零填单——对个体工商户申请部分小店证照，实行口头申报、电子录入的简易程序并在检查确认后现场发放相关证照；零费用——免收各类审批事项工本费，推行“证照免邮，快递送达”服务。

② 一个实施办法：《舟山市企业投资项目高效审批实施办法（试行）》；三大信息平台：投资项目在线审批监管平台、网上联审联办平台、技术中介服务管理平台；六个目标/举措：少环节、少评审、少材料、少收费、少僵化、少跑腿。

③ 对重大投资项目实施“项目中心制”，一个责任领导、一个指挥部、一个支撑平台、一套政策体系。

④ “标”指标杆地区、标杆水平。

管'模式"，减少供油企业申报时间，提高通关便利化程度；创新"大宗散货'先进库、后报关'监管制度"，提升通关效率，降低通关成本，节约企业成本；对保税混配铁矿采取"入区监测、区内监管、出区检验"的"三位一体"监管模式，提高通关效率；推出"油品保税货物转让"，允许供油企业与贸易商直接在同一保税仓库内进行现货转让交易，减少供油企业直接从境外采购涉及的代理、运输等成本，进一步活跃油品贸易交易市场，提升油品贸易自由化水平；探索国际航行船舶全国通关一体化改革创新，避免上下港通关重复申报，减轻现场监管压力，进一步提升了船舶境内续驶业务口岸通关效率，减轻企业负担，进一步优化口岸营商环境，促进贸易便利化。

（二）聚焦舟山片区的自身定位进行制度创新

浙江自贸试验区舟山片区聚焦油气全产业链投资贸易便利化自由化，围绕打造"一中心三基地一示范区"① 这一定位进行制度创新。

从向全国复制推广的32项制度创新典型成果来看，这方面的制度创新主要有："保税燃料油供应服务船舶准入管理新模式"，突破了跨关区供油的运输瓶颈，提高了供油船舶的安全性，对促进自贸试验区船舶燃料油供应市场的稳定发展提供了坚实保障；"保税燃料油跨港区供应模式"，进一步推动了保税油跨港区关区直供业务快速发展；"简化外锚地保税燃料油加注船舶入出境手续"，有效缩短了受油船加油时间，优化了保税燃料油供应通关监管流程，提升了通关效率；"外锚地保税燃料油受油船舶便利化海事监管模式"，通过简化供受油船舶通关手续，有效提升了综合海事服务水平；"保税燃料油供油企业信用监管新模式"，通过对供油企业实施信用评级和分类监管，提高了监管效率；"优化进境保税油检验监管制度"，节约企业时间和费用成本，节省舟山港口、码头资源，提升港口运营效率。

除了向全国复制推广的32项制度创新典型成果外，其他创新成果中聚

① 即国际油气交易中心，国际海事服务基地、国际油气储运基地、国际石化基地，以及大宗商品跨境贸易人民币国际化示范区。

焦舟山片区的自身定位进行制度创新的也有很多，如“探索天然气市场体系改革与保供稳价”，打造“浙江 LNG 消费价格”，推出天然气保供稳价服务，推动天然气市场化进程，实现国内外数据平台及媒体深度合作，扩大了“浙江 LNG 消费价格”影响力；“石化全产业链式创新助推国际一流石化基地建设”吸引企业集聚，发挥产业集群优势，带动了地方经济快速发展；“打造铁矿石现货交易体系”，助力打造浙江自贸试验区舟山片区国际铁矿石贸易生态圈；“创新流动人口‘一件事’集成管理服务模式”，充分保障了鱼山岛打造国际一流的石化产业基地的安全基础和治安保障；“开展原油非国营贸易进口资格企业试点”，带动中国原油进口市场发展；全力推进“同商品编码下保税油品混兑”，降低油品企业租罐等经营成本，拉近与新加坡等地的油品价格，保障舟山国际海事服务基地建设；探索“保税燃料油先供后报监管模式”、“保税燃料油‘一船多供’‘一库多供’供应模式”和“保税燃料油跨关区直供模式”，减少供油企业成本，实现海关监管模式的新突破，为建设东北亚保税燃料油加注中心奠定坚实的基础；通过应用电子系统申报核销实现“保税燃料油出库‘最多跑一次’”，解决了保税燃料油出库手续烦琐的问题，提高了保税燃料油供应企业市场竞争力，增强舟山口岸保税燃料油供应能力；“外锚地供油加注模式”，降低受油船舶综合成本，提高港口码头的运营效能，保障舟山国际海事服务基地建设；出台“不同税号保税船用燃料油混兑”政策，降低保税船用燃料油价格成本，提升浙江自贸试验区舟山片区在国际保税油加注市场的竞争能力；创新开展“保税船用燃料油‘一船一地多供’供应模式”，提高供油效率，降低企业供油成本，促进供油业务发展；创新“保税燃料油‘多船一供’模式”，提升了浙江自贸试验区舟山片区保税船用燃料油供应通关便利化水平。

（三）运用数字技术通过数字赋能进行制度创新

浙江自贸试验区舟山片区运用数字技术通过数字赋能进行制度创新，积极构建新型数字治理体系，打造具有舟山特色的数字赋能模式，推动实现多领域数字化、场景应用特色化、数字赋能样板化。

从向全国复制推广的32项制度创新典型成果来看，这方面的制度创新主要有："'海上枫桥'海上综合治理与服务创新试点"利用数字技术实现海上安全"智能化"管理；"海洋综合行政执法体制改革"利用数字技术建立执法信息共享机制，使海洋联合执法的优势最大化；"竣工'测验合一'改革试点"利用数字技术依托政务云平台建成舟山市"竣工测验合一"信息系统，破解部门各自为政、申请材料重复提交、互为前置的问题。

除了向全国复制推广的32项制度创新典型成果外，其他创新成果中运用数字技术通过数字赋能进行制度创新的也有很多，如在构建"铁矿石现货交易体系"中积极推进大宗散货供应链服务平台建设，通过信息化系统建设和区块链平台搭建，拓展交易、仓单、融资等供应链服务方面的应用场景，打造企业可信、多方协同、流转可溯的生态圈；"数字计量守护国家石油储备"通过数字计量手段为石化企业油气储存、计量贸易结算等各个环节提供准确的计量数据，以数字赋能，服务油气产业全溯源链、全产业链，保障石化企业安全运营；"保税油加注作业全链条管控应用场景"横向打通了浙江海事局海上智控平台及舟山高新区管委会保税船用燃料油调度系统，实现"人、船、企业、环境"动静态要素信息全链条管理，大幅提升舟山片区保税船燃产业智慧化数字化监管能力；"政企联动智能归集危化数据"覆盖千余家油气企业，实现了对油气行业的精准化、智能化管控；"完善江海联运综合服务平台"，提升物流信息化服务水平，促进智慧港口建设；"口岸港航通关服务一体化'4+1'模式特色应用"，打造通关监管和港口业务网上一体化服务；"跨区域涉税事项报验业务智能化改革"将跨区域涉税事项办理由人工处理改由机器智能化自动处理，提升了税务服务精细化管理程度；"国际航行船舶预报'网上办'"压减了港口边检机关办理行政许可数量，进一步优化了口岸营商环境，增强了区域海事服务竞争新优势；"建立数字化航运政务服务系统"推进了海事、航运等管理信息系统的整合，提升了政务服务与日常监管水平，促进了政府、企业之间的协同，助力了浙江省实现港航高质量发展和港航服务现代化；"建立企业数字化智慧管理平台"，通过开发政企互动服务等功能模块，实现区内高效管理和服务；"保税船用燃料油供应管理平台数据协同共享”，极大程度整合集成了相关部门的监管数据，提高了锚地等供油要素的利用率和通关效率；“‘畅油哨兵’智控系统”，通过运用人工智能（AI）和热成像技术等数字化手段，实现油轮作业安全监管全过程智能管控。

三 未来制度创新方向

根据《中国（浙江）自由贸易试验区舟山片区发展规划（2022－2027）》，未来制度创新方向就是要“探索更高水平的大宗商品特色制度型开放”。也就是要充分发挥舟山海洋、海岛、区位、港口和自贸试验区优势，选择合适区域，争创大宗商品特色自由贸易港。在目前各项开放创新措施的基础上，对标国际高标准经贸规则，以投资自由、贸易自由、资金自由、运输自由等为重点，探索更加开放的大宗商品特色自由贸易制度政策。重点是以下四大方向。

一是研究争取高水平开放的大宗商品贸易管理制度。利用天然的离岛优势形成物理围网区域，探索实施以安全监管为主的监管模式，依托数字化手段构建高效便利的“无感监管”体系，探索创新大宗商品贸易资格和配额管理。

二是研究争取自由便利的大宗商品投资经营管理制度。以现货交易为重点，探索放宽大宗商品领域投资准入，争取开展大宗商品现货、期货、场外衍生品等各类交易，实施国际通用的现货交易方式。创新构建国际投资法治保障体系支持加强国际商事纠纷审判组织建设。

三是研究争取高度开放的大宗商品国际运输管理制度。争取设立国际船舶海上自由航行区，探索创新国际船舶通行、海事服务相关作业管理制度。争取逐步放开大宗商品沿海保税运输限制，探索建设中国舟山船籍港。

四是研究争取大宗商品资金便利收付的跨境金融管理制度。探索推动金融开放与创新，争取创新与大宗商品投资、贸易、交易相匹配的金融账户体系和管理制度，不断提升资金进出、跨境融资自由化便利化水平。

ℤ.9

舟山海洋科技发展与创新生态系统研究

娄伟　钟佳珉*

摘　要：　海洋科技是国家海洋事业发展的强大支撑和不竭动力，开发海洋资源、保护海洋环境、发展海洋经济、维护海洋权益、建设海洋强国，必须依靠海洋科学技术。党的十八大以来，舟山市大力发展海洋科技，在船舶与海工装备修造业、“一条鱼”产业链、港航服务业、清洁能源及装备制造业、绿色石化和新能源产业等多个领域取得了显著的成果，但与国内和世界先进水平相比仍存在一定不足。本文基于对舟山市的实际调研，结合理论分析，从海洋科技创新生态系统的视角出发，分析了当前舟山海洋科技取得的进展，以及存在的知识储备不足、创新能力不强，资金投入不足、高端人才匮乏，科技体制机制建设不完善，市场环境对先进创新主体的吸引力不大，社会创新文化氛围不够浓厚等问题。并提出相应的政策建议：完善海洋科技创新生态系统，发展海洋产业新质生产力；加强海洋科技创新网络建设，提升创新生态系统的韧性；探索科技金融的应用场景及路径，完善科技创新的金融支持机制；鼓励民众的创新创业活动，充分调动中小企业科技创新的动力；构建海洋科教人才体系，充分保障海洋人才供给。

关键词：　海洋科技　科技创新　创新生态系统　舟山

* 娄伟，博士，中国社会科学院生态文明研究所资源与环境经济研究室主任、副研究员，主要研究方向为环境经济；钟佳珉，中国社会科学院大学硕士研究生，主要研究方向为可持续发展经济学。

一　舟山海洋科技发展概况

（一）海洋科技创新的内涵与边界

科技创新一般包括科学创新和技术创新，其中，科学创新侧重于基础研究、理论创新和知识积累，而技术创新侧重于科学原理的应用开发、技术转化。关于海洋科技创新的内涵，目前尚无清晰的界定，一般可以从狭义和广义两个角度来理解。狭义上的海洋科技创新聚焦于直接与海洋相关的科学技术创新活动，主要涉及海洋安全与保障、海洋生态环境保护、海洋资源利用与开发、深海探测与作业、极地观测与保护利用等多个领域。而广义上的海洋科技创新不仅涵盖了为提升海洋科技支撑能力所进行的科学研究和技术创新，还包括了与推动海洋产业结构调整、促进海洋经济发展、实现海洋强国战略有关的科技创新活动。自然资源部对海洋产业的定义是：开发、利用和保护海洋所进行的生产和服务活动，具体包括以下几个方面：直接从海洋中获取产品的生产、加工生产及其服务活动，直接应用于海洋和海洋开发活动的产品生产和服务活动，利用海水或海洋空间作为生产过程的基本要素所进行的生产和服务活动[①]。本文采用广义的海洋科技创新定义进行研究，海洋科技创新是指围绕开发海洋资源、保护海洋环境、发展海洋经济、维护海洋权益、建设海洋强国进行的科学技术创新和体制机制革新，包括如海洋渔业、海洋船舶工业、海洋交通运输业、海洋临港工业、涉海服务业等传统海洋产业与海洋新能源、海洋生物医药、海水淡化等海洋新兴战略性产业发展过程中进行的科技创新。

（二）中国海洋科技的发展历程

舟山海洋科技的发展同中国整体海洋科技发展有密切的关联，同时又

① 国家市场监督管理总局（国家标准化管理委员会）：《海洋及相关产业分类》，2021 年 12 月 31 日。

具有自身的特殊性。中国海洋科技发展可以大致分为三个阶段。第一阶段是新中国成立至改革开放初期，中国海洋科技起步并缓慢发展。这一阶段，中国组建了一些海洋科研院所等相关研究机构，制定了海洋科技发展规划，逐步开展了海洋科技研发活动，并创办海洋科技相关刊物。第二阶段是改革开放后到2011年，这一阶段中国海洋科技有序推进、稳步发展。一是在政策指导和制度保障方面，有关海洋科学技术纲要、规划、政策相继出台，有关海洋开发、利用的法律法规陆续颁布。1996年发布《中国海洋21世纪议程》，首次阐明中国海洋事业发展的整体战略，并首次提出“科教兴海”的发展战略；2005年，发布《国家中长期科学和技术发展规划纲要（2006—2020年）》，并在“十一五”“十二五”期间进一步出台规划部署海洋科技的发展任务。二是组建专门的海洋科技领导小组和科研机构，组织了一批高水平的海洋科技人才队伍开展研究。三是推进海洋科技研发和对外交流。在科学研究方面，多次开展海洋资源科学考察，建立了南北极科考站，成功自主研制了中国第一艘200米无人遥控潜水器“海人一号”、第一艘1000米无缆水下机器人“探索者”号等资源开发技术设备；在国际交流合作方面，我国参与了联合国政府间海委会发起的一系列重大全球性海洋科学计划，与美国、日本等国开展海洋科技合作，并举办了第一届中国海洋博览会。第三阶段以党的十八大召开为起点，这一时期，海洋科技发展进入了新阶段。在顶层设计方面，党的十八大首次完整提出构成海洋强国战略目标的基本体系，即“提高海洋资源开发能力，发展海洋经济，保护生态环境，坚决维护国家海洋权益，建设海洋强国”。随后，中央政治局集体学习时提出了建设海洋强国要坚持“四个转变”的基本要求：“要提高资源开发能力，着力推动海洋经济向质量效益型转变；要保护海洋生态环境，着力推动海洋开发方式向循环利用型转变；要发展海洋科学技术，着力推动海洋科技向创新引领型转变；要维护国家海洋权益，着力推动海洋权益向统筹兼顾型转变”。党的十九大提出要“陆海统筹，建设海洋强国”，习近平总书记也多次对海洋强国战略作出指示、批示。党的二十大报告中指出，海洋强国的建设对于构建新发展格局、推动高质量发展，以及推进国家安全体系和能力现代化，坚决维护国家安全和社会稳定具有重要的战略作用。以建设海洋强国为战略目标，科技领域出台多项专项规划，如《“十三五”国家科技创新规划》《全国科技兴海规划（2016—2020年）》《全国海洋经济发展“十三五”规划》，为新时代的海洋科技发展提供了方向指引。在科技创新方面，我国在海洋科技多个领域取得重大进展，一大批自主研发的突破性科技成果涌现并进入应用市场。如深海观测技术领域，“蛟龙”号、“深海勇士”号等潜水器下潜深度屡创新高；海洋资源利用领域，我国已掌握海上大型风电技术，装机量不断增加，自主研发建造的全球首座10万吨级深水半潜式生产储油平台大型、海上钻井石油平台“深海一号”，海洋石油开采量占石油开采量比重显著提升等。当前，我国海洋科技发展仍处于第三阶段。以海洋经济为中心，通过发展海洋科技，推动海洋传统产业转型升级、培育壮大海洋新兴产业，是现阶段海洋科技创新的一大特点。

（三）舟山海洋科技的发展历程

结合中国海洋科技发展脉络、浙江省海洋经济发展情况以及舟山市科技发展的历程，可以将舟山市的海洋科技发展分为三个阶段。第一阶段是海洋科技探索阶段（1949~2010年）。长期以来，舟山市主要对传统的捕捞方式开展技术创新。改革开放后，现代的海洋渔业和船舶修理业开始发展，舟山市的现代海洋科技也随之起步。2003年，时任浙江省委书记的习近平同志作出“八八战略”决策部署，提出“建设海洋经济强省”[①]。在随后的“十一五”时期，舟山市与各大院所名校开展合作，五年内与其共建创新载体43家，专利申请授权量激增，高新技术企业达到32家，海洋科技进步在船舶修造技术、现代化海产品养殖业加工业规模以及港口服务能力等方面得到了应用。第二阶段是海洋科技加速追赶阶段（2011~2020年）。进入“十二

① 新华社：《新闻链接：习近平总书记提到的“八八战略”》，2020年4月1日，https://www.gov.cn/xinwen/2020-04/01/content_5498056.htm。

五”时期，浙江省明确了打造“海洋经济强省”的发展目标，舟山市积极响应落实，将海洋科技创新作为城市发展的支撑。舟山市“十二五”规划作出了“促进科技创新成果转化”“深化与大院名校合作机制”“加强科技创新载体和平台建设”的安排，又在“十三五”规划中对科技创新提出了更高、更细的要求。十年间，舟山市科技经费投入、科研成果、科技企业数量开始有明显的增长，“一城、二园、三岛、四校、多院”的科技平台载体建设初见成效，科技创新体系、科技体制机制建设有序推进，为舟山市海洋科技水平实现跨越式发展奠定了坚实基础。第三阶段是海洋科技创新高质量、高水平发展阶段（2021 年至今）。近年来，舟山市海洋科技研发经费投入的大幅增加，与科研院所、高校、企业的深度合作，以及科研项目的落地实施，推动了全市科研水平的全面提升。此外，科研成果不仅在数量上有所增长，更在质量上实现了突破。科技创新体制机制和人才引进政策的完善，为高端海洋科技人才的集聚和海洋产业的高质量发展提供了良好的环境。舟山市海洋科技资源的集聚力和影响力持续增强，为国家海洋科技事业的发展贡献了重要力量。

（四）舟山海洋科技取得的成效

在“海洋强国”的战略背景下，浙江省和舟山市重视海洋产业的高质量发展。从 2011 年至今，舟山市不断加大对海洋科技创新的支持引导力度，积极开展海洋科技合作活动。

在科技创新平台建设方面，舟山市于 2018 年基本建成以“一城、二园、三岛、四校、多载体”为核心的海洋科技创新平台体系；于 2020 年引进上海、宁波、厦门等地高校科研院所共建重大创新载体 10 个，例如，中国科学院宁波材料所在岱山建设的新材料研究院；2021 年“滨海科创大走廊”启动建设，舟山人才创业园开园；2022 年，国家重点实验室东海实验室正式挂牌成立。

在科技创新资源集聚方面，截至 2023 年底，舟山聚集了浙江大学海洋学院、国家海洋二所舟山研究基地、浙江海洋大学、浙江省海洋水产研究所、浙江省海洋开发研究院等涉海高校、科研院所。拥有国家工程技术研究中心 1 个，地方联合工程实验室 3 个，省级重点实验室及工程技术研究中心 12 个、市级科研院所 11 家、省级高新技术企业研发中心 78 个、市级研发中心 4 个、省级科技型中小企业 1386 家、高新技术企业 274 家，省级产业创新服务综合体 5 家、省级科技创新服务平台 3 个[①]。打造“人才飞地”创新引才聚才的新平台，通过柔性引才新模式，破解领军人才难引进、高端人才难留住、核心成果难落地等难题。发布《舟山市人才全生命周期服务执行清单》，创建“专属化”人才服务矩阵，成立高层次人才服务中心，实施舟山籍学子“港湾计划”，不断提高舟山的人才吸引力和凝聚力。当前舟山拥有科技人才近 20 万人，高层次创新人才 191 名，其中，顶级人才 1 名，一类人才 10 名[②]。

在科创体系建设方面，发布《舟山市“十四五”科技创新发展规划》《舟山市海洋科技创新三年（2022-2024 年）行动计划》，对舟山科技创新发展进行总体布局。颁布首部科技地方立法《舟山市创新发展条例》，为新区双创环境优化提供了法律保障。出台《关于深入实施创新驱动发展战略推动高质量发展的若干意见》（舟委发〔2020〕10 号）等重大改革措施，首次实施企业研发投入奖补政策，帮助企业解决制约发展的“卡脖子”技术难题。连续开展“舟创未来”海纳计划创业项目遴选，出台《关于加快打造新时代海洋特色人才港的实施意见》等 20 余项政策，制定出台了《关于强力推进创新深化 加快打造海洋科技创新港的若干意见》，聚焦高能级创新平台建设、关键核心技术攻关等 13 方面事项。出台《舟山市科技惠企政策》，鼓励引导企业科技创新。针对科研人员职务科技成果所有权或长期使用权进行改革，印发赋权改革试点方案，推荐省海洋开发研究院作为首批试点，探索成果转化收入分配新机制，从源头上为科研人员的成果转化活动“松绑”。

---

① 资料来源：舟山市科技局。

② 资料来源：舟山市科技局调研数据。

在科研创新强度方面，舟山市统计局数据显示，2020~2022年，全社会R&D投入分别为26.38亿元、34.10亿元、40.91亿元；占GDP比重分别为1.74%、2.00%、2.10%。从专利授权量上看，2020~2022年，舟山市每年专利授权总量平均为2900件，其中，2021年达到3154件，为舟山历史最高①。

二　舟山海洋科技重点领域的实力分析

多年以来，舟山市依托企业、高校和科研院所，围绕九大现代海洋产业链高质量发展，加大科研投入、人才引进、科技合作力度，在科技创新上取得了一定的成果。

（一）船舶与海工装备技术

船舶修造是舟山市的传统优势产业，其发展标志着舟山市现代化工业的开端。近年来，舟山市围绕船舶产业进行了重点布局，各企业也加大创新投入，在船舶建造、修理、拆解、海工装备制造及船配等多领域取得了一定的科技进步。

1. 船舶及海工装备修造技术向大型化、高端化发展

当前，舟山市已基本具备超大型船舶、高端船型、海工生活平台等船舶及海工装备的制造修理能力，在汽车滚装船、穿梭油轮、化学品船、超低温冷藏船、远洋渔船、江海联运船、海事服务船和海工生活平台修造上具备一定的优势。在高端特色船舶与海工装备研制方面，2014年，舟山船企交付了浙江省内第一艘超大型油轮——32万吨VLCC；2016年，成功试航自主建造的25万吨VLOC。2018年，建造了第一座使用国产C型液货储罐的中小型浮式天然气储存再气化装置——2.6万立方米FSRU，填补了国内海洋工程市场在这一领域的空白。2017年，“江海直达1”号轮在浙江

① 资料来源：舟山市统计局。

舟山开建，该船型是真正意义上的江海直达特定船型，彻底改变了我国江船不能出海、大型海船无法纵深至南京以上港口的状况，为国内江海联运翻开了新篇章①；4年以后下水的“江海直达17”“江海直达19”，海里吃水6.8米、长江内设计吃水8米，进江最大载货量1.7万吨，速度可达11节，采用双机双舵结构，较同类型海船载重量增加约8%、能耗降低约10%，该船型首航创造了万吨级以上船舶满载从海上直达长江中游的历史②③。2018年起，舟山陆续交付的7800PCTC汽车滚装船，是国内自主研发的最大柔性设计汽车滚轮船④。2021年，全球首例具备DP3动力定位功能的海工生活驳船在舟山签字交付，该船的生活区可容纳684人居住，人员舒适度满足HAB+（WB）要求，配置6台发电机、6台全回转推进器，甲板安装了可自动伸缩旋转平台过桥、300吨甲板工作吊以及8台定位锚泊设备，被比喻为移动的“海上五星级酒店”和海上“加工厂”兼“能源站”。2022年，由企业自主研发、建造的15.4万载重吨穿梭油轮成功入选“2022年度船舶工业十大创新产品”，船舶建造周期、动力定位系统、节能环保、油耗航速和振动噪声等各项技术性能指标均达到国际先进水平，填补了国内大型穿梭油轮的技术空白。同年，全球最大2万立方米LNG运输及加注船完成试航，该船型具有安全、低蒸发率和环保等特点。此外，“FPSO浮式储油卸油装置”项目荣获“2022年度浙江省制造业首台（套）产品”⑤称号。2023年交付的北冰洋LNG加工模块，是目前世界上单体体积最大、重量最重的液化天然气模块。2023年正式启航的航供油

① 《船型突破 政策“松绑” | 江海联运走进新时代》，《中国航务周刊》，2017年5月22日。

② 舟山市港航和口岸管理局：《我市2艘1.4万吨特定航线江海直达散货船顺利接水》，2021年7月12日，https://port.zhoushan.gov.cn/art/2021/7/12/art_1589309_58824575.html。

③ 艾宇韬：《全国首制1.4万吨级江海直达船队投入运营》，2021年10月13日，http://zj.people.com.cn/n2/2021/1013/c186327-34954238.html。

④ 夏赵丹、陈逸麟：《从零起步到弯道超车——舟山中远海运重工穿梭油轮的十年“船”说》，《中国远洋海运报》2023年12月15日，B02版。

⑤ 浙江省船舶行业协会：《舟山中远海运重工FPSO项目成功入选“2022年度浙江省制造业首台（套）产品”》，2019年9月30日，http://zseco.zhoushan.gov.cn/art/2019/9/30/art_1324521_38618873.html。

船“东方朝阳”轮，实现船用重油、轻油、润滑油“一船多能”，可装载约40吨润滑油，并具备在外锚地1.8米浪高条件下供油作业能力和夜间供油能力，全年外锚地可作业时间从目前约220天增加至270天①。在高端船舶修理方面，目前，舟山已成功修理“海洋赞礼”号、“天海新世纪”号、“梦想”号和“蓝梦之歌”号等多艘国内外豪华邮轮，承接俄罗斯国家航运公司大型“巨无霸”冰级LNG运输船“米特”轮、远东航运（新加坡）有限公司的“露西亚雄心”轮、达飞公司超大型LNG双燃料动力集装箱船“CMA CGM LOUVRE”轮等多艘大型先进LNG船舶，也对VLCC、VLOC等高附加值轮船进行维修及LNG与氢能动力系统改装、脱硫塔改装、压载水处理系统改装等②③④。

2. 船舶修造向绿色化、智能化转型

在绿色化上，船舶修理行业开展绿色修船工艺技术改造，推广激光焊接、数字切割、机器人除锈、智能喷涂等智能绿色生产设备。如自行研发的超高压水除锈机器人改变了传统的喷砂除锈作业方式，解决了超高压射流完成船壳局部除锈的世界修船瓶颈难题；新一代污水回收处理柜废水处理装置“船坞蓝鲸”，通过真空系统将除锈头作业产生的废水、废渣进行统一回收、过滤、储存，其作业效率大幅提升至每小时25~50平方米，该产品向新加坡、德国出口，成为中国第一套走出国门的绿色修船装备⑤。船舶修造行业攻关船舶清洁动力技术，成功交付国内首艘油电混合动力多功能海事服务船

---

① 《和泰船舶建造“舟山船型”2.0版首制供油船首航》，国际船舶网，2023年12月28日，https://www.eworldship.com/html/2023/NewShipUnderConstrunction_1228/199518.html。

② 舟山市生态环境局：《舟山破立结合改造提升船舶修理行业实现绿色高质量发展》，2020年8月21日，http://china-zsftz.zhoushan.gov.cn/art/2020/8/21/art_1228974569_54691247.html。

③ 《北极LNG 2项目首批管廊模块完工交付丨舟山中远海运重工交付一艘海工生活驳船》，海洋油气网，2021年8月26日，https://mp.weixin.qq.com/s/kQ9kzgrMYZYjZAan_g68nA。

④ 《大型冰级LNG运输船来我市维修》，《舟山日报》，2021年9月26日。

⑤ 《看舟山如何打造绿色修船样本》，浙江在线，2020年10月20日，https://zjnews.zjol.com.cn/zjnews/zsnews/202010/t20201020_12367168.shtml。

“富瑞688”轮[①]；完成全球首艘30万吨VLOC上安装风筝发电系统安装工程[②]；《甲醇双燃料154000DWT穿梭油轮》设计项目获得DNV船级社颁发的原则性认可（AiP）证书。2020年，舟山发布实施了《船舶修造企业绿色工厂实施指南》地方标准，推动绿色制造标准化。2021年，舟山船企中远海运重工、万邦重工成为全国仅有的两家绿色修船示范企业。在智能化上，船舶修造企业开始建造智能化车间，船企在船舶修造过程中采用更多信息数字技术和智能化手段。如集除锈、喷涂于一体的机器人“船坞大象”可以根据输入固定的空间三维坐标，高效完成在立面、平面和曲面上的超高压除锈及自动喷涂作业；“5G+工业AR技术”用于生产与验船[③]；全国首个“新材料船舶综合服务信息平台”的建设实现对船舶的交易、设计、生产、管理、检测等进行数字化管控[④]。

3. 高端船舶与海工装备修造技术实力比较

在船舶修理领域，舟山船企已具备全国领先的技术水平，可以对多类型的高端船舶进行维修和绿色加改装，船舶修理订单约占全国总量的1/3。虽然舟山造船能力具有一定竞争力，能够根据船舶设计方案进行建造，但各类高端船舶设计能力与国内先进水平仍有较大差距：在汽车运输船建造技术方面，中国船舶集团旗下上海船舶研究设计院已研发设计从小型、中型、大型到超大型PCTC系列船型，并具备建造多活动层、装载多种车型、双燃料动力系统的PCTC，设计建造能力国际领先，其新生产的PCTC在国际市场占有率超50%。在超大型矿砂船建造方面，当前我国已具备建造40万吨智能VLOC的能力，相较于较低吨位的VLOC，该吨位的VLOC对船型结构、装

① 中国船级社：《国内首艘油电混动海事服务船“富瑞688”轮顺利交付》，2024年1月15日，https：//www. ccs. org. cn/ccswz/articleDetail？id=202401150945433591。

② 招商局工业集团有限公司：《舟山友联顺利完成全球首艘30万吨VLOC轮风筝发电系统安装工程》，2021年11月29日，https：//www. cmindustry. com. hk/subnews7/416. html。

③ 夏赵丹、方智斌：《舟山中远海运重工：以数智化转型绘制新质生产力路线图》，2024年4月1日，https：//chi. coscoshipping. com/col/col7984/art/2024/art_499bdfa655004841ace9a6b57b33d92e. html。

④ 浙江省科技厅：《全国首个新材料船舶综合服务平台上线》，2021年3月29日，https：//www. most. gov. cn/dfkj/zj/zxdt/202103/t20210329_173741. html。

载速率、智能船舶系统、绿色节能技术等有更高的要求，而舟山目前仅具备对该吨位船型的修理能力，可承接多艘大型 VLOC 的修理改装工作。在修造船智能化转型方面，我国骨干船企将先进造船技术与大数据、物联网、云计算、人工智能、5G 等新一代信息技术融合，开始使用 3D 建模、视觉成像等技术，将焊接、切割等关键作业步骤纳入智能化生产线、数字化管控网中，而舟山市在这一方面较为落后。此外，在船舶配套设施方面，舟山市尚未展现出亮眼的科技能力。

（二）“一条鱼”产业链技术

舟山素有“东海鱼仓”“中国渔都”之美称，渔业是舟山的传统产业和民生产业。近年来，舟山海洋渔业在品种培育、水产品养殖和加工等多方面加大了科技投入。

1. 开展养殖种质种苗研发

2020 年，舟山市启动实施《舟山岱衢族大黄鱼产业创新发展》，补充更新了岱衢族大黄鱼种质资源库，建立岱衢族大黄鱼种群鉴定的分子技术研究，繁育出野生子一代岱衢族大黄鱼苗种 122 万尾；开展了舟山大黄鱼病害监测、防治技术研究和岱衢族大黄鱼疫苗开发研究，开发了养殖大黄鱼重大疫病的早期诊断技术，建立了安全用药使用规范，为实现舟山大黄鱼高效绿色养殖奠定基础。2023 年，成立舟山渔业育种育苗科创中心，科研团队以体色为选育性状，经过实地调研、亲本筛选、品系构建、性状稳定性测试等多个环节，当前大黄鱼耐低温新品系选育至 F7 代，已培育 F7 代亲鱼 1090 尾、繁育苗种 252 万尾，岱衢族大黄鱼优质苗种繁育生产能力每年达 3000 万尾。经过近 20 年科技攻关，浙江海洋研究所团队先后突破黄姑鱼雌核发育、伪雄鱼诱导、分子育种以及全雌鱼培育等关键技术，培育出黄姑鱼“全雌 1 号”，创建黄姑鱼全雌苗种规模化制种技术。该品种规格均一、生长速度提高 28. 28%，中试养殖表明养殖产量提高 40%以上，养殖效益提升约 50%，成为舟山市获批的首个水产新品种，也是 2023 年浙江省内单位主导培育的唯一一个水产新品种，为浙江省乃至全国的海水鱼类养殖提供优质新苗种，推动全雌育种技术的提升与普及[1][2]。

2. 打造现代化近海养殖基地

在水产养殖中，舟山利用智能化、数字化、绿色化的技术手段提高养殖技术。岱山县梭子蟹养殖使用“蟹公寓”的室内立体循环水系统，连接1个蓄水池、5个高速砂滤缸、4台紫外线杀菌器以及2台蛋白质分离器，实现蛋白质等分解再循环利用和尾水零排放。嵊泗县打造了智慧贻贝养殖管理服务平台，以确权海域电子围栏为临界点，将养殖桁地、养殖船只及养殖渔民户等基本要素进行“重组”，形成一张全新的“数字地图”，打造了一个集海水监测、海上监控、无人机航拍、5G传输、数据分析于一体的数字化管理平台，并结合同博定位、北斗导航、无人机巡航等加强养殖桁地管理，实现养殖综合管理平台加速升级。同时开展贻贝养殖标准化课题研究，实地设立养殖试验区，对养殖海域海水盐度、温度、光照、贝毒素、浮游生物等要素进行定期监测、科学建模；2023年，嵊泗县与浙江海洋大学合作申报的“厚壳贻贝繁育项目”获得了全国农业技术市场领域最高奖项——三农金桥奖项目奖一等奖。大岙渔臻鲜水产养殖基地开展智能化生态养殖，利用温室车间进行循环水高密度精养，通过全自动数字化控制系统设备，利用数字化驾驶舱系统将水质自动监测系统、进排水系统、自动投喂系统、水下摄像病害监测系统、基地全视频监控系统、停电报警系统进行集成化管理。在养殖基础设施上，如大黄鱼养殖，经历了普通网箱、抗风浪深水网箱养殖，管桩围栏养殖，大水域重力式深水网箱、升降式围栏养殖，深远海桁架养殖等发展阶段，现主要以大型抗风浪深水网箱、大型管桩围栏方式进行养殖[3][4]。

---

① 舟山市海洋经济发展局：《舟山岱衢族大黄鱼产业创新发展专项（一期）圆满完成任务》，2020年11月29日，http：//zsoaf. zhoushan. gov. cn/art/2020/11/29/art_ 1563592_ 59015107. html。

② 海研所：《浙江省海洋水产研究所培育首个水产新品种—黄姑鱼“全雌1号”》，2023年7月31日，https：//nynct. zj. gov. cn/art/2023/7/31/art_ 1653823_ 58952385. html。

③《舟山一项目拿下国家级大奖!》，《舟山晚报》2023年12月25日。

④ 杨卫：《新乡贤赋能乡村振兴 黄龙乡开启陆上海水养殖新模式》，嵊泗新闻网，2024年4月8日，https：//ssnews. zjol. com. cn/ssnews/system/2024/04/08/034587040. shtml。

3. 开发应用远洋渔业产业技术

（1）建设智能化的大型养殖平台。深海渔业养殖装备智能化、大型化。“嵊海一号”是我国首座投入养殖的智能型鱼类深海养殖平台。该平台装有国内首创的智慧深海养殖保障系统，该系统具备智能半潜、全潜功能，可以通过平台“升降”解决大黄鱼越冬难题，平台最深可达水下15米。网箱呈六边形，总养殖水体1万立方米，单个网箱产能高达10万尾/年。

（2）水产品精深加工自动化、智能化。水产品精深加工是舟山市远洋渔业发展的重点。在金枪鱼精深加工中，浙江海洋大学牵头完成的“金枪鱼质量保真与精深加工关键技术及产业化”获得2016年国家科技进步奖二等奖。该技术可以在15~18分钟内将捕捞上的金枪鱼中心温度降到超低温，时间在原有技术基础上缩短了一半；在金枪鱼蒸煮过程中，使用自开发的软件测出金枪鱼每个部位所达到熟的精确度，实现“精确蒸煮”；在产品种类中，企业创新研发了金枪鱼罐头、金枪鱼鱼丸、金枪鱼水饺等多品种。在鱿鱼加工中，发明了智能鱿鱼切片机，实现了鱿鱼白片定重量定尺寸智能化切割，切割速率可达7200刀/小时，产品一次合格率达98%以上。此外，还有多项水产品加工技术正在开发阶段，如贻贝半脱壳加工技术及自动化设备研发应用技术，可自动化上料的鱿鱼去头、去耳、掏黄一体化自动加工设备，包含拉花、冷冻、取料、切片、上浆—裹粉、二次冷冻等流程的鱿鱼自动化生产线和冷冻水产品自动称重及包装设备等。通过生物酶解技术合理萃取，企业可以将精深加工环节中产生的鱼皮、鱼骨等海产品边角料加工制成高附加值的肽产品①②。

（3）水产品交易数字化。在全国首个国家级远洋渔业基地——舟山国家远洋渔业基地，2019年落地了“5G+智慧水产”应用，又建设“远洋

① 《全国最大金枪鱼精深加工基地在舟山市投产大洋世家，如何“吃”透“一条鱼”》，《舟山日报》2023年9月25日。

② 《鱿鱼智能切片机在我市水产企业投用 实现鱿鱼白片定重量定尺寸智能化切割》，《舟山日报》2023年7月18日。

云+”水产品现货在线交易供应链服务平台，集合线上交易、数字仓储、云上物流、数字金融等功能模块，也给其他企业提供了可复制的“数智”发展模板，并作为舟山唯一一家供应链应用平台入选“浙江省数字经济系统第一批优秀地方特色应用”[①]。“大黄鱼工厂化调养与保活运输技术研发与产业化”项目，突破活鱼长距离运输技术难题，调节运输箱内的温度、氧气、水质、盐度及高强度保温材质等，采用梯度降温休眠技术，使运输过程中大黄鱼的存活时间延长至 36 个小时，这在浙江同行业中是最长的，也是全国少有的[②]。

4. 技术实力比较

近年来，舟山“一条鱼”产业链在现代化、智能化、绿色化的过程中开发应用了许多先进的科学技术，但是仍存在一些短板。譬如，相比福建宁德，舟山在种苗培育上规模化、产业化水平相对较低。宁德市主要通过种业产学研合作促进海洋种业提档升级，现共建有市级以上原良种场 12 家、全国现代种业示范场 2 家、国家水产种业阵型企业 3 家，并拥有国家级大黄鱼遗传育种中心和国家级大黄鱼重点实验室。在水产品加工方面，舟山当前水产品精深加工的厂房、自动化生产线建造主要靠技术引进，加工的水产品种类较为单一。

（三）港航服务和海洋电子信息技术

近年来，为推动舟山航运、江海联运以及海事服务的高质量发展，舟山利用高精度的定位系统和数字技术赋能现代航运和海事服务。

1. 打造智慧港口

舟山码头运用数字孪生、高精度定位、5G 通信等技术，逐步开展远控自动化改造，推动智慧港口建设。如宁波舟山港通过部署高可靠的专

---

① 定海区融媒体中心：《全省优秀地方特色应用“远洋云+”在“浙里办”上线》，2022 年 6 月 17 日，http://www.dinghai.gov.cn/art/2022/6/17/art_1489648_59083436.html。

② 《技术升级让大黄鱼出水再活 36 小时 舟山大黄鱼活蹦乱跳“游”到北京》，《舟山日报》2022 年 7 月 13 日。

有差分基站及播发系统、多源融合的北斗高精度定位终端[①]、海量并发的位置数据应用平台，助力梅山港区成为国内首个实现车道级监管和贝位级调度的智慧码头，通过融合北斗高精度定位、机器视觉、识别避障算法、自动控制算法实现轮胎吊轨迹自动纠偏、智能防撞、精准停车，提升了堆场集装箱装卸效率。鼠浪湖公司的“iSLAND+”智慧化建设方案，以生产、安全、离岛、自动化、绿色、发展等板块助力鼠浪湖矿石中转码头的智慧化建设。其智慧生产管控系统通过搭建大数据平台、建立全三维虚拟现实环境、利用智能算法辅助排产，并搭配一套 F5G 全光网络链路，可以实现实时数据交互、远程监管和操控。通过 8 台卸船机远控台和 10 台斗装远控台，可以自动控制码头和堆场上的卸船机、装船机、堆取料机等作业设备，一键启动全流程作业，且作业效率达到了人工操作的 95%[②]。

2. 发展智慧航行技术

“舟全云”平台基于海洋大数据，包括监管一张图、综合信息管理、遇险监控、消息发布、气象服务、电子海图服务等模块，增强数据互联与信息互通，结合公有云和私有云，有效辅助政府机关对管辖船舶的综合监管。安装北斗三号船载终端，利用北斗三代短报文功能实现船岸交互、应急通信；通过雷达、AIS 实时监测到船舶航行轨迹并与预设航线进行对比，提醒船员及时调整至正常航线；部署 AI 算法边缘计算终端及人脸识别摄像机，检测驾驶台陌生人闯入；基于大规模 AI 视觉分析技术，配合现场摄像头，在船员犯困时启动报警系统[③]。

---

① 《直击全球第一港：北斗时空智能，如何点亮智慧港口?》，《财经杂志》，2022 年 10 月 20 日，https：//new. qq. com/rain/a/20221020A066ON00。

② 浙江海港：《强港“智”治 | 全球唯一双 40 万“离岛”散货码头诞生记——宁波舟山港鼠浪湖矿石中转码头智慧化建设纪事》，2023 年 12 月 1 日，https：//www. zjseaport. com/jtnews/222/626/202312/t20231211_ 3609110. shtml。

③ 易航海：《AI 赋能科技 助力海上航行安全——易航海与舟山海峡轮渡合作开展智能航道安全监管系统二期改造项目》，2024 年 6 月 12 日，https：//www. ehanghai. cn/news/detail. aspx? id=1688267584613683278。

（四）清洁能源及装备制造技术

1. 大力引进新能源项目，不断加强本土开发实力

舟山立足海岛地理优势，利用广阔的海域、充足的阳光、丰富的水能资源，大力发展太阳能、风能、潮汐能、氢能等清洁能源，并取得了一定的科技进展。一是风电规模扩大，电网架构优化。近年来，舟山大力布局风力发电，当前已并网海上风电项目5个，总装机容量为147.4万千瓦，在浙江省排名首位。为应对大规模风电对电网的冲击，舟山市通过加快多元融合高弹性电网的建设，优化电网网架结构，精准预测风电出力，并使用分布式储能、微电网等手段，持续做好新能源并网服务和消纳①。二是太阳能利用技术提高。其一是光伏级EVA树脂对标韩国LG同类先进产品，已实现30万吨/年的规模化量产。其二是推广“光伏+养殖”模式，如在普陀区登步岛利用养殖塘打造东海海域首个建在独立海岛上的“渔光互补”光伏项目，总计安装12991块单块容量为585瓦的单晶双面光伏组件，该项目采用分块发电、集中并网方案，平均每年可提供约7900万千瓦时清洁电力，可节约标煤2.3万吨，属于国内较大规模的“渔光互补”项目；同时，引进光伏渔业新型技术模式，建立渔光互补型现代设施渔业示范区，助力渔民增产增收②。三是潮汐能利用取得较大进展。岱山秀山岛的世界最大单机LHD 1.6兆瓦潮流能发电机组“奋进号”实现连续发电并网运行，被权威机构评价为世界首座海洋潮流能发电站，推动我国潮流能发展进入“兆瓦时代”；浙江大学摘箬山潮流能发电设备试验基地、三峡浙江舟山潮流能示范工程、嵊泗渔人码头波浪能发电项目等海洋能发电项目，总装机约0.49万千瓦，相关技术装备达到国内先进水平③。

---

① 陈泽云、夏兰强：《浙江省最大海上风电场群开始正式并网》，2021年5月17日，https://zjnews.zjol.com.cn/gdxw2021/202105/t20210517_22539184.shtml。

② 王建波：《舟山：“渔光互补”生态惠民 赋能绿色低碳发展》，2024年7月15日，https://cs.zjol.com.cn/jms/202407/t20240715_30408391.shtml。

③ 舟山市科技局：《市海洋科技创新成果转化实现重大突破——世界最大单机LHD 1.6兆瓦潮流能发电机组在舟山启动下海》，2022年4月1日，http://zskjj.zhoushan.gov.cn/art/2022/4/1/art_1312725_58836971.html。

四是不断学习氢能生产、应用技术。利用海上风电和海面光伏发电制取氢气；引进示范项目，建设氢燃料电池研发、生产基地，搭建“车船站”氢能应用场景，建成日加氢能力为500公斤的撬装式加氢站，交付投运4辆氢能公交车、3辆氢能环卫车，建成氢能动力示范船。五是建成大型LNG接收站。全市目前共有4座16万立方米LNG储罐，年处理能力达到800万吨，最大储气能力可供浙江省850万户家庭连续使用超过40天。该接收站还采用多用户智慧运营系统、接收站智慧运营中心、无人值守发运管理系统和运途云系统进行管理。从总体上看，舟山市新能源发展起步时间较晚，当前以技术引进为主。虽然舟山在潮汐能开发领域在全国具有较大优势，但在风、光、气的装备制造领域，技术创新成果较少，实力较弱。

2. 海工装备制造更新换代

舟山市在海工装备制造领域经过多年的发展，实现了从简易到高端的跨越，不断更新换代，取得了显著的技术突破和创新成果。2018年交付的“启帆9号”是国内首制5000吨级新型海缆施工船，抗风能力提升至10级，载缆量达5000吨配备，220千伏电压等级海缆施工长度提升1倍至60公里。2023年成功下水的全国最大海缆施工船“启帆19号”，排水量达2.4万吨，其载缆量达1万吨，使用自研的拖曳式水喷埋设犁深远海海缆敷设技术，并具备海缆检修作业能力。在海缆装备上，舟山自主研发的占比不断提高，建造了代表中国先进技术的海缆施工船、海缆检修船、海缆检测装置，打造了首个国家海洋输电核心技术品牌“国蛟一号”，完成国内首个陆缆穿海工程，为世界输电贡献了中国智慧。在大型钢生产方面，舟山企业攻克全球海上桥梁领域技术难题，实现116米长度的螺旋复合钢管桩一次焊接成型；生产基地如中铁宝桥（舟山）基地配备各类智能化专业制造设备400余台/套，自主研发集精细化管控、标准化生产、智能化应用于一体的钢桥梁加工制造平台，年产钢结构可达20余万吨。与清洁能源装备制造相似，舟山海工装备制造更多的是以引进项目、设计外包为主，企业的创新能力不足、科研机构的科研成果还在孵化中。

（五）绿色石化和新材料技术

为贯彻国家重大战略决策部署、推动“双碳”目标的实现，舟山市大力发展“绿色”石化，以科技赋能石化行业，减少二氧化碳的排放量。2015年，舟山绿色石化基地开始设计规划，至今已形成每年4000万吨炼油、1180万吨芳烃、420万吨乙烯的生产能力，单体规模跃居全国首位。为减少石化工业对环境造成的影响，舟山石化基地不断提高生产工艺效率、减少污染排放。目前，舟山基地已在技术水平、装备水平、产业规模、主要污染物排放绩效等4个方面达到世界一流水平，先进产能比例与碳排放绩效均达到国内一流水平。同时，基地在炼油装置能效、PX装置能效、乙烯装置能效、乙烯装置水效、“减油增化”程度等5个方面领跑全国，在炼油加热炉超低排放、大规模CCU、全密闭延迟焦化、构建循环低碳产业链、消除全厂性大检修非正常工况、生产用水100%利用非常规水源、环境质量背景值跟踪监测等7个方面走在前列。此外，舟山还引进清华大学科研团队共建绿色石化技术创新中心，着力推动绿色石化研发，从全产业链的各个环节“减污降碳”。依托石化基地，舟山引进新材料企业，并在新材料制造方面取得了具有代表性的科技成果。如企业自主研发异辛酸装置，不仅达到了国际先进技术水平，还突破了国外企业垄断多年的行业技术壁垒；自主研发、建设的国内第一套具有完全自主知识产权的丙烷脱氢催化剂生产装置，拥有20多项国内外专利，可满足国内全部丙烷脱氢装置的催化剂需求；生产的防热涂料成功应用于我国新一代大推力运载火箭“长征六号甲”，实现了航天新材料领域应用新突破；增强纤维环氧复合涂层钢管技术水平国际领先，在国家重点工程苏嘉甬高铁杭州湾跨海铁路大桥建设中实现大规模应用[①②]。

---

① 潮新闻：《世界领先的“绿色”石化基地是怎样炼成的?》，2023年4月20日，https://new.qq.com/rain/a/20230420A061UR00。

② 舟山发布：《舟山新观察丨舟山这一产业，正蓬勃发展!》，2024年5月14日，https://www.thepaper.cn/newsDetail_forward_27373517。

三　舟山海洋科技创新生态系统存在的问题与挑战

创新生态系统是指一个具备完善合作创新支持体系的群落，借助了生态学中生态系统概念。2015 版《美国国家创新战略》认为，应从公共部门（public）、私营企业（private）、创新民众（people）和创新土壤（place）即“4P”出发构建和维护国家创新生态系统[①]。也可把国家创新生态系统简化为创新主体、创新支持机构及创新环境三大要素，其中，创新主体包括企业、高校、科研院所及创新民众等，创新支持机构包括政府、金融机构、创业投资机构、行业协会及中介机构等，创新环境一般包括政策环境、市场环境、制度环境、文化环境等[②]。

随着科技创新对于经济发展的重要性不断增强，创新活动也从线性模式发展到非线性模式，从“科研+需求”双螺旋的企业封闭式创新范式、“科研+需求+竞争”三螺旋的开放式创新范式发展到“科研+需求+竞争+共生”四螺旋的开放共生式创新范式[③④]。多年来，舟山的科技创新水平已有一定的发展，目前已形成了以企业为主体、高校和科研院所为重要载体、政府为引导和保障、重视社会效益的创新生态系统基本形态。但是，舟山的创新生态系统还存在创新主体的创新实力不强，创新主体间认知互动、信息交换、知识流动、资源互补的共生竞合，动态演化机制尚不成熟，创新环境还未能有效促进创新生态系统内部要素物质流、信息流、能量流的交换等问题。

---

① A Strategy For American, *National Ecoonomic Council and Office of Science and Technology Policy*, October 2015, pp. 59-61.

② 倪君：《国家实验室创新生态系统：理论、经验与启示》，《中国科技论坛》2024 年第 6 期，第 11~21 页。

③ 蒋德嵩：《拥抱创新 3.0 时代》，《哈佛商业评论》2013 年 1 月 5 日。

④ 李万、常静、王敏杰等：《创新 3.0 与创新生态系统》，《科学学研究》2014 年第 12 期，第 1761~1770 页。

（一）海洋科技创新主体实力有待加强

1. 知识储备不足，创新能力不强

知识的学习和交流是协同创新的重要途径。当今社会，科技创新所需要的知识具有综合性、复杂性等特点，主体进行创新一方面要有丰厚的知识储备，要能够向外界获取必要的知识，另一方面需要具备知识加工、知识创造的能力。作为知识生产的一大主体，高校和科研机构为舟山海洋科技创新提供了基础支撑。当前，各大涉海高校科研院所、多个创新平台齐聚舟山，特别是2022年东海实验室成立后，舟山市“一室多院”的创新平台空间格局初步形成，为舟山创造了良好的科研环境，舟山海洋科技知识创造的能力得到加强。并且舟山重视“产学研”的结合，以产业为切入口，推动校企合作，科技创新具有较强的实用导向性。然而，由于舟山科技创新平台搭建时间较短，科技资源集聚效应有限，科研机构的科技实力还不强，引进的大院名校还不能很好地进行知识创造，原始创新成果还未出现。同时，尽管浙江大学海洋学院、浙江海洋大学等高校科研单位根据产业发展需要积极开展科研攻关，但一方面由于知识积累不足，相当比例的项目还未取得实质性进展；另一方面，研制的新装备、新技术并未很好地在产业中应用，知识创造的转化率还不高，海洋科学研究能力还不强，尚未形成海洋科技创新的策源优势。

作为技术创新的另一大主体，舟山本土企业早期相对忽视科技创新，市域范围内科研机构资源少，科技基础较为薄弱。作为舟山的传统支柱性产业，海洋渔业和船舶修造业在过去主要面向中低端制造和服务，自主创新少，科技知识储备也较少，创新能力不足。近年来，这些产业内的许多企业开展技术模仿跟踪，并主动进行科技创新，用科技手段优化生产、制造、服务过程，传统产业的科技含量有所提升；但是，舟山企业在关键核心装置的设计制造上还缺少相应的知识储备，技术攻关能力还是略显不足，科研成果的产出量也较少，产业整体仍处于技术链的中下游水平。与之相比，新引进的绿色石化、新材料等新兴企业，在进入舟山之前便在其领域内占据一席之

地，具备一定的科技创新基础；乘着舟山大力推动科技创新、产业发展的“春风”，这类企业展现出了较强的创新活力，科技成果近年来在全市占比五成左右，并在多项技术指标上达到了世界一流水平，其产出收入占其销售收入总额在浙江省居首位，对舟山科技创新起到了带头示范作用。但与先进水平相比，对于石化产业技术链条上的“痛点”“堵点”，舟山企业当前还缺少推动技术突破性变革的能力。2022 年，舟山市科技创新指数、科技产出指数均位于浙江省中下游。

2. 资金投入不足，高端人才匮乏

科技创新资源的总量和质量决定了科技创新的规模和高度。科技创新需要投入大量的人力、物力、财力，这既需要企业的投入，也需要政府、金融机构、科技中介机构等提供重要支撑，为科研创新提供资金保障。2020～2023 年，舟山市规模以上工业研发费用增速高居浙江省首位，但从总量上看，舟山规上工业研发费用四年平均 67.89 亿元，列浙江省 11 市第 10 名，与邻近的宁波（529.73 亿元）、绍兴（276.09 亿元）、台州（189.76 亿元）仍有较大差距，企业科研经费投入较为不足。政府投入方面，2020～2022 年，舟山市本级财政科技拨款占本级财政经常性支出的比重平均为 3.89%、4.20%、4.38%，四个区在浙江全省 90 个县（市、区）的平均排名三年分别为 68、66、67，属全省中下游①。并且，舟山政府提供的税收优惠政策在浙江极度缺乏竞争力，全社会科研经费投入不足在一定程度上限制了科技进步水平。

人才是第一资源。海洋科技人才的数量和质量与海洋科技发展的速度和质量有着密切联系。一方面，依托浙江大学海洋学院、浙江海洋大学、东海实验室等高校科研院所，以及城市产业的转型升级吸引科技人才，舟山市的海洋科技人才汇聚速度不断加快。但从总量上看，舟山市的海洋科技人才总量与海洋强市仍有一定差距。在浙江省内，舟山市全社会 R&D 人数和每万名就业人员中 R&D 人数均居浙江省下游。另一方面，“高精尖”海洋创新

① 浙江省统计局：《2022 年度浙江省县（市、区）科技进步统计监测报告》，2023 年 10 月。

人才、海洋科技创业领军人才、海洋科技创新团队数量与其他先进城市相比较少，国外专家团队引进慢，人才质量有待提高。

（二）海洋科技创新发展环境有待优化

1. 科技体制机制建设尚不完善

一是政府尚未完全从科研管理型政府向创新服务型政府转变。连续三个五年规划时期，舟山市委、市政府都高度重视科技创新工作，大力引进科研机构、高新产业、建设创新平台，在舟山海洋科技发展中起到重要引领作用。但是，政府对发挥市场的决定性作用、激发市场主体创新活力的政策力度还不足，企业、高校、科研机构的科技创新更多的是跟着政策走，科技资源向政府引导的方向聚集，这有可能导致资源错配。二是科技成果应用转化机制不畅。目前舟山成果转化机制尚不成熟，科技项目的落地、科研成果价值实现机制等还不完善，科技成果与市场对接的信息渠道不畅通，存在科研成果商品化与产业化难、知识产权保护的法律法规不健全等问题。三是科技创新合作的机制不健全。在产学研的协调合作方面，跨区域、跨学科的联合创新体系、人才交流体系还未建立，创新资源未能有效整合，科研联合攻关和协同创新力度有待提高。此外，舟山在科技金融政策、科技企业培育制度、人才引育制度等方面还存在不足。

2. 市场环境对先进创新主体缺乏足够吸引力

一是市场决定创新资源的配置功能发挥不充分，创新资源配置不均。当前各行业的创新投入呈现较大差异，较多的创新资源都投向了绿色石化行业。以规上工业研发费用投入为例，2022 年，舟山石油加工业占比 78%，船舶修理、制造、农副产品加工业三个行业之和仅占 12. 6%[①]。二是产业竞争不充分。受到地理位置、产业基础等多因素的影响，舟山本地科技市场较小，当前舟山的科技项目投资、合作以政府引导为主，出现个别企业占据绝

---

① 舟山市统计局：《2022 年我市规上工业研发费用同比增长 49. 4%》，2023 年 2 月 1 日，http：//zstj. zhoushan. gov. cn/art/2023/2/1/art_ 1229339436_ 3767174. html。

对竞争优势地位；同时，政府对中小企业创新的扶持力度不够，小企业创新创业的积极性不足，区域内创新知识的交流、共进效果受限。三是科技服务行业不发达。舟山市域范围内，创新服务机构仅有330家，为浙江省最少。其科技金融、科技咨询以及科技检测等科技配套服务发展速度较慢，难以支撑科技创新型企业的发展。四是科研资金、知识、人才、信息等要素的传递、交换不够充分。舟山市行业内部、行业间尚未形成良好的创新交流平台，舟山市与市外、国外的企业、科研机构开展的科技合作项目相对较少、成果较少，先进的知识技术不能很好地在行业交流、学习，科技创新的效率还不高。

3. 社会创新文化氛围不够浓厚

在科技教育投入上，舟山市经费投入较少，缺乏有效的科普教育和公共宣传，使得公众对科技创新的重要性认识不足，参与度低；城市科技基础设施配备不齐全，学生学习科技知识的渠道较为单一，不利于激发学生的创造力和探索精神。在对创新的认识和实践上，舟山还未打造出具有舟山特色的创新精神、创新文化，部分企业创新意识不强。一些企业管理者思想不够开放，对科学技术手段持保守态度；也有相当一部分企业以跟踪模仿技术为主，缺少原始性创新。在创新交流中，企业、高校、科研机构的经验交流、成果分享活动形式还不够丰富，不利于理论的交流、思维的碰撞、灵感的激发。

四 对策建议

一是完善海洋科技创新生态系统，发展海洋产业新质生产力。实施“科技兴海”战略，加强海洋科技创新平台建设，集聚海洋科教人才，加大对深海战略性资源勘探开发、生态环境监测与修复、海洋智能化装备、海洋大数据和人工智能等关键技术领域的研发投入力度，推动海洋创新链与产业链深度融合，通过建立海洋科技孵化基地，鼓励“海上风电+海洋牧场”等融合开发模式，为海洋科技初创企业提供资金、技术和政策支持，大力培育海洋科技领域的领军型企业、高成长企业和独角兽企业。

二是加强海洋科技创新网络建设，提升创新生态系统的韧性。创新生态系统重视发挥创新网络作用，创新网络的韧性主要体现为创新要素的韧性及其结合力。创新主体、创新支持机构及创新环境等要素相当于“网络”的“线”，没有结实的线，网络的韧性也难以有质的提升。各条“线”之间通过合作、协同、协作、融合、联动及一体化等多种模式进行链接，结合力的强弱在很大程度上决定了创新网络的强度。“利益共享、风险共担”是各创新主体及创新支持机构相互结合的内在逻辑，利益共享主要是指科研成果转化的收益分配问题，风险共担主要是指风险投资等创新风险分担机制。

三是探索科技金融的应用场景及路径，完善科技创新的金融支持机制。科技金融生态能够促进区域之间人才、信息、技术和知识的溢出，促进科技金融资源与产业相匹配，推动地区之间产业协同集聚。对于科技金融来说，资本市场特别是风险投资（VC）和私募股权投资（PE）尤为重要，需要在遵循风险投资原则的基础上，进行积极引导。在宏观经济下行风险增大的环境下，风险投资机构通常会变得越发谨慎，导致风险投资行业退坡明显，被投企业数量大幅减少，进一步加速了风险投资市场的萎缩。在此背景下，需要发挥政府引导基金的“领投”作用，以利于对其他风险投资机构形成一定的“背书”作用，并提供政策上的“兜底”保障。

四是鼓励民众的创新创业活动，充分调动中小企业科技创新的动力。大企业和小企业在技术创新能力方面存在差异，小企业落入贫困型低技术陷阱的风险高，大企业则更容易产生创新惯性。当技术因各种原因获得了市场优势和领导地位时，即使出现新技术，市场仍会继续偏好旧的但仍然是知名的技术。中小企业由于在市场已有技术领域处于弱势地位，更倾向于研发及应用新技术，技术经济领域的研究普遍认为，约70%的技术创新来自中小企业。但中小企业往往处于初创时期或成长期，具有“轻资产”“规模小”等特征，发展前景面临更多的不确定性，金融资本在支持这类企业方面较为谨慎。舟山政府应积极支持小微企业和初创企业，搭建技术转化平台，积极挖掘舟山的创业创新潜力，并通过开放式创新等方式鼓励更多民众参与创新活动。

五是构建海洋科教人才体系，充分保障海洋人才供给。依托沿海地区海洋产业发展特色，打造海洋特色学科、研究培训基地，鼓励当地涉海高校与企业合作创新人才培养模式，健全海洋人才培养机制，普及海洋科学和海洋通识教育，重视应用型海洋人才培养，加快产学研深度融合，为新兴海洋产业发展输送专业化人才。同时，完善并落实相应的人才政策，提升海洋人才平台能级，加快集聚海洋领域人才，构建海洋人才活力生态。

Z.10
高水平打造舟山特色数字海洋产业集群研究*

何　军**

摘　要：　近年来，舟山市加快推进数字经济创新提质，数字海洋产业提速攀升，数字化转型稳步推进，数字科创能力有效提升，发展环境不断优化。针对数字海洋产业规模偏小、海洋大数据生产力尚未有效释放、创新体系支撑能力薄弱、数字化转型动力不足等问题，舟山市应充分发挥资源禀赋和开放优势，抢抓机遇，找准突破口，努力打造数字海洋产业高地。重点要做大做强数字海洋核心引擎，建精建优数字海洋产业发展高地，用好用足数字海洋丰富应用场景，聚焦聚力突破数字国际航运金融和分类分步推进企业数字化转型。

关键词：　数字海洋　产业集群　舟山

习近平总书记高度重视海洋事业发展，作出了建设海洋强国的重大战略决策，阐述了“21 世纪海上丝绸之路”、陆海统筹等一系列重要思想。数字海洋产业就是围绕国家战略和海洋产业发展，使用智能化信息技术以及海洋装备前沿科技，开展重大技术攻关，培育壮大特色优势产业。早在 2000 年和 2003 年，习近平同志在地方工作期间就提出了建设“数字福建”“数字浙江”的发展思路，这都包含了数字海洋的内容。战略性新兴产业和数字

* 本文使用数据由舟山市数字经济创新提质“一号发展工程”工作专班提供。

** 何军，中共舟山市委办公室副主任、舟山市社科联副主席，主要研究方向为区域经济和规划政策。

经济是引领未来发展的新赛道，要深化国家数字经济创新发展试验区建设，打造一批具有国际竞争力的战略性新兴产业集群和数字产业集群。从全球范围来看，国际上高度重视海洋科学发展和全球海洋治理，为进一步加强海洋研究和技术创新，推动海洋科学领域的国际合作，联合国教科文组织于2017年第72届联大通过决议，宣布2021~2030年为“海洋可持续发展十年”（以下简称“海洋十年”），并于2020年第75届联大审议通过了“海洋十年”实施方案，其中重点内容就是要推进海洋感知系统建设。从国家层面来看，我国围绕打造数字海洋产业，提出“三网四化”规划，“三网”指海洋信息网、海洋物联网和海洋能源网，“四化”指海洋渔业现代化、海洋工业现代化、海洋服务业现代化和海洋治理现代化。在数字海洋发展过程中，各地抢抓机遇，加快推进。比如，福建提出智慧海洋“1234”工程，就是搭建“一个中心”，即智慧海洋大数据中心；建设“两张网”，即海上通信网和台湾海峡感知网；搭建“三个平台”，即生产、服务、监管平台，聚焦四项重点任务，即企业培育、装备产业园、大数据产业园、全国性大会平台。对舟山而言，做好“数字海洋”这篇文章，就是要围绕立足舟山资源禀赋构建数字海洋产业体系，更好发挥科创平台对现代海洋产业的引领作用，攻坚更多海洋领域关键核心技术等重点课题，深谋实干、攻坚破题，争取在数字海洋基础设施、核心产业、数据应用、技术创新等方面取得突破性进展。

一　舟山数字海洋产业发展成效和特色经验

近年来，舟山市深入贯彻党中央、国务院和浙江省委、省政府关于加快发展数字经济的决策部署，全力促进现代海洋产业高质量发展，数字海洋产业发展呈现提速增效的良好态势。

（一）数字海洋核心产业快速壮大

2023年，舟山数字经济核心产业增加值增长11.6%，连续五年增速超过10%。项目投资增速153.8%，居全省第1位。规上数字经济核心制造业增加值增速17.4%，居全省第3位。规上数字经济核心产业营收总额91.8亿元，增速达35.5%，高于全省平均增速27.4个百分点，列全省第2位。初步形成了以石化新材料、船舶电子、海洋电子元器件等为特色的数字海洋产业体系。新培育润海新能源、宏发电声等核心制造业企业及数智海洋科技等软件与信息服务业企业上规，规上数字企业总数达到64家。第五批国家专精特新“小巨人”名单中，浙江中裕通信、浙江优众新材料等2家舟山数字企业成功入围。

（二）海洋经济数字化转型稳步推进

2023年，舟山规上工业企业数字化改造覆盖率达79.87%，提升15.7个百分点，增幅居全省第1位。数字技术融合赋能从政府数字化改革、城市大脑建设、消费领域数字化应用向工业制造业核心领域拓展。以“产业大脑+未来工厂”模式推进制造业数字化转型，船舶行业产业大脑和化塑行业产业大脑被列入省级细分行业产业大脑。正山智能入选国家级智能制造示范工厂、省级未来工厂，润海新能源入选省级智能工厂，宏发电声入选省级未来工厂试点，浙石化智造工业互联网平台成功入选省级工业互联网平台。定海金塘东岙山建筑用石料（凝灰岩）矿项目成为全省首个通过数字化矿山验收项目，舟山江海联运平台作为典型案例被纳入《航运贸易数字化与“一带一路”合作创新白皮书》，并在“一带一路”国际合作高峰论坛数字经济高级别论坛发布，普陀湾现代海洋数字贸易服务业创新发展区入选第三批浙江省现代服务业创新发展区。

（三）关键技术和重点项目加快突破

2023年，舟山规模以上工业企业研发费用增长30.9%，增速列全省第1位，数字经济核心制造业研发费用支出占营收比重达5.4%，居全省第3位。全年新实施15项数字领域科技攻关项目，成立3家省重点企业研究院、10余家省级高新技术研发中心，形成了低轨卫星宽带通信芯片、复杂海况海底电缆智能施工运检、智能鱿鱼切片机等5项重要科研成果。东海实验室入选省“千项万亿”重大工程科技强基项目库，组织实施6项省“尖兵领雁”重点研发计划项目、8项数字领域科技攻关项目，已形成4项重要科技成果。积极培育科技企业及研发机构，新认定数字经济领域科技型中小企业20家。布局未来产业，成功引进北京微芯院项目，合作共建国家区块链技术（海洋经济）创新中心和舟山市东海微芯海洋数字科学研究院，打造高能级核心科创平台。

（四）数字消费和平台建设不断提升

2023年，舟山实现网络零售总额155.5亿元，增长27%，增速列全省第2位。发布《舟山市数字新生活行动计划》，数字生活新服务平台“云商舟山”全年实现线上销售总额2.76亿元，大舟网络科技入选全省数字广告业100强。建立全市电商直播式“共富工坊”培育信息库，4家电商直播式“共富工坊”获省级专项激励。“双11”期间，各类电商平台卖出产品超1400万件，实现网络零售额5.4亿元，增长11.34%。2023年，舟山新录入浙江公平在线网络经营主体9600家，跨境电商产业园招引入驻企业35家，其中年度出口额超1000万美元企业5家，5家企业自建（租赁）海外仓总面积约2万平方米。加强标准体系建设，制定出台《数字展会管理与服务规范》《舟山市互联网销售危险化学品专项治理行动实施方案》等规章，召开现场推进会，对4家微信电商平台开展合规指导，风险线索闭环及时处置率保持100%。

（五）基础设施和产权保护日趋完善

2023年，舟山累计建设5G基站5205个，每万人拥有5G基站数43个，处于全省领先水平。进一步升级改造骨干网，推进城域网扩容和升级，部署10GPON网络，提高端到端业务承载能力。拓展5G网络覆盖范围，分阶段分场景推进5G网络建设，实现行政村以上地区5G网络覆盖。完善一体化智能化公共数据平台，形成跨区域跨层级跨部门数据共享和开放能力。智慧海洋大数据中心项目已初步完成海洋数据资源体系建设，并接入自然资源部系统涉海数据、社会化的企事业研究单位涉海数据以及网络公开采集的涉海数据。成立全国首个数据产业知识产权联盟，建立海洋大数据知识产权协同保护机制，发布首批数据知识产权共享清单，同博科技、中船海洋、英特讯获省首批数据知识产权登记证书，7412 工厂、同博科技和海莱云智入选第二批省级 DCMM（数据管理能力成熟度认证）试点名单。舟山代表浙江在全国数据知识产权制度改革现场会上作交流发言，承办全省数据知识产权制度改革现场推进会。

（六）政策环境和人才支撑持续向好

出台《舟山市人民政府关于推动工业经济高质量发展的实施意见》《舟山市科技惠企政策》《加快打造新时代海洋特色人才港意见》等产业专项扶持政策。加大财政科技投入，截至 2023 年 12 月底，全市支持数字技术领域资金达 3575 万元，带动研发投入超 1 亿元，引育智慧海洋、远洋渔业、生命健康等领域聘任产业工程师 153 人、高层次科技人才 117 人，遴选“舟创未来”海纳计划人才 98 名。举办省“十链百场万企”系列活动之“数字海洋”产业链合作大会、甬舟海洋电子信息产业交流合作对接活动。“打造海上养殖未来牧场应用、数字赋能贻贝全产业提质升级”“深耕绿色石化数字化转型赛道、数字赋能海洋经济高质量发展”等 6 个案例入选 2023 年浙江省数字经济创新提质“一号发展工程”优秀案例名单。《人民日报》报道了北斗卫星产业在舟山市普陀区、嵊泗县海洋渔业方面的应用及发展，《光明日报》刊登了国家区块链技术（海洋经济）创新中心在舟山启动建设消息。

二　舟山数字海洋产业发展的弱项与短板

尽管舟山数字海洋产业发展有了一定基础，但与发达地区相比，还存在一些明显不足。数字经济创新提质实质性突破和标志性创新应用还不多，产业规模偏小、数字化转型缓慢、数据支撑能力不强、创新能力偏弱等问题制约了数字海洋产业的高质量发展。

（一）数字海洋产业规模依然偏小

2023年，舟山数字经济核心产业增加值仅33.8亿元，占GDP的1.6%。规上数字企业仅60家，不到全省的1%。产业结构影响研发投入结构，石化新材料产业的研发投入占了企业全部投入的近八成，其他行业研发投入增量相对偏少。

（二）数据生产力尚未充分释放

各科研机构、高校及企业大多各自采集数据，数据分散且汇集存储难度大。加上舟山船舶、港口、航运、水产、海洋电子等产业都属于离散型企业，缺乏产业链协作关系，不愿共享各自核心数据，“数据孤岛”现象普遍存在。

（三）数字创新支撑能力仍旧薄弱

在舟高校、企业等科研机构在数字海洋创新上起步晚，“高精尖”人才和基础实用型人才存量少，人才引进难、留住难、作用发挥难的问题长期存在。制度创新不够有效有力，财政金融支持政策对新创企业的吸引力不足。电动船舶、无人艇等创新应用受海事等政策限制，影响融合创新领先优势和产业化机会。

（四）企业数字化转型动力不足

部分企业对数字化转型认识不高，传统路径依赖思想严重，主动进行数字化建设的企业不多。部分企业家对企业自身发展目标定位比较模糊，认为数字化投入成本较高、见效慢，且影响稳定经营，未能从战略层面谋划数字化转型。一些尚未走出经营困境的小微企业感到投入压力很大。许多企业既缺少高级开发人才，又缺少设备操作和维护运行人员，且员工普遍年龄老化。

三　打造数字海洋产业高地的目标方向与重点举措

舟山作为首个以海洋经济为特色的国家级新区，必须把科技创新能力摆到更加突出的位置，把“数字海洋”作为一项战略性、系统性、长期性工程抓紧抓实，用好用足各类科创平台，大力发展新质生产力，加快构建体现舟山特色和优势的数字海洋产业体系。要在谋深谋实上发力。紧跟海洋科技发展潮流，坚持以国家战略需求为导向，以智能化、网络化、立体化为方向，围绕海工装备、海洋信息、海洋新材料、海洋生物医药等海洋新兴产业，建设清洁能源绿色转换枢纽、创新低碳融合新业态、探索“蓝色能源+”多元化发展模式等方面，系统规划实现路径，及早部署具体任务，积极主动为构建数字海洋产业体系提供前瞻性、战略性、全局性的意见建议。要在借智借势上着力。锚定数字海洋新基建战略产业集群目标，体系化谋划共建数字海洋产业技术创新中心，以平台建设、技术突破、高端装备制造持续为数字海洋赋能加码。积极引进投入主体多元化、管理制度现代化、运行机制市场化、用人机制灵活化的创新研究院、工程实验室等科创平台，促进成果产业化和带动产业集群化发展。要在集智集识上合力。加强基础研究，注重原始创新，凝聚各方合力，推动改革攻坚，力争在海洋领域核心技术与关键共性技术“卡脖子”问题上实现重大突破。一方面，要加强改革破难，不动体制动机制，加快推动创新链、产业链、人才链组合创新，不断扩大数字海洋“生态圈”和“朋友圈”，进一步放大数字经济的乘数效应。另一方面，要健全以企业为主体的科技创新体系，强化政策引导、创新支撑、要素保障，支持更多龙头企业和传统产业参与全链条创新转化，推动产学研用一体化，培育壮大特色优势产业，形成全域全员参与的数字海洋发展合力。

（一）发展目标

到2027年，舟山数字海洋产业综合实力、创新力、竞争力显著增强，以海洋数字经济为核心的现代化产业体系取得重大提升，规上数字经济核心产业营收突破200亿元，数字经济增加值达到1500亿元。通过重点建设海洋电子信息产业特色鲜明的“海洋数字产业发展高地”、海洋科创要素突出的“海洋数字技术创新中心”、海洋经济与数字经济融合场景全面的“海洋数字融合应用母港”、海洋信息资源集中的“海洋数字基础设施枢纽”，着力打造“数字海洋”核心品牌，推动形成数字经济赋能引领海洋经济高质量发展的新格局。

（二）重点方向

要把打造固化“数字海洋”概念、构建完善“数字海洋”架构体系、开展重点产业链研究、编制“数字海洋”产业重点项目企业图库等事项，作为今后舟山数字海洋产业发展的重点方向。

1. 打造数字海洋产业发展高地

强化优质项目的谋划和招引，推动石化产业下游主力产品在电子信息材料领域的布局，促成润海、聚泰等智能光伏、新型储能等清洁能源行业关联要素的落地，拓展宏发、富通等机电设备、电子配件类重点企业业务体量，优化“平台+专精特新”企业生态。围绕船舶海工、卫星通信、终端电器等领域链条延伸，鼓励仪器设备、电化学材料、电子元器件、海洋传感器相关研发、设计与生产加工产业发展，培育同博、中裕等一批特色企业；依托涉海管理服务及市场化业务场景的数据、平台、通信等数字化需求，输出行业典型解决方案，打造线上平台牵引技术资源与创新元素集聚，推动中船海洋、中创海洋等企业发展，做大做强海洋软件与涉海信息技术服务产业。以多样化海洋通信需求为牵引，着手空天信息相关技术的研发和成果的转化；超前谋划高端整机装备企业的引进与配套零部件链条的打造；依托滨海旅游与佛教文化资源，结合相关海岛功能定位，集聚元宇宙链条要素，推进文旅新业态发展；深化区块链在涉海行业研究与应用，在大宗商品监管、水产品溯源等场景输出典型解决方案并复制推广。

2. 创建数字海洋技术创新中心

提升自主创新研发能力，抢占关键技术制高点，谋划微芯片、区块链、北斗时空信息、深海资源探测等具有核心竞争力的新兴产业技术，全链条推进关键核心数字技术攻关，形成一批引领性的硬核成果。推进科研平台载体建设，打造以东海实验室为引领的高能级研发平台，深化国家区块链技术（海洋经济）创新中心建设，引进优势技术资源，重点聚焦海洋环境感知等领域，开展基础应用科学研究、共性关键技术攻关和技术成果产业转化。强化企业创新主体地位，聚焦海洋电子信息等产业，培育壮大一批在细分市场产品、服务、技术方面具有创新优势的科技型企业。

3. 形成海洋数实融合应用母港

赋能船舶、水产、石化等行业高质量发展，培育一批数字化改造试点示范企业、制造业“云上企业”、智能工厂（数字化车间）、未来工厂。大力培育工业互联网平台，实现百亿规模以上产业集群工业互联网平台全覆盖。体系化完善船舶修造行业产业大脑、化塑行业产业大脑等建设和应用，提升重点领域工业互联网平台能级。支持直播电商、内容电商、社群电商等各类电子商务新业态健康规范发展；营造数字消费氛围，开展网上年货节、双品网购节等数字节庆活动，结合特色产业和区域优势，打造“线上东海开渔节”品牌活动，打造一批电商直播式“共富工坊”，孵化一批新电商人才，推进农村电商提质增效。加快建设数字自贸区，迭代数字港航、数字口岸等场景应用，提升舟山跨境电商综试区“一园一区”，发展共享经济、在线经济、平台经济等新业态新模式，提升服务业全链条数字化高端化水平。推进冷链管理、国际海事服务在线等平台建设，推进产业链供应链融通发展，创新发展供应链金融、智慧物流等跨界融合新业态。加快构建远洋渔业大脑，搭建远洋水产品全流通行业综合服务体，推动远洋渔业全链发展。支持舟山国际水产城数字化转型建设“智慧水产市场”。

4. 构筑数字海洋基础设施枢纽

体系推进数字基础设施建设。构筑空、天、地、海一体的信息传输网络，加快打造“双千兆”宽带城市，加速海岛5G基站及海底通信设施建设，创建卫星（北斗）应用中心；在完善省智慧海洋大数据中心建设的基础上，谋划部署绿色高效算力设施；完善城市大脑建设，建设市域物联感知网和统一物联感知平台，推动城市服务终端向多功能融合终端发展。有序促进数据要素价值释放。深化涉海公共数据安全有序开放，依托“平台+大脑”建设，试点政府、经济、社会、文化、法治等领域的数据开放应用。加快隐私计算、区块链等技术在公共数据和产业数据融合开发中的应用。探索区域性数据要素市场化配置试点，推动海洋数据资源要素化、产品化、服务化。培育海洋数据要素市场主体、服务机构，建立合规高效的海洋数据要素流通和交易制度，创新技术实现路径和商业模式。

（三）主要举措

要围绕建设海洋大数据中心这一重点平台、高质量发展数字海洋产业和海洋新质生产力这一核心要务、开发舟山丰富数字海洋这一应用场景、突破数字国际航运和数字航运金融这一前沿领域、培育更多具有现代数字思维方式和行动能力这一经营主体，全力打造舟山数字海洋产业高地。

1. 做大做强数字海洋核心引擎

浙江省智慧海洋大数据中心（以下简称海洋大数据中心）是全国首个且唯一一个省级海洋大数据中心，汇集了自然资源部东海方向所有海洋数据资源。平台已接入涉海结构化数据 4 亿多条、非结构化数据 3000GB，数据目录和接口分别超过 300 个。受机构调整、人员力量等因素影响，归集数据尚未进行深度挖掘和处理利用。海洋大数据中心是舟山建设数字海洋的独特优势，要借助体制调整契机，统筹省市资源，加大人员力量配置和财力支持，加速推进海洋大数据中心建设，努力把数据平台建设成为研发平台、产业平台，充分发挥其在舟山市数字海洋建设中的引领作用。充分利用海洋大数据中心数据优势和先发优势，争取列入国家级数据标志基地试点，把中心建设成为国家海洋大数据中心重要节点。争取省海洋（湾区）经济发展专项资金支持，适度超前布局算力基础建设，加速大数据中心向智算中心转型，建设数字海洋引领性标杆工程。加强海洋数据的标准化建设，实现海洋数据的完整性、有效性、一致性、规范性、开放性管理，提升舟山海洋数据的话语权和影响力。在持续汇聚和整合东海区新增实时动态数据的同时，要将归集范围拓展至全国乃至全球海洋数据，汇聚国家海洋科学数据中心、中国科学院海洋科学大数据、Argo 等平台数据，为搭建海洋大数据共享应用云平台提供高丰富度的数据基底。组建由国家级人才领衔、多方专家技术人员参与的海洋大数据及相关领域研发创新团队及平台，加快研发高质量的数据产品和产业化应用。面对日新月异的生成式 AI 技术发展，要依托海洋大数据优势，尽早切入海洋大模型研究开发赛道。在海洋大数据脱敏的基础上，通过研发互联网版门户系统等方式，向社会公众和国际用户提供海洋数据共享服务，提高舟山知名度。

2. 建精建优数字海洋产业发展高地

按照产业链图谱绘制产业招商图谱，针对数字海洋产业链薄弱环节，动态修编数字产业重点招商项目目录和重点招引企业目录库。瞄准领军型、平台型、创新型企业“国家队”，抢抓内陆地区海洋科创企业业务转向沿海的机会，实施“靶向”招商。利用舟山群岛新区担负的多重国家战略，积极向上争取国家重大数字化项目，吸引互联网大厂、电子信息制造业巨头、高水平数字化服务企业参与项目建设，来舟设立企业总部、研发中心，形成“龙头”“链主”引领产业集聚的良好态势。针对“专精特新”“小巨人”“隐形冠军”等特色企业，分档设定增长目标，对达标企业给予相应奖励。加大对初创企业的金融支持力度，适度降低支持门槛，扩大创新券使用范围。鼓励保险机构积极推出支持数字化转型的科技保险产品，对符合条件的保险公司、融资担保公司，政府可按一定标准进行风险补偿。允许企业引进异地人才入驻“飞地”，并享受相关补助。开展数字化政策效能评估，推动国家、省市各项优惠政策直达企业，助力优质企业快速成长。引导领军企业与高等院校、科研机构成立联合实验室、离岸实验室，通过建立“科学家+工程专家+研发团队”组织模式，开展项目研发和人才培养。支持和鼓励在舟高校、东海实验室、微芯院等机构和企业积极申报争取数字海洋领域国家级、省级科研项目，突破一批重大科学难题和前沿科技瓶颈。建立创新技术清单，动态跟踪、精准掌握全市技术创新进展情况。为科创机构、专家团队、领军人才选派“联络员”，贴身协调解决难题，帮助创新成果加快转化应用。

3. 用好用足数字海洋丰富应用场景

舟山拥有丰富的海洋产业、广阔的海域和多样的水文形态，在数字技术的应用上存在无限的场景。要围绕核心领域创新应用场景，研究产业链、产业平台建设发展以及海洋安全、海底管廊、海洋生态环境监测治理、海洋特别保护区管理等关键需求，依托数据和数字技术形成解决方案，驱动现实场景和未来场景的构建。突破不同产业、行业、组织边界，构筑应用场景协同创新体系，统筹一二三产数字化融合发展，产业数字化和数字产业化耦合推进，催生新模式、新业态、新场景，满足不同领域新需求。借鉴舟山市成功举办国际油商大会、国际海岛旅游大会的经验，举办高端创新论坛和创新技术项目大赛，吸引全球海洋数字科技产品和创新应用“首发首秀首展”在舟山落地，打响舟山“数字海洋”品牌。积极寻求与国际科技组织联盟（ANSO）、国外民间科技组织等建立联系，促进技术多向转移和科研项目跨境合作。鼓励支持全市高校、领军人才通过技术沙龙、研讨会等形式，广泛邀请国内外海洋数字领域专家、合作伙伴到舟山研讨交流，实现国内外数字海洋创新应用资源要素快速集聚。充分利用自贸区政策创新空间和建设国家海洋综合试验场的有利条件，积极争取海事等涉海部门政策支持，为电、氢等新能源船舶、无人艇、低空飞行器等创新应用在舟山先行先试松绑。建立数字海洋应用场景服务“一件事”全链闭环保障机制，全方位吸引机构、企业在舟山验证、推广、实施新项目、新装备、新技术、新应用。统筹全市各类科研资源，实现科研装置、实验设备、试验场地等设施共建共享，并统一向国内外研究机构、科研团队和企事业单位开放，为应用场景落地提供硬件条件。

4. 聚焦聚力突破数字国际航运金融

以数字航运为引领，通过航运数据跨区域交流实现航运服务功能辐射，吸引国际船级社、船东协会、船舶管理公司、班轮公司、海事仲裁等高端航运企业和服务机构在线上线下集聚，提供全方位航运和海事服务。统筹整合国际航运贸易金融数据，接入浙江国际油气交易中心、浙江海港大宗商品交易中心、浙江船舶交易市场等平台数据，整合“江海联运在线”“航运金融服务平台”、海洋大数据中心数据，实现航运贸易金融数据资源一站配置。支持金融机构和航运企业抢抓金融科技变革机遇，加快数字化转型，提升数字技术在航运金融服务层面的应用水平。大力发展数字金融结算业务，谋划建设大宗贸易结算中心、国际海运费结算中心、国际船员薪酬结算中心、国际船舶交易结算中心，提升航运保险和再保险线上服务能力，在数字领域打造国际航运金融中心。支持自贸区数据跨境流动便利，简化企业获取和利用境外网络资源及服务的流程，吸引跨国公司设立离岸数据中心、结算中心、研发中心等，为自贸试验区贸易数字化提供良好环境支持。依托江海联运服务中心和国际海事服务基地优势，推动银行等金融机构开展贸易外汇收支便利化试点。加快推进大宗商品跨境贸易人民币国际化示范区建设，研究设立自贸区数字人民币航运物流企业融资增信基金，有效支持航运物流企业发展。

5. 分类分步推进企业数字化转型

以提高企业生存能力和利润增长为转型导向，一厂一策研究确立转型方案，把重点放在帮助企业梳理发展战略、影响企业发展的关键症结上，以增强企业转型动力，提高转型成功率。推动浙石化、大型船企主导化塑行业、船舶修造产业大脑向工业互联网转型，部署工业互联网平台。大力支持远洋集团、嘉蓝电子、同博科技等骨干企业自建产品销售、数据服务等平台，为中小企业提供转型样板和经验。对于产业链尚未成型的离散企业，相关部门要积极对接所在行业巨头、各种类型平台企业，帮助企业主动接入产业链、供应链、销售链，带动中小企业转型。要增强数字化转型公共服务供给，建立完善的公共服务平台，整合各种数字化转型资源，为中小企业提供转型咨询、诊断评估、解决方案、设备改造、软件应用等转型服务，满足中小企业低成本转型需求。研究数字化转型资金一揽子保障办法，帮助企业解决资金投入问题，鼓励银行、担保公司等金融机构设立数字化转型专项金融产品，为转型企业提供定制化金融支持。要加大数字化人才培养力度，建立常态化教育培养制度，提高企业家战略思维和运用数字技术的能力，培养一批具备引领力、创新力的“数商”。推进高校、企业深度合作，紧贴企业需求开设订单、定制、定向培训班，在高校开设硕士、博士数字化转型专业学位，培养一批既懂产业又懂数字技术的复合型人才，助力产业数字化转型和高质量发展。要增加培训投入，统筹高校、企业、职业培训机构、公共实训基地等资源，针对劳动者队伍开展数字化通识和技能培训，全面提高劳动者数字化认识与能力。

Z.11
舟山海洋生态文明建设成效、问题挑战与推进策略研究

李 萌 马苒迪 季扬沁*

摘 要： 舟山，作为我国东南沿海的重要海岛城市和首个以海洋经济为主题的国家新区，其海洋生态文明建设不仅关系当地的经济社会可持续发展，更对全国范围内的生态文明构建与海洋战略实施具有举足轻重的意义。本文深入剖析了舟山海洋生态文明建设的紧迫性和战略意义，系统梳理并总结了舟山在体制机制革新、绿色发展模式探索、海洋污染防治及自然资源保护等生态文明建设关键领域的实践举措与显著成效。同时，本文也深刻揭示了舟山在海洋生态管理体制、地方性法规体系、新兴产业培育与生态经济融合发展等方面遭遇的难题与挑战。基于此，本文针对性地提出舟山进一步深化推进生态文明建设的对策建议，旨在为舟山乃至全国的海洋生态文明建设提供实践路径的创新思考与有益探索。

关键词： 海洋生态文明建设 海洋经济 舟山

海洋生态文明是人类与海洋和谐共生的关键基石，对于维护地球生态平衡、推动可持续发展具有举足轻重的意义。我国政府历来高度重视海洋生态环境保护，特别是党的十八大以来，习近平总书记对海洋生态环境保护提出

* 李萌，博士，中国社会科学院生态文明研究所研究员，主要研究方向为生态经济、环境经济、气候治理；马苒迪，中国社会科学院大学硕士研究生，主要研究方向为可持续发展经济学；季扬沁，中共舟山市委党校管理与文化教研室副主任、副教授，主要研究方向为气候问题、海洋生态文明、城市环境管理。

了诸多重要论述，他强调“要像对待生命一样关爱海洋”。在习近平生态文明思想的引领下，舟山近年来积极践行陆海统筹、河海联动的综合治理策略，不断探索绿色转型的新路径，深化海洋污染防治和生态保护修复工作，致力于打造出人与自然和谐共生的海洋生态文明新典范。本文旨在深入剖析舟山在海洋生态文明建设中的探索历程与实践成果，旨在提炼出可借鉴、可复制的发展模式，为其他海洋地区提供宝贵的经验启示，并为我国海洋生态文明建设贡献舟山样板。

一　舟山海洋生态文明建设的紧迫性及战略意义

舟山，这座镶嵌在浩瀚海洋中的海岛城市，其发展命运与海洋紧密相连。近年来，随着工业化与城市化步伐的加速，海洋生态环境正面临着前所未有的挑战与考验。鉴于舟山独特的地理位置以及发展对海洋资源的高依赖性，加强海洋生态文明建设的紧迫性与战略意义愈加凸显。

（一）舟山海洋生态文明建设的紧迫性分析

1. 海洋生态环境压力剧增

舟山是中国重要的海岛城市，舟山不仅拥有普陀中街山列岛和嵊泗马鞍列岛两个国家级海洋特别保护区，还是中华凤头燕鸥等全球濒危物种的重要繁殖与栖息地[①]。但近年来，工业废水、生活污水和农业面源污染的不断排放，使得近岸海域水质持续恶化，富营养化问题日益严重。陆源污染和海上污染的双重夹击，让舟山海域的生态系统遭受重创，产卵区、育幼区、养殖区、旅游区等关键区域的健康发展面临严峻挑战，导致海洋生物多样性急剧下滑，部分珍稀物种甚至濒临灭绝的边缘。此外，城市化进程

---

① 舟山发布：《“神话之鸟”，回来了!》，2024 年 5 月 21 日，https：//www. thepaper. cn/newsDetail_ forward_ 27453852。

的快速推进中，之前不合理的一些海岸带开发活动，如填海造地、港口和码头建设等，破坏了原有的海岸线形态，导致自然滩涂和湿地大幅减少，进一步削弱了海洋生态系统的自我恢复能力，使得海洋生态环境所承受的压力逐年攀升。

2. 海洋资源面临着枯竭的危机

作为一个海岛城市，舟山的经济发展高度依赖海洋资源。然而，长期以来，对海洋资源的过度开发和一些不合理利用，导致渔业资源严重衰退，渔捞种类低值化、低龄化、小型化，渔业产量大幅下降，部分渔民面临着生计困境。“十三五”期间，舟山渔业国内捕捞量由114.98万吨缩减至86.73万吨，即使远洋捕捞量有所提升，但捕捞总产量仍由2016年的161.50万吨减少至2020年的149.78万吨[①]，部分渔民面临着生计困境。同时，舟山除建筑用石料矿以外，其他金属、非金属和能源矿产资源贫乏，原煤、石油、天然气等大宗能源矿产全部为外源输入，且近两年岱山县衢山镇冷峙铅锌矿等矿床因多年开采，资源量已枯竭[②]，其他海洋矿产资源和能源资源的开采也面临枯竭风险，对舟山的可持续发展构成了严峻挑战。

3. 气候变化正在加剧海洋灾害

全球气候变暖导致海平面不断上升，海水温度持续升高，《2023年全球海洋环境变化研究报告》指出，海洋温度达到历史新高，表明海洋变暖已不可逆，海洋灾害频发且强度增大[③]。舟山作为海岛城市，岸线总长达2444千米，且北部地势低洼，分布稀疏，最高峰桃花岛对峙山，海拔544米，多数岛屿山峰在海拔200米以下[④]，极易受台风、风暴潮等海洋灾害的袭击。近年来，随着气候变化的加剧，海洋灾害的频率和强度均呈上升趋势，对当地人民群众的生命财产安全构成了严重威胁。

---

① 数据来源：舟山市人民政府。

② 舟山市人民政府：《舟山市矿产资源规划（2021-2025年）》，2023年3月24日。

③ 中国海洋发展研究中心编《2023全球海洋环境变化研究报告》，2024年1月11日。

④ 舟山市史志研究室编《舟山年鉴2019》，方志出版社，2020。

4. 国际社会对海洋环保的关注度提升

随着全球环保意识的觉醒与增强，国际社会对海洋生态环境的关注度不断提升。2022 年联合国海洋大会在葡萄牙里斯本举行，旨在推进 SDGs14 的实施，保护和可持续利用海洋和海洋资源以促进可持续发展[①]。2024 年，联合国教科文组织发布《2024 年海洋状况报告》，由近 30 个国家的 100 多名科学家撰写，揭示了包括海洋变暖、海平面上升、污染、酸化、缺氧、蓝碳和生物多样性丧失在内的海洋生态环境新挑战[②]。作为负责任的大国，中国积极参与全球海洋治理体系建设与完善，推动海洋生态文明建设不断向前发展。舟山作为中国海洋城市的代表，其海洋生态文明建设的成效将直接影响中国的国际形象和声誉。因此，加强海洋生态文明建设不仅是舟山自身发展的需要，更是履行国际责任与义务的必然要求。

（二）舟山海洋生态文明建设的战略意义

1. 维护国家生态安全

海洋生态系统作为地球上最为关键的生态系统之一，其健康状况直接关系全球生态平衡和人类福祉。舟山是中国重要的海岛城市，其海洋生态系统的稳定对于国家生态安全具有举足轻重的作用。通过深化海洋生态文明建设，舟山致力于保护海洋生态环境，有效遏制污染和破坏，进而确保国家生态安全的稳固基石，这不仅有助于实现海洋资源的可持续利用，更能为应对全球气候变化提供强有力的支持。

2. 推动海洋经济高质量发展

海洋经济是舟山经济的重要组成部分，同时也是未来经济发展的重要引擎。然而，传统的海洋经济发展模式往往伴随着资源过度消耗和环境污染，难以实现可持续发展。舟山通过加强海洋生态文明建设，推动海洋经济向更

---

① 联合国海洋大会：https：//www. un. org/zh/conferences/ocean2022。

② 《2024 年海洋状况报告》：https：//oceandecade. org/zh/publications/2024 - state - of - the - ocean-report/。

加绿色、低碳、循环的方向发展，可以提高海洋资源的利用效率，促进海洋产业结构的优化升级，提高海洋经济的整体竞争力。

3. 促进区域协调发展

舟山位于我国东部沿海经济带的关键节点，其海洋生态文明建设的成果产生显著的辐射效应，带动周边地区乃至全国的海洋生态文明建设。通过深化区域合作和资源共享，舟山可以与其他地区共同推动海洋生态环境保护，实现区域协调发展的美好愿景。这不仅有助于提升整个区域的生态环境质量，还能为促进区域经济的共同繁荣注入强劲动力。

4. 推动国家生态文明建设示范

2022 年，舟山在全省率先实现国家生态文明建设示范县（区）全覆盖。通过加强海洋生态文明建设，舟山探索出一条符合自身特点的海洋生态保护与经济发展相协调的道路，这不仅为当地带来实实在在的生态效益和经济效益，更将为全国其他沿海地区提供宝贵的经验和示范，为推动全国生态文明建设和美丽中国目标的实现贡献重要的力量。

5. 提升国际影响力

在全球化日益深入的今天，海洋已成为各国竞争的重要领域。加强海洋生态文明建设，提升海洋生态环境质量，是增强舟山在国际舞台上的竞争力和影响力的关键举措。通过积极参与国际海洋治理与合作，舟山可以展示其在海洋生态文明建设方面的成果和经验，为国际社会的海洋保护事业做出积极贡献。

二　舟山海洋生态文明建设的举措与成效

习近平生态文明思想的深化与发展，为舟山海洋生态文明建设提供了坚实的理论基础和政策支持。党的十八大以来，舟山紧跟国家战略步伐，以打造“蓝色海域、绿色产业、和美家园”为核心目标，依托其得天独厚的海洋资源和生态优势，在海洋生态文明建设方面采取了多项有力举措，全面推进海洋生态文明建设，并取得了显著成效。

（一）舟山推进海洋生态文明建设的具体举措

1. 加强海洋生态保护立法，严格执法并强化监管

自 2015 年成功取得地方立法权以来，舟山人大常委会始终秉持“绿水青山就是金山银山”的核心理念，将立法焦点集中在渔业资源保护与海洋生态环境保护两大关键领域。2017 年 3 月，舟山率先出台《舟山市国家级海洋特别保护区管理条例》，成为我国首部针对国家级海洋特别保护区的地方性法规，为保护区的规划、建设、保护、利用和监督管理提供了规范依据。此后数年间，舟山人民政府、舟山海洋经济发展局及相关部门陆续制定并发布了 10 余项海洋生态文明政策规划和地方性法规。表 1 梳理总结了舟山近年来出台或正在制定中的一些关键性地方性法规，这些文件涵盖了整体规划、海洋特别保护区管理、入河入海排污控制等多个方面，舟山海洋生态文明建设明确了长远发展目标和具体行动计划，构建了较为全面的政策法规保障体系，多方位提升了舟山海洋生态环境的治理能力。

表 1　舟山海洋生态文明地方性法规梳理

类别	地方性法规	重要内容
渔业资源保护相关法规	《舟山市国家级海洋特别保护区管理条例》	该条例旨在保护和恢复海洋特别保护区的生态系统及其功能，科学、合理利用海洋资源。该条例对浙江嵊泗马鞍列岛海洋特别保护区、浙江普陀中街山列岛海洋特别保护区的规划、建设、保护、利用和监督管理等活动进行了详细规定，并设立了禁渔期、禁渔区等措施，以保护生物资源及其生存环境
	《舟山市国家级海洋特别保护区海钓管理办法》	作为《舟山市国家级海洋特别保护区管理条例》的配套政策，该办法旨在规范海钓行为，保护珍贵海洋鱼类，促进海洋生物资源可持续利用
海洋生态环境保护与污染防治法规	《舟山市港口船舶污染物管理条例》	该条例是国内首部规范港口船舶污染物管理的地方性法规，解决了船舶污染物接收环节监管盲区问题，形成了港口船舶污染物排放、接收、运输、贮存、处置全过程全链条闭环管理制度
	《舟山市防治陆源污水影响海洋环境管理规定》（在制定中）	该规定以陆源污水排放单位向污水集中处理设施的排放环节为切口，加强前端管理，避免超标排放污染损害海洋环境

续表

类别	地方性法规	重要内容
城市绿化与风景名胜区保护法规	《舟山市城市绿化条例》	该条例旨在提升城市绿化水平，改善城市生态环境，为市民提供更加宜居的生活环境
	《舟山市普陀山风景名胜区条例》	该条例设置了文明敬香机制，倡导使用环保燃香，并要求在燃香点设置倡导文明和环保的宣传标识。同时，条例还规定风景区应当坚持绿色低碳循环发展，倡导绿色出行，推广使用清洁能源和环保型交通工具等制度内容。该条例设置了文明敬香机制，倡导使用环保燃香，并要求在燃香点设置倡导文明和环保的宣传标识。同时，条例还规定风景区应当坚持绿色低碳循环发展，倡导绿色出行，推广使用清洁能源和环保型交通工具等制度内容
其他正在制定或调研中的法规	《舟山海岛民宿业促进条例》（在制定中）等	该条例旨在规范海岛民宿业的发展，提升民宿服务质量，促进海岛旅游经济的可持续发展。该条例目前尚在制定中，属于需要进一步调研、论证，待条件成熟后提出的地方性法规项目。此外，随着海洋生态文明建设的深入推进和法律法规的不断完善，舟山可能还会出台更多相关的地方性海洋法规，以更好地保护和利用海洋资源，推动经济社会的可持续发展。例如，《舟山烟花爆竹经营燃放管理规定》等法规也正在制定或调研中，以进一步加强陆源污染管控和减少大气、噪声污染等

资料来源：舟山市海洋经济发展局，舟山市生态环境局。

在严格执法方面，舟山积极响应生态保护红线控制区域的要求，深入推进“大综合一体化”改革，并建立了马鞍列岛一体化执法监管机制，以雷霆之势打击涉及海洋生态环境和生态资源的违法行为。同时，舟山以提升环境治理体系和治理能力现代化为长远目标，不断探索并创新监管服务机制。其中，全面推广生态警务便是其创新举措之一，旨在通过警务工作的生态化转型，为海洋生态保护提供更加全面、高效的监管服务。

2. 稳步推进海洋生态修复工程，加大入海排污口整治力度

舟山针对人口较密集的沿海景观廊道以及受损严重的海岸线、海湾等海洋生态环境敏感区，大力开展“蓝色海湾”整治行动。通过潜堤构筑、人工补沙、港湾疏浚、海湾构筑物清理、亲水海岸生态景观等建设，完成岸线整治修复，恢复生态湿地。同时，舟山还设立了多个海洋特别保护区，如嵊

泗马鞍列岛海洋特别保护区、普陀中街山列岛海洋特别保护区等，占舟山海域总面积的11%以上。在这些保护区内，舟山持续恢复岛礁生态和渔业生物种群，开展增殖放流活动，投放人工鱼礁，为海洋生物提供适宜的生存环境[①]。针对一些受损的海岛生态系统，舟山实施了海岛生态修复工程。例如，在普陀区的海洋生态保护修复工程项目中，包括了骐骥山生态岛工程和莲花岛破堤还岛工程，旨在恢复海岛的生态环境和生物多样性[②]。

在推进海洋生态修复的同时，舟山还高度重视入海排污口的整治工作。结合“千村示范万村整治”“五水共治”“城乡环境综合整治大会战”等综合整治工作，舟山全面开展了入河入海排污口排查溯源工作。通过人工实地勘探、遥感监测、水面航测、水下探测、机器人管线排查等实用技术，舟山摸清了全市各类排污口的分布、数量、污水排放特征及去向等基本情况。在此基础上，各相关部门建立了排污口和城镇雨洪排口“一口一档”清单，并纳入了数字化管理平台。基于排查情况，舟山将排污口分为工业排污口、城镇污水处理厂排污口、农业排口、其他排口等四大类，并按照“依法取缔一批、清理合并一批、规范整治一批”的原则，精准开展分类整治工作[③]。生态环境部门统一行使排污口污染排放监督管理和行

① 嵊泗马鞍列岛海洋特别保护区实施全面封礁管理，严格保护厚壳贻贝、荔枝螺、羊栖菜和鼠尾藻等重要岛礁资源，已全面取缔如“潜捕”等对资源破坏性大的渔业作业方式（参见浙江省自然资源厅：《陆海统筹，因地制宜，浙江嵊泗以高水平保护支撑高质量发展》，2024年6月4日）。

② 为更好地推进海洋生物多样性保护，舟山市率先在全省启动了全海域海洋生物多样性调查评估，投入资金达400余万元。调查覆盖了全海域40个站位，涉及浮游植物、浮游动物、鱼卵和稚鱼、大型底栖生物及游泳动物等物种；在潮间带设立了10个断面，每个断面包含6个站位；重点岛礁鱼类的环境DNA调查设立了5个站位。此外，还对海洋珍稀濒危生物及外来入侵生物进行了现状调查。为更好地观察和保护海鸟，舟山投入2300余万元建设五峙山“智慧鸟岛”，通过建立生物多样性监测网络、渔业资源增殖放流等方式，强化海洋生物多样性保护，筑牢海洋生态保护红线（参见国家海洋环境监测中心：《舟山深入推进近岸海域污染防治和生态保护修复》，2024年7月1日）。

③ 对违反法律法规，在饮用水水源保护区、自然保护地及其他需要特殊保护区域内设置的排污口，依法采取责令拆除、责令关闭等措施予以取缔。对于城镇污水收集管网覆盖范围内的生活污水散排口、工业及其他各类园区或开发区内企业现有排污口，予以清理合并。对于集中分布、连片聚集的中小型水产养殖散排口，鼓励统一收集处理养殖尾水，并设置统一的排污口。

政执法职责，住建、城管、交通、港航和口岸、水利、农业农村、海洋与渔业等有监督管理权限的部门按职责分工协作，共同加强监督管理。此外，舟山还构建了全过程监督管理体系，实现了排污口排查整治、设置审批备案、日常监管等“一张图”管理，为入海排污口的整治工作提供了有力保障。

3. 立足自然条件和文化特色，持续创新绿色发展模式

近年来，舟山在海洋经济绿色转型模式上持续创新，全市范围内大力推进“小岛你好”共富行动和“星辰大海”计划，通过采取“一岛一品、一岛一策”的差异化发展策略，深入挖掘海岛文化魅力，全力打造智能化、生态化的海洋绿色发展新模式，为这座千岛之城注入了新的活力与生机。从偏远海岛“花鸟”的绿色发展模式，到“两廊”（东海云廊与东海百里文廊）驱动下的生态共富“定海”样本，再到净零碳目标的“新建”乡村实践以及产业绿色转型的“六横”路径，舟山的绿色发展实践呈现多元化特点。

定海区以“两廊”为纽带，不断强化生态基底，深入实施“暖岙”文化生态旅游共富工程。该工程串联起海岛山岙、古寺古迹等多元元素，有效激活了生态资源、佛教文化及乡土文化。通过建成农耕文化、非遗民俗等特色文化展馆 60 余家，并开展“书香定海”“海尚艺苑”等特色品牌文化活动 2000 余场，定海区已成功构建了一条以生态为基底，融合农业、文化、旅游的共富通道。

普陀区六横岛则致力于加速建设首个渔旅产业融合的国家级海洋牧场示范区。通过探索“大黄鱼生态种业+渔光互补+水热循环利用”的先进模式，六横岛在实现渔业绿色转型的同时，也取得了显著的节能减排效果。据估算，该模式每年可节约用煤量 5000 吨，替代 200 艘捕捞渔船的产量，为海洋渔业的可持续发展提供了有力支撑。

（二）舟山海洋生态文明建设的总体成效

1. 海洋生态环境质量显著提升

舟山在海洋生态环境质量方面取得了显著进步。市区环境空气质量优良

率近3年均保持在98%左右，环境空气质量位列浙江省第一、全国第三。空气污染物水平持续下降，数据显示，2017~2022年，舟山二氧化硫年平均浓度由8微克/米^{3}下降至4微克/米^3，可吸入颗粒物（PM10）年平均浓度由42微克/米^{3}下降至27微克/米^3，细颗粒物（PM2.5）年平均浓度由24微克/米^{3}下降至14微克/米^3，均远低于全国平均水平。如图1所示。

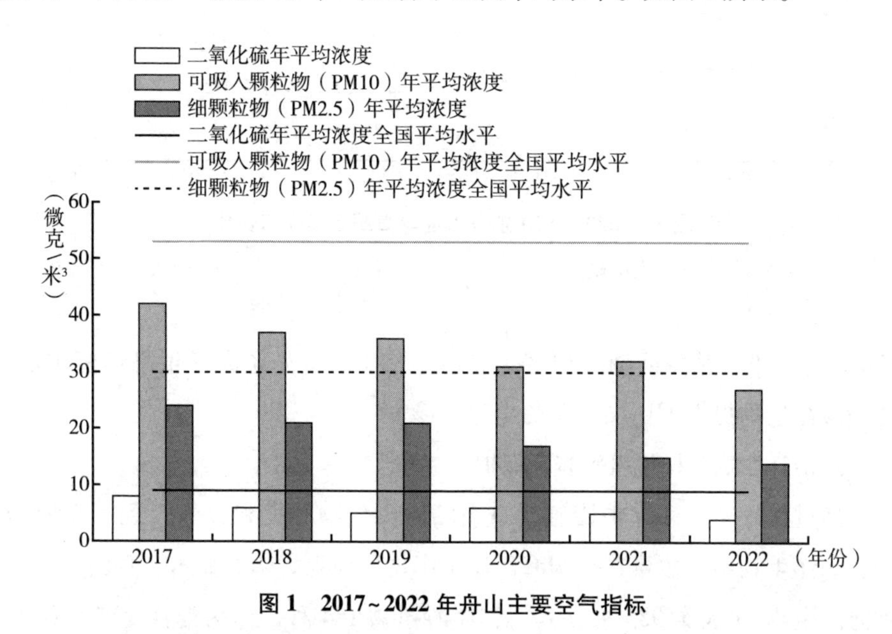

图1　2017~2022年舟山主要空气指标

资料来源：舟山市统计局。

海岛自然岸线保有率高达72.26%，这一数据在全国范围内都是名列前茅。同时，省控以上断面和饮用水源地水质达标率均为100%，近岸海域水质优良率也呈现逐年上升的趋势，2023年，近岸海域一类海水占比32.6%，同比上升了7.6个百分点，水质总体稳中趋升。① 如图2所示。

在海洋生态修复方面，舟山也取得了显著成效。据统计，近年来，舟山共完成海岸线整治修复102.621千米，修复生态湿地面积0.1505平方千米。此外，还建成了以立体式“水下森林”生态修复为特色亮点的“品质河湖”

① 朱智翔：《舟山用改革之手绘制绿色发展画卷》，《中国环境报》2024年8月22日。

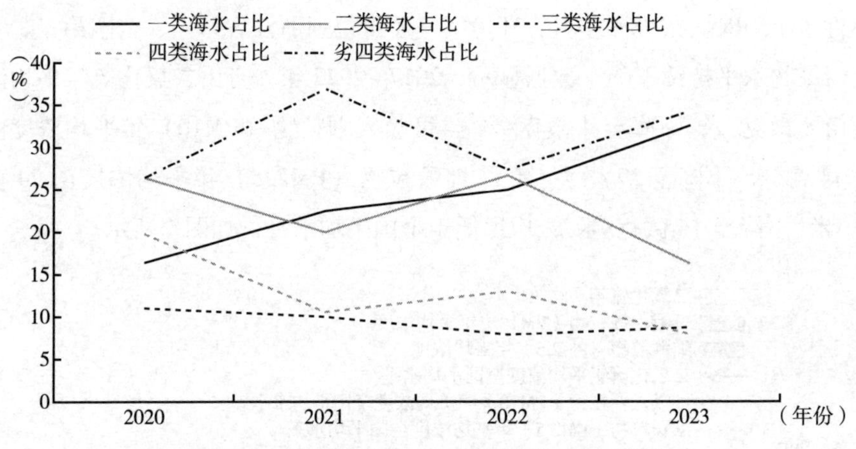

图 2　2020~2023 年舟山近岸海域各类海水占比

资料来源：舟山市人民政府。

100 条，省级“美丽河湖”13 条。这些举措不仅提升了海洋生态环境质量，还为海洋生物提供了更加适宜的生存环境。

2. 海洋生物多样性得到有效保护

通过实施一系列保护措施，舟山的海洋生物种类和数量得到了有效增加，海洋生物种类数量在全国海洋城市中位居前列。调查显示，舟山共记录到海洋生物 11 大类 935 种。其中，浮游植物 164 种，作为海洋生态系统的基础生产者，它们为整个生态系统提供了源源不断的能量；浮游动物 174 种，作为海洋食物链中的重要环节，它们对于维持海洋生态平衡具有不可替代的作用；潮间带生物 216 种、大型底栖生物 200 种、游泳动物 181 种（包括鱼类、海龟等），海洋生物多样性种类居全国主要海洋城市前列。① 图 3 是对舟山、海口、青岛、深圳等我国主要海洋城市的生物种类数量的横向对比。

① 资料来源于 2021 年舟山市投入 400 余万元，在全省率先启动全海域海洋生物多样性调查评估，调查包括全海域浮游植物、浮游动物、鱼卵仔稚鱼、大型底栖生物、游泳动物等 40 个调查站位；潮间带生物 10 个断面，每个断面 6 个站位；重点岛礁鱼类环境 DNA5 个站位，以及海洋珍稀濒危生物和外来入侵生物的现状调查等（参见中国环境报 App：《舟山深入推进近岸海域污染防治和生态保护修复》，2024 年 7 月 1 日）。

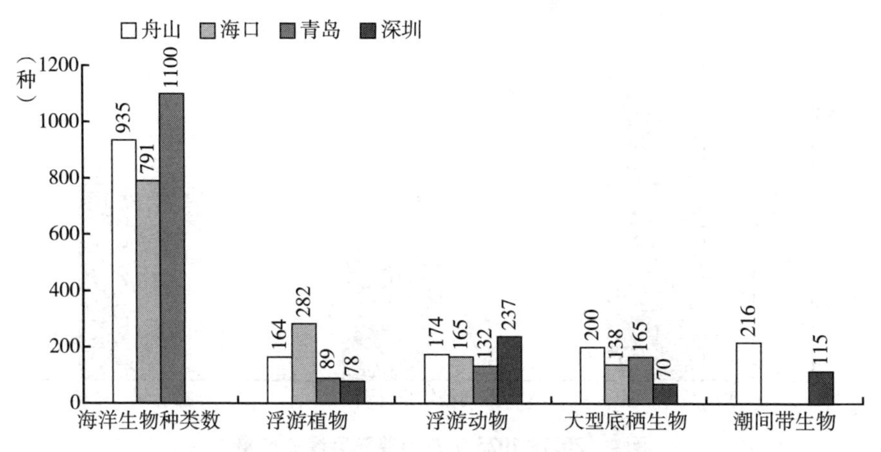

图 3　我国主要海洋城市生物多样性数据

资料来源：国家海洋环境监测中心、青岛市生态环境局、深圳市海洋检测预报中心。

此外，舟山还发现了国家保护动物鲎和刀鲚。鲎是一种古老的海洋生物，被誉为“活化石”，其独特的生理结构和生态价值对于科学研究具有重要意义；刀鲚则是一种经济价值较高的鱼类，这些生物多样性的存在不仅丰富了海洋生态系统，也为舟山的海洋经济发展提供了有力支撑。

3. 海洋经济绿色发展效益显著

在海洋经济绿色发展方面，舟山也取得了积极进展。通过推动养殖产业绿色转型、加大海洋生态执法力度等措施，舟山的海洋经济逐渐走向绿色化、可持续化。以普陀区为例，该区通过养殖产业绿色转型，渔业产值呈现稳步增长的态势，2023 年，普陀区水产品总产量达 97 万吨，同比增长 3.2%，渔业总产值 96 亿元，同比增长 4.3%。这些成果为海洋生态文明先行示范和海岛“两山”转化通道的探索提供了“蓝色方案”，实现了经济与绿色发展的双向奔赴。如图 4 所示。

此外，舟山在绿色转型进程中，利用丰富的可再生能源资源，大力发展海洋清洁能源产业，走在全省、全国前列。例如，积极推动海洋碳汇交易发展，充分利用贻贝养殖固碳优势，2023 年促成首笔海洋碳汇项目交易意向签约；积极探索海洋新能源，建立起我国首座海洋潮流能发电站。

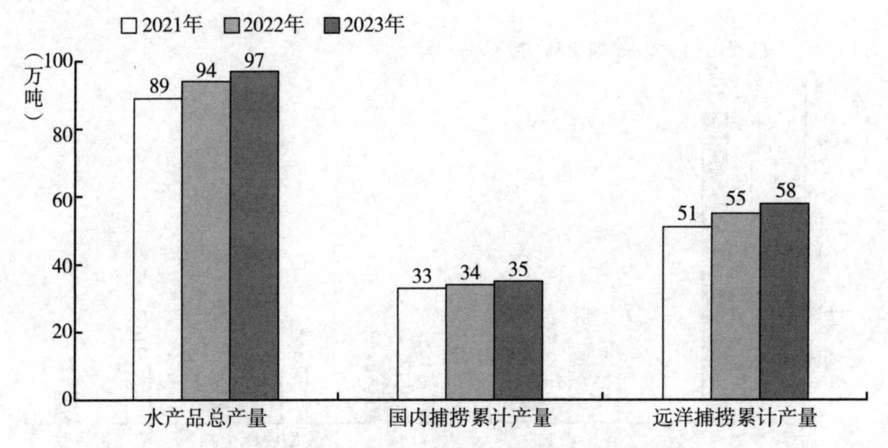

图4　2021~2023年舟山普陀区渔业产量

资料来源：舟山普陀区人民政府。

自2017年5月至今，该发电站已实现连续不间断发电并网运行达57个月，保持全球第一，累计向国家电网送电超167万千瓦时，位列世界第三[①]，是目前全球唯一实现连续发电并网运行超过一周年的潮流能发电机组。表2对比分析了舟山潮流能发电站与世界主要潮流能发电项目的连续不间断发电并网运行时数。

表2　世界主要潮流能发电项目连续不间断发电并网运行时间

潮流能发电项目	连续不间断发电并网运行时间
舟山 LHD 海洋潮流能发电项目	57个月（1700多天）
美国 GE、英国劳斯莱斯、法国阿尔斯通联合研发	113天
美国 Verdant Power 潮流能发电项目	85天
法国国有船舶集团（DCNS）潮流能发电项目	运行失败
日本经济产业省联合川岛重工潮流能机组	运行失败

资料来源：舟山市科学技术局。

① 舟山市人民政府：《舟山秀山潮流能发电站连续发电并网运行时间保持全球第一》，2022年11月22日。

这些举措不仅推动了海洋经济的绿色发展，也为舟山的生态文明建设注入了新的动力。

4. 海洋文明的社会认可度提高

舟山的海洋生态文明建设的卓越成果得到了社会各界的广泛认可和赞誉，成为全国海洋生态文明建设的典范。2019~2022 年，生态环境质量持续保持优良水平，生态环境状况指数（EQI 值）均大于 70，获评全省首批生态质量一类，如表 3 所示。2015 年 12 月，浙江省舟山嵊泗县被国家海洋局纳入第二批“国家级海洋生态文明建设示范区”，成为海洋生态文明建设的高地和示范引领地区。

表 3　2019~2022 年舟山生态质量级数评定

年份	生态环境状况指数	生态质量分级
2019	80.7	根据生态环境部 2021 年 10 月 18 日《区域生态质量评价办法(试行)》,生态质量分级为:一类(EQI≥70)、二类(55≤EQI<70)、三类(40≤EQI<55)、四类(30≤EQI<40)、五类(EQI<30)
2020	80.9	
2021	72.5	
2022	72.4	

2020 年 7 月，国务院将浙江（舟山）自贸试验区“绿色船舶修理企业规范管理”列入全国复制推广案例，对舟山的表示充分肯定。

2021 年岱山县获批第五批国家生态文明建设示范县，2022 年定海区获选第六批国家级生态文明建设示范区，舟山率先实现国家级生态文明建设示范县全覆盖。

在海洋生态文明数字化建设方面，舟山也得到社会各界的认可与推广。省级重大应用“无废城市”数字化改革第二批试点建成投运的港口船舶污染物协同管理应用——舟海净自上线以来，收集处置港口船舶油污水含油率同比上升 11.8%，得到《中国环境报》等主流媒体大力宣传。2023 年，舟山减污降碳、海洋生物多样性、海洋生态环境保护等方面的工作，被中央、省、市主流媒体刊登报道 300 余次。

来自浙江省海洋科学院联合浙江生态文明研究院和浙江大学公共政策研

究院的海洋文明发展指数评估结果显示[①]，嵊泗县海洋生态文明发展指数由2021年的100，增长为2023年的112.8，年均增速6.2%，海洋生态文明发展水平稳步提升。

三　舟山海洋生态文明建设的困境与挑战

尽管舟山在海洋生态文明建设中取得了显著成效，但依然面临着诸多困境和挑战。这些问题不仅是当前海洋生态文明建设的瓶颈，也是未来持续推进过程中必须攻克的核心难题。

（一）海洋生态管理部门权责不明晰，海域协调成本较高

舟山海洋生态文明建设的范畴广泛，涵盖污染治理、资源利用、生态修复等多个方面，涉及自然资源与规划局、生态环境局、海洋经济发展局、水利局等多个部门。在建设推进过程中，出现了职能交叉、沟通不畅等问题。例如，舟山自然资源与规划局和水利局在岸线治理与保护方面存在职责重叠；生态环境局和海洋经济发展局在水域生态环境保护工作中也缺乏明确的职责分工。

此外，由于海事管理区域的划分完全依据经纬度，因此舟山部分海域实际归属上海和宁波的海事管辖范围，增加了沟通成本和实施难度。尽管地方政府已积极协调，但口岸管理权的归属问题仍未完全解决，相关海域的生态修复和污染治理工作需与各地政府多方协调，给舟山的海洋生态文明建设增加了沟通成本和实施难度。

（二）地方性法规相对滞后，涵盖领域不全面

舟山虽已创新地出台了《舟山市国家级海洋特别保护区管理条例》（以

---

① 该评估从经济、环境、社会、文化和治理5个角度出发，构建形成嵊泗县海洋生态文明发展指数框架。

下简称《条例》）等地方性海洋生态文明法规，但《条例》于 2017 年颁布，7 年间舟山海洋经济发展和生态环境已发生较大改变，《条例》无法及时反映新兴问题和挑战，相对滞后于实际需求，导致在面对快速变化的海洋生态环境时适应性和灵活性不足。且在实际执行中，存在部门需要执法却缺乏相应执法权的情况，例如，经济和信息化局需组织实施工业和信息化领域能源节约和资源综合利用政策，监督管理各行业能源利用和二氧化碳排放情况，指导工业节能，但各项法规并未明确相关执法职能，导致存在部门需要执法但缺乏相应的执法权的情况，影响了法规的有效性和执行力，削弱了生态保护措施的落实。

另外，当前舟山已出台的海洋生态文明地方性法规中，大部分聚焦于国家级特别保护区的管理和污染治理，而海洋生物性保护、国家级珍稀动物保护、无居民海岛保护和管理、海洋生态文化等方面尚未得到足够关注。随着海洋生态文明建设涵盖的内容日益广泛，亟须出台更多相关法规进行规范和引导，形成系统的法律保障体系。

（三）新兴海洋产业动能不足，整体水平有待提高

舟山海洋经济已形成了以港口物流、船舶工业、绿色石化等为主导的产业体系，但新兴海洋产业如海洋生物医药、海洋新能源等虽已起步，整体水平仍低于其他海洋城市。例如，与山东、福建等沿海省份相比，舟山在海洋生物医药和保健食品开发方面起步较晚，且缺乏足够的重视和支持①。舟山于 2023 年成立长三角海洋生物医药创新中心，2024 年年中完成岩藻黄质海洋源化妆品原料成果转化，但对比青岛每年问世数十项新产品，仍有很大差距，产品研发和产业化力度都亟须加强。

---

① 山东、福建等沿海省份已于 20 世纪 70 年代率先进行海洋生物医药和海洋保健食品开发，并将海洋生物医药作为海洋经济的重点产业加以支持推动。青岛市十分重视海洋药物的研制生产，已推动建立国家海洋药物工程技术研究中心、国家海洋药物中试基地等众多海洋药物研究机构；江苏省早在 1996 年就提出“海上苏东”的科技兴海战略，连云港、盐城、南通三市联合协调，共同推动海洋医药产品开发。

此外，舟山的海洋旅游业虽发展迅速，但季节性问题严重，以海滨度假为主的旅游项目较多，而文化、历史等旅游项目较少，导致冬季游客数量稀少，夏季景点火爆，旅游基础设施和资源配置压力大，给海洋生态环境造成了不小压力。同时，景区物价高、民宿管理混乱等问题也给相关部门管理带来了困难①。舟山新兴产业和持续发展的动能亟须挖掘提升。

（四）船舶石化环境风险严峻，环保技术创新与升级迫在眉睫

舟山作为我国大宗物资储运的基石与石化、油气产业的战略要地，其船舶工业和石化产业无疑为海洋经济的快速发展注入了强劲动力。然而，这一发展背后也潜藏着不容忽视的环境风险。船舶修造活动产生的废水、废气及固体废弃物，构成了海洋污染的重要源头，对脆弱的海洋生态系统构成了潜在威胁。石化与油气产业，尽管为经济腾飞提供了强大支撑，但其高能耗、高碳排放的特性，以及油气储存、运输、加工环节可能产生的二氧化硫、氮氧化物等空气污染物和含硫废水，若处理不当，将可能导致无法挽回的生态灾难。特别是油气运输过程中的泄漏事故，其对海洋生态环境的破坏将是灾难性的。

当前，舟山船舶工业的废气处理主要采用干式过滤+活性炭+催化燃烧治理，油漆废气则经三级干式过滤+沸石转轮+RTO 处理，处理后经排气筒排放。这种处理技术较为成熟有效，但废气处理技术仍在不断进步和更新，生物过滤、等离子体技术、光催化氧化等先进高效、环境友好的废气处理技术已在我国得到逐步推广应用。东营市已率先探索使用高功率窄脉冲放电产生等离子体来处理恶臭废气，提高了废气处理效率②。舟山作为重要的石化和船舶工业重要基地，如何进一步深入探索绿色产业发展之路，以维护工业

---

① 2024 年“五一”期间，舟山市住宿退订类纠纷占比大幅增长，由上年同期的 47.8%增至 69.2%。即使政府采取积极管理措施，如普陀区定期公布景区各餐饮店铺统一物价，但由于景区服务众多，各种店铺摊贩参差不齐，给相关部门管理带来极大困难，部分旅游乱象仍然存在，在一定程度上影响了旅游经济的可持续发展与海洋生态环境的维护（参见舟山市人民政府：《舟山市旅游市场消费纠纷呈现新趋势亟待关注》，2024 年 6 月 5 日）。

② 中国环保产业协会：《〈国家先进污染防治技术目录〉入选技术案例》，2022 年 4 月 3 日。

发展与环境保护的平衡，确保经济增长不以牺牲环境为代价，实现经济繁荣与生态环境的和谐共生，是其应当面对也是必须面对的重要挑战。

四　新征程舟山深化推进海洋生态文明建设的策略建议

在中国式现代化建设的新征程中，舟山作为中国首个以海洋经济为核心的国家战略新区，深化推进海洋生态文明建设不仅是其经济社会发展的内在需求，更是实现国家海洋强国战略和美丽中国愿景的关键一环。基于本市实际情况，把握历史机遇，直面挑战，舟山需进一步促进海洋生态保护与经济转型升级的深度融合，积极探索海洋生态文明建设的新模式。

（一）明确部门职责边界，强化区域沟通协作

构建全面的海洋生态管理体系是舟山推进海洋生态文明建设的基石。舟山政府应发挥领导核心作用，针对当前海洋生态文明建设中存在的部门职能重叠、权责不清等问题，制定清晰的权力与职责清单，明确各部门在海洋生态保护修复、资源开发利用、海岸线管理、水域污染防控等方面的具体职责和任务。可借鉴厦门市“海岸带综合管理领导小组”的成功经验，对海洋生态文明建设的关键领域实施精准管理、全面协调，将生态保护补偿、生态损害赔偿等措施与重大海洋工程项目紧密结合，实现海洋生态文明建设的全方位、全地域、全过程覆盖。

同时，构建海洋生态信息共享与管理一体化平台，促进部门间资源整合与业务协同，形成统一高效的海洋生态管理决策与执行体系。此外，还需加强与相邻省市的沟通协调，建立海洋生态环境保护联防联控机制，共同规划管辖交叉海域，实施综合治理工程，协同推进海漂垃圾治理等工作，有效防范和治理相邻海域污染扩散，提升跨界污染防治成效。

（二）拓宽地方法规类别，强化海洋法治保障

法治是海洋资源开发与生态文明建设的坚实后盾。舟山应充分借鉴其他

海洋生态文明建设示范区的成功经验，结合本地实际情况，制定出台针对性强、可操作性强的地方性法规。尤其是针对法规薄弱和空白环节，重点加强对海洋生物保护、资源利用、无居民海岛管理等方面的法规建设。制定地方性海洋环境质量标准，建立海洋和海岸工程建设项目污染防治、环境影响评价核准管理、资源损害赔偿等制度，确保海洋生态文明建设有法可依、依法治理。

在完善地方性海洋法规的过程中，应充分调研各职能部门实际工作中遇到的问题，全面梳理整合现有法规，识别并解决法规间的重叠或冲突，在国家海洋法律制度框架指导下，及时进行海洋生态文明法规的废、改、立工作。同时，建立法规评估机制，定期对法规实施效果进行评估，需畅通企业和公众反馈渠道，广泛听取企业、执法部门及社会各界的意见，及时调整和优化法规内容，确保海洋生态文明建设在法治轨道上持续健康发展。

（三）发掘资源潜能，强化海洋新质生产能力

舟山坐拥丰富的海洋资源，应充分利用这一天然优势，积极推动绿色海洋产业的发展，探索新的经济增长点，从而全面提升海洋新质产能。对于传统海洋渔业，舟山需大力推广环境友好型养殖技术，并强化种质资源的保护与优良品种的培育，力求打造智能化、现代化的“海上粮仓”。针对船舶修造、石油储运等支柱型产业，则需顺应全球绿色低碳的发展趋势，引入先进的清洁生产技术和高效节能设备，积极研发高效的废气处理技术，以构建一个环境友好型且面向国际的绿色工业体系。

同时，积极探索波浪能、温差能等新兴海洋绿色能源的开发与利用技术，构建海上能源开发、储运、利用的一体化服务体系。依托海洋生物资源，研发提取具有治疗潜力的生物活性物质，打造具有舟山地标性的海洋医药产品。此外，还需加快大数据、人工智能、物联网等数字技术在渔业、船舶、航运、港口等领域的研发应用，运用可视化溯源技术构建海洋生态和碳排放的数字化监测系统，建立海洋环境监测和预警网络，定期发布海洋环境质量公报，及时调整改进环境不友好的产业项目，实现经济增长引擎从高碳到绿色的平稳过渡。

（四）推动海洋资源有偿使用，创新市场机制

为了更有效地管理和利用海洋资源，舟山需加强海洋生态资源的系统调查，广泛收集并整合相关数据，逐步建立起覆盖各海域的统一海洋渔业资源调查数据库，为科学管理提供数据支撑。同时，完善海洋资源有偿使用制度至关重要。舟山应明确界定海洋资源的使用权、收益权和处置权，推动海洋资源的有偿使用，促进资源的合理配置与高效利用，从而实现海洋经济的可持续发展。

在此基础上，舟山还需积极探索并拓展海洋生态产品价值转化的新平台，深化海洋资源有偿经营服务。同时，培育和发展生态产品与生态资产交易市场，推动排污权、用能权、碳排放权等环境权益的市场化交易。为支持这一进程，可鼓励金融机构创新绿色金融产品，如绿色信贷、绿色债券等，为海洋生态环境保护提供充足的资金支持。同时，加强绿色金融工具的宣传和推广，提高社会各界对绿色金融的认知度和参与度，共同推动海洋生态文明的市场机制建设迈上新台阶。

（五）深化生态文旅融合，共筑经济与生态和谐共生的新高度

舟山不仅拥有得天独厚的海洋自然资源，还承载着丰富的海洋文化遗产和历史文化传统。生态文旅的融合不仅能促进海洋经济的转型升级和提升生态保护意识，还能推动文化与自然的和谐共生，实现经济效益与生态效益的双赢，增强城市的竞争力和吸引力。为此，舟山需进一步深化生态文旅融合，以保护性开发为核心，创新旅游供给，推出全年适用的新场景和新产品，深入挖掘淡季旅游潜力。

可充分利用观音道场和佛教圣地的传统文化优势，开放打坐抄经、制作素斋等禅修生活体验项目。在确保不破坏自然生态的前提下，深入挖掘仙海文化、航海文化、渔业文化等传统海洋文化价值，推出具有舟山特色的非物质文化遗产工艺品、特色美食和文化体验活动。这些将有助于推进海洋旅游全季利用，缓解基础设施和资源配置压力，破解季节性旅游带来的生态环境

难题。同时，应充分利用新媒体平台加强生态旅游宣传，强化游客的生态保护意识，引导游客文明旅游、绿色出行。

在推进生态文旅融合的过程中，还需重视对无居民海岛的保护与开发。可借鉴广东省三角岛无居民海岛建设的先进经验，海洋经济发展局、水利局、自然资源与规划局、生态环境局等相关部门应共商共议，建立无居民海岛监测、执法等设施及管理平台。在严格保护环境的前提下进行合理开发，探索海岛保护开发利用的新模式，共同建设舟山海洋生态文明，书写经济与生态和谐共生的新篇章。

此外，为提升舟山海洋生态文明建设的国际影响力，可积极举办国际海洋生态文明建设论坛、展览等活动，充分展示在海洋生态文明建设方面的丰硕成果和宝贵经验，进一步提升舟山的国际知名度和影响力，为推动全球海洋生态文明建设贡献舟山智慧和力量。

Z.12
政务服务增值化改革的舟山实践

史梦圆*

摘　要： 政务服务增值化改革是舟山市深入实施“八八战略”的生动实践，旨在通过制度创新和数字赋能，激发市场内生动力，增强政府整体合力，优化营商环境。近年来，舟山市紧紧围绕海洋经济高质量发展目标，深入谋划并采取实际行动，大力推进政务服务增值化改革，显著提升了营商环境。在改革过程中，舟山市探索了多项创新举措，包括产业链全要素增值服务体系、鱼骨图双向动态流程、书记市长“政企面对面”机制、“三大计算器”以及政务服务增值化改革监督模式等，这些亮点做法不仅提高了服务效率，优化了营商环境，更重要的是，构建了一个政府与企业间更加紧密、互信的新型政商关系。舟山市的一系列改革措施，不仅是一次对传统政务服务模式的革新，更是对现代政府治理理念的一次深刻实践。

关键词： 政务服务增值化　营商环境　舟山

一　政务服务增值化改革的意义与目标

（一）政务服务增值化改革的重要意义

政务服务增值化改革是对“高效办成一件事”模式的进一步深化与创新。强调要在标准服务基础上，进一步聚焦服务对象的具体需求，借助大数

* 史梦圆，中共舟山市委党校讲师，主要研究方向为数字化改革。

据技术，实现基础政务服务、市场、社会三者资源的有效融合与协同，以此延长服务链并提供定制化和精细化的服务。这项改革的核心目的是增强政务服务的整体效能与覆盖范围，提升用户的办事体验与满意度，最终打造泛在、智能、公平、普惠的政务服务系统。

政务服务增值化改革是舟山市深入实施“八八战略”的生动实践。“八八战略”提出要进一步发挥浙江的体制机制优势和环境优势。近年来，浙江省委将创新深化、改革攻坚和开放提升作为一以贯之的基本路径，深入实施“八八战略”，并提出三个“一号工程”。舟山市积极响应省委号召，将政务服务增值化改革作为深入实施“八八战略”的重要抓手，通过制度创新和数字赋能，对营商环境“一号改革工程”的政务、法治、市场、经济生态、人文五大环境进行跨系统重塑。通过政府的自我革命，构建与社会、市场、企业之间的有效链接，推动全市营商环境的全方位提升。

政务服务增值化改革是政务服务全面升级的新路径。一流的营商环境离不开一流的政务服务。近年来，随着“四张清单一张网”“最多跑一次”改革和政府数字化转型等措施推进，舟山在政务服务便利化方面获得了显著成果。但在进入高质量发展阶段之后，企业对政务服务的需求已不仅局限于便利化，而且扩展到了对人才、金融、科技创新等多方面的需求。为持续优化政务服务，政府必须紧跟企业需求，加速推进数字化转型、多部门协作和制度创新，在标准化、规范化、便捷化的基础上，为企业提供更多支持。政务服务增值化改革立足于政务服务发展趋势，在已有的改革经验上进行系统集成和迭代升级，进一步拓宽服务范围、汇聚服务资源、加强协同联动、优化服务体验，开辟了一条以供给侧与需求侧相结合、提升政府服务能力的新路径，是政务服务改革的升级版本。

政务服务增值化改革是推动民营经济高质量发展的强大引擎。浙江省依靠民营经济成为经济大省，其成功在于充分发挥体制机制优势，支持多种所有制经济共同发展。目前，国际和国内形势正在经历深刻变革，经济面临的下行压力依然巨大。在此背景下，区域间的竞争、招商引资以及企业的发展都面临严峻而复杂的挑战，民营企业对政务服务的需求也随之转变。为此，政务服务增值化改革以市场规律为基础，从企业视角出发，提供定制化服务，聚焦企业全生命周期需求，并针对性地集成补链强链延链举措，推动产业链上下游及大小企业融通创新，构建现代化产业体系。同时，政务服务增值化改革通过政府、社会和市场的协同作用，旨在改善社会预期，提振民营经济发展信心，激发市场活力，为民营经济的持续繁荣注入强大动力。

政务服务增值化改革是打造国际一流营商环境的先行举措。世界银行发布的营商环境评价报告在全球范围内极具影响力，被视为吸引外商直接投资的关键指标。2024 年的新评估体系着重从企业角度审视，关注企业运营效率、政府服务效能、法律框架及公共服务质量，全面评估民营企业的政策服务环境。改革以满足企业需求为核心，借助数字化手段提高服务效率，通过制度创新保障规范公正，通过系统整合提升服务质量，与世行评估体系的“监管框架、公共服务、办事效率”三维评估架构高度契合，充分体现了国际化元素，是主动对接国际通行规则、衔接国际最高标准、对标世界一流水平，打造最优营商环境的重大举措。

（二）政务服务增值化改革的目标方向

政务服务增值化改革的总体目标是提高政务服务的质效，优化营商环境。营商环境是地区发展生态的核心所在。从底层逻辑来看，改善营商环境的关键在于通过深化改革妥善处理政府、市场和社会三者之间的关系、定位与边界。浙江的高速发展，归功于市场内生动力与政府整体合力的结合。政府与市场的高度协同、密切配合形成了浙江发展的整体活力和强大韧性。因此，无论政务服务增值化改革如何推进，都必须紧密围绕改善政府与市场的关系，不断巩固和扩大这一浙江发展的最大优势。

一是激发市场内生动力。广大市场经营主体对于市场的稳定预期来源于公平、公正、开放、透明、自由、法治的制度环境，但现存政务、法治、市场、经济生态与人文五大环境中尚有一些难点、堵点需要持续突破。政府只有加强政策、制度供给的精确性，让企业感受到政府的体制机制与市场机制能够解决自身问题，才能有效对冲其对市场观望的不确定性，进而提升市场经营主体的预期。在政府机制与市场机制能够稳定企业预期的基础上，舟山市政务服务增值化改革旨在增加企业对政务服务以及宏观数据的“体感”，其内容包括但不限于提供企业需求范围以外但关联度较高的服务，让企业感受到政府确实在设身处地为企业着想，让企业感受到“能想到的，政府都能帮我办了；想不到的，政府也帮我想到了”。

二是增强政府的整体合力。政务服务增值化改革只是手段，底层逻辑是要提升政府的整体合力。如今，政务服务的提供面临整体合力不足的问题，主要表现在政策执行不力、部门间协调不足以及体制机制僵化等方面。政策执行不力体现在政策制定与执行之间的脱节，造成企业对宏观数据以及微观感受之间存在“温差”。部门间协调不足则体现在不同政府部门之间缺乏有效的沟通和合作机制，使得政策执行过程中出现信息孤岛、职责不清的问题，难以形成协同效应。此外，体制机制僵化体现在旧有的规章制度和工作流程难以适应快速变化的社会需求，导致政府在应对企业新需求时反应迟缓，难以迅速调整策略以适应新的形势。这些问题的共同影响，削弱了政府的整体合力，降低了公共服务的质量和效率。只有提高政府的整体性，才能全面归集企业问题信息、进行分析研判、分类处理以及提供协调服务，从而以最快速度、最大程度解决困扰企业的问题。在这一过程中，如何创新体制机制、减少政府部门“内耗”是亟待解决的课题。

二　政务服务增值化改革措施与成果

舟山市紧密围绕民营经济和海洋经济的高质量发展目标，深入谋划并采取实际行动，以《浙江省优化营商环境条例》的宣传贯彻为契机，大力推进政务服务增值化改革，显著提升了营商环境。在此过程中，改革成果多次获得表扬和工作推广，累计参与全省范围的经验交流7次，油气全产业链集成化改革被评为2023年改革突破银奖。2024年以来，舟山市不断在金融服务、市域公共服务领域等进行探索，获得了高度评价。在此过程中浮现了产业链全要素增值服务体系、鱼骨图双向动态流程、书记市长“政企面对面”机制、“三大计算器”以及政务服务增值化改革监督模式等亮点做法。

（一）产业链全要素增值服务体系

舟山市在全省率先探索产业链全要素增值服务体系，将现代海洋产业链发展所需的六大生产要素（资源、人力、资金、技术、数据、制度）与各大增值服务板块对应，制定产业链发展图谱，推进生产要素创新性配置，加快催生新质生产力。

一是项目导向促进资源供给。探索建立“土地超市”、海域使用“前置服务”机制以及重大能源保障机制等措施，加快项目落地，减少行政审批过程中的烦琐步骤，提高资源利用率，为海洋经济的发展提供坚实支撑。二是全周期闭环人才服务。通过绘制人才分布图与“招贤帖”、使用“人才计算器”，构建人才目录标准、“全生命周期”人力资源服务体系，从吸引人才、提供服务、制定标准到全方位支持，依次构建了一个闭环的人才服务生态系统，筑牢人才底座。三是多渠道拓宽金融服务。通过打造“金融计算器”和绿色石化新材料基金专班运行，利用技术手段优化金融服务流程，为不同产业链提供个性化、精细化服务，提升了舟山的金融服务质量，同时促进了重要产业的资金保障。四是多层次促进科技创新。通过强化科创增值服务与知识产权保护，激发企业创新活力，推动科技成果商业化，激发海洋经济发展活力。五是多角度聚焦数据要素。通过建立健全公共数据管理制度和拓展电子证照应用场景，提升数据的利用效率，为九大产业提供更深层次的价值挖掘，增强产业链的专业化、数字化和标准化水平。六是通过强化政务、开放、法治增值服务，提高了政策透明度、可得性与政府部门的响应速度，为营商环境的优化提供有力保障。

产业链全要素增值服务体系体现了综合性施策的重要性。用地、用海、用能、人力、资本、技术、数据等多方面的措施，覆盖了从资源要素供给到金融服务、科技创新、政策支持等多个层面，形成了一个多维度支持海洋经济高质量发展的体系。同时，这些举措不是孤立存在，而是相互关联、相互支撑的。例如，通过优化资源配置来促进项目快速落地，强化人才引进与培养来为产业链提供智力支持，提供金融支持来缓解资金瓶颈等，这些措施相互配合，共同发挥作用。另外，政策与政策之间也会产生协同效应，各项措施相互促进、相得益彰。例如，优化资源配置可以吸引更多优质项目，进而带动对人才的需求；而强化人才培养又能反过来促进项目的顺利推进。

（二）鱼骨图双向动态流程

舟山市通过鱼骨图精准梳理服务需求，创新运行机制，实现政务服务的高效运转。一是梳理产业链、产品链和服务链的需求，形成鱼骨图。这些鱼骨图涵盖了高端海工、海洋生物、进境粮油等舟山特色产业链，以及船舶海工、大宗商品等产品的研发、设计、生产等重点环节，确保了服务链与产业链、产品链的深度融合。二是创新服务需求五色管理模式。通过“待派发”“进行中”“已完成”“已超时”“长期未办结”五种颜色标记问题的处理状态，提高了问题解决的透明度和效率。三是完善问题分类分级办理机制。将问题按照“1+9”板块进行分类，并根据职责分工和属地原则进行分层处理，确保问题能够在合适的时间内得到有效解决。四是贯通“12345”系统派单平台，对涉企问题进行全量归集、精准派发和严格督办，不仅实现了简单问题的高效闭环解决，复杂问题也能够得到妥善处理。

鱼骨图双向动态流程充分体现了政府的“企业思维”。鱼骨图是基于产业链、产品链和服务链的需求形成，政府并不是凭空猜测企业需求，而是通过细致地调研和分析，确保提供的政务服务能够真正解决企业面临的问题。首先，基于鱼骨图，政策“一刀切”的现象大大降低，政务服务被定制化以满足特定企业的需求，确保企业能够获得符合自身实际情况的支持。其次，“企呼即办”线上应用允许企业在线提交需求和服务申请，确保企业诉求能够得到及时响应；五色管理模式则使企业能够清晰地了解服务请求的状态，提高服务过程的透明度，增强企业的信任感。最后，通过不断收集企业问题、完善问题分类分级、优化“12345”系统派单平台，能够让政府根据用户反馈不断优化服务流程和技术手段，以满足企业不断变化的需求，确保企业能够获得优质的服务体验。

（三）书记市长“政企面对面”机制

舟山市以高效闭环解决涉企问题为核心任务，以书记市长“政企面对面”机制为主要抓手，完善了诉求收集、解决、回访等流程，形成了高效的闭环解决机制。一是常态化开展“政企面对面”座谈会，确保座谈会的针对性和实效性；灵活增设“多对一”专题协调会，针对企业个性问题和紧急需求，确保问题能够得到快速响应；职能部门领导带队走访企业，确保政府与企业进行直接沟通，增强了政府与企业的互动，提高了服务效率。二是建立健全了“一把手抓、抓一把手”的工作机制。市领导每月听取改革工作汇报，重点关注涉企问题闭环解决情况；成立涉企问题协调专项组，研究涉企问题承办板块（部门）、办理情况和疑难问题的处置；建立涉企问题限时流转办结制度，规定不同类型问题的办结时间，并对未按时反馈且未说明理由的情况进行通报。三是健全已办结问题评价机制。政府在责任部门提交诉求办结的 3 个工作日内，对办结的诉求企业进行回访，了解企业满意度，并通过“红黄绿”三色管理方式对办结情况、时间节点、企业满意度等情况进行评价。四是定期印发专报供领导参阅，每周通报各部门增值化改革推进情况、涉企问题闭环解决进度和已办结事项三色评价情况。

市长书记“政企面对面”形成了一个高效闭环解决机制，从座谈会收集企业诉求，到专题协调会解决具体问题，再到问题解决机制的确立和完善，最终通过闭环管理机制，确保问题得到有效解决，这一系列措施环环相扣，形成一个完整的闭环。这些措施不仅提高了涉企问题解决的效率和质量，还增强了政府与企业之间的沟通，提升了企业的满意度，促进了问题解决的闭环管理，并固化了解决共性问题的经验做法，为其他地区的政务服务增值化改革提供了有益的参考。在此过程中，领导的持续关注也对改革的成功起着至关重要的作用。领导的关注不仅确保了必要的资源得到调配，还推动了改革的进程，强化了政策执行力，增强了企业对市场的信心和对政府的信任。这些因素共同作用，确保了涉企问题能够高效闭环解决，提高了办结率和企业满意度。

（四）探索构建“三大计算器”

舟山市创新打造了“三大计算器”以提高政策兑付、信贷融资和人才生态服务的效率和质量。一是通过构建涉企政策统一平台，优化“政策计算器”，实现了政策兑付的市县全贯通、部门全联动、奖补全覆盖和服务全天候，形成了“政策找企”的服务圈。截至2023年12月，已入驻286个部门，上线249项惠企政策[①]，惠及企业2435家次，兑现资金17.48亿元[②]。二是在信贷融资方面，探索金融领域电子证照应用，实现了申请材料和办理时限的大幅压缩，并打造了数字化转贷平台“舟转灵”，提高了资金利用效率。三是在人才生态方面，构建了引进、培育、留用、服务“四位一体”的人才全生命周期数智服务体系，推出了人才画像等功能，生成个性化服务清单，实现了人才事项服务的智推、智办，归集了300余万条人才相关数据，智推、智办比例达到了75%以上。这些措施提高了服务的智能化水平，优化了营商环境，促进了经济发展。

在“三大计算器”的使用中，数字化转型的重要性不言而喻，它能够极大地提升政府服务的效率和质量。数据驱动的服务模式也显示了利用大数据和技术手段来优化公共服务流程的巨大潜力，完美契合了以用户为中心的设计思路，让政策能够更好地满足企业和人才的实际需求。从更深层次的角度来看，“三大计算器”体现了政府职能的转变。政府正从传统的管理者角色转变为服务提供者，通过构建涉企政策统一平台等方式，主动为企业提供高效便捷的服务。这不仅体现了政府对数字经济发展趋势的认识，即数据已成为重要的生产要素，而且展示了政府如何通过大数据平台和智能化服务系

---

① 舟山市发展和改革委员会：《舟山市构建全要素增值服务体系激发产业提升动能》，2024年4月。

② 舟山市发展和改革委员会：《舟山市优化营商环境深入推进政务服务增值化改革有关情况》，2024年7月。

统来优化决策和服务，推动社会经济发展。此外，这些措施还反映了政府对于优化营商环境的重视，通过一系列创新措施来降低企业的运营成本，提高竞争力。总体而言，这些举措不仅代表了技术和服务模式的革新，更是政府治理理念和方式的根本性转变，旨在创建一个有利于经济和社会发展的良好环境。

（五）创新政务服务增值化改革监督模式

一方面，在“舟到助企”后台设立监督模块，邀请并开通市纪委、市审计局和市委、市政府督查室实时在线监督企业问题办理进度，对各板块和业务部门涉企问题流转、办理时限、办理质量进行全程监督，对重点问题进行督办。另一方面，市委改革办与市纪委监委机关联合开展全要素增值服务现代海洋产业链嵌入式监督，成立由市纪委常务副书记任组长的嵌入式监督工作推进小组，组建专项监督组，聚焦产业链主体单位年度目标任务落实、增值服务板块牵头单位责任履行、干部工作作风等三方面精准发力，以强有力的政治监督推进政务服务增值化改革。

这种监督模式相较于一般的监督机制有多处不同。首先，“舟到助企”平台上的监督模块实现了在线实时监督，这意味着监督机构可以及时查看企业的服务请求处理情况，提高了监督的效率和响应速度。其次，监督不是由单一机构负责，而是集合了市纪委、市审计局和市委、市政府督查室等多个部门的力量共同参与监督，这种跨部门的合作能够形成更全面的监督网络。此外，嵌入式监督工作推进小组由市纪委常务副书记担任组长，高层领导参与推进这项工作，更容易在不同部门间形成合力。最后，监督的重点不仅局限于企业服务问题的解决过程，还特别关注产业链主体单位的目标任务完成情况、增值服务板块牵头单位的责任履行情况以及干部的工作作风，这些都是确保服务质量的关键环节。从更深层次的角度来看，在线实时监督、多机构联动以及嵌入式监督等措施提高了政府的服务能力和治理水平。针对现代海洋产业链进行嵌入式监督，意味着资源能够更有针对性地被配置到关键领域，反映了政府对于提升自身服务水平、加强与企业的合作关系、优化资源配置以及推动整体改革进程的决心。

三　舟山市政务服务增值化改革的经验与展望

舟山市的一系列改革措施，不仅是一次对传统政务服务模式的革新，更是对现代政府治理理念的一次深刻实践。通过产业链全要素增值服务体系、鱼骨图双向动态流程、书记市长“政企面对面”机制、“三大计算器”以及政务服务增值化改革监督模式等亮点做法，展现了一种以用户为中心的政务服务模式，这种模式不仅提高了服务效率，优化了营商环境，更重要的是，它构建了一个政府与企业间更加紧密、互信的新型关系。

（一）舟山市政务服务增值化改革的经验启示

政务服务增值化改革旨在通过增强企业的内生动力与政府的整体合力形成经济发展的新动能，这一目标在舟山的各种实践中得到了具体体现。首先，产业链全要素增值服务体系，通过优化资源配置、强化人才服务闭环、拓宽金融服务渠道、促进科技创新、聚焦数据要素和强化政务服务等方式，为企业提供全方位的支持。通过构建一个良好的产业生态环境，帮助企业克服发展中的障碍，激发其内在发展潜力。其次，鱼骨图精准梳理服务需求和创新运行机制，实现了政务服务的高效运转。这一流程不仅有助于解决企业遇到的具体问题，还通过“企呼即办”线上应用和五色管理模式提高了服务过程的透明度，增强了企业的信任感，从而为企业提供更加稳定和可预测的经营环境。再次，定期举行“政企面对面”座谈会，建立高效的问题解决机制，加强了政府与企业之间的沟通，确保了企业诉求能够得到及时响应。这种机制的建立不仅解决了企业面临的实际问题，还通过领导的持续关注提高了政策执行力，增强了企业对市场的信心和对政府的信任，增强了政府整体合力。最后，“政策计算器”、“金融计算器”和“人才服务计算器”的构建，提高了政策兑付、信贷融资和人才服务的效率和质量。这些措施不仅简化了企业获取政策支持的过程，还通过数字化手段降低了企业的运营成本，提高了竞争力，从而激发了企业的内生动力。

综上所述，舟山市政务服务增值化改革的具体措施与成果，从提升市场内生动力和增强政府整体合力两方面入手，不仅为企业创造了更好的发展环境，还提高了政府服务的质量和效率，也增强了政府整体合力，为海洋经济注入了强大的动力。

（二）舟山政务服务增值化改革的深化与展望

舟山市在政务服务增值化改革方面虽然已经取得了显著的进展，但仍需关注数据安全与隐私保护、政策连续性和稳定性、跨部门协作与资源整合、企业参与度与反馈机制以及服务预测性与灵活性等方面，以确保改革措施能够持续有效地服务于经济社会的发展。

一是数据安全与隐私保护。多项实践都涉及对个人、企业数据的收集与分析，在实际操作中，如何确保数据的安全性和隐私性是数字时代的重要议题。尤其是在涉及企业敏感信息的情况时，如果数据安全措施不到位，可能会导致数据泄露，从而损害企业和个人的利益。因此，需要进一步加强数据加密技术和访问控制，确保敏感数据的安全；同时，制定更为严格的法律法规保护企业和个人隐私，建立一套完整的数据安全管理体系，确保数据在采集、存储、使用等各个环节的安全可控。

二是政策的连续性和稳定性。虽然各项实践都没有明确表现出政策的频繁变动，但在政务服务增值化改革过程中，政策的持续性和稳定性对于企业来说至关重要。政策的不稳定可能会给企业带来不确定性，进而影响企业的投资决策和发展规划。因此，建议从顶层建立长期稳定的政策框架，确保政策的连续性和稳定性，任何政策的变化都给予企业足够的适应期和缓冲期。这不仅能够帮助企业增强对未来发展的信心，也能够创造一个更加稳定的投资环境。

三是跨部门协作与资源整合。有效的跨部门协作是确保各项改革措施能够顺利实施的关键，但在实际操作中，跨部门的沟通和资源整合仍然可能存在问题。舟山市的具体举措采用高层领导推进的方式进行，但探索在领导参与度下降甚至缺位的情况下仍然能够顺畅运行的部门协作同样至关重要。这需要进一步完善跨部门协作机制，明确各部门的职责范围，畅通沟通渠道，确保信息共享和资源的有效整合。通过建立更加高效顺畅的跨部门协作机制，确保各项政策措施的顺利推进，提高政府服务的整体效能。

四是企业参与度与反馈机制。“政企面对面”等机制有效保证了政企沟通渠道，但为了确保政策更加贴近企业实际需求，建议进一步扩大企业参与范围，并确保企业能够有效地提供反馈。建议增加企业代表在政策制定过程中的发言权，确保政策更加贴近企业实际需求，并建立跟踪反馈机制以便及时调整政策。通过构建更为开放和包容的政企沟通平台，更好地倾听企业的声音，确保改革措施能走进企业的心坎里，提高政策的适应性和灵活性。

五是服务预测性与灵活性。虽然政府通过“三大计算器”等措施提供了精准的政务服务，但目前提供的政务服务尚停留在对企业需求进行回应的阶段，缺乏预测性与灵活性。如何在企业现有需求的基础上，提供更全面、更完整的服务，让企业感受到政府在自己前面“开路”是非常重要的。政府应根据企业的具体情况进行预测，提供更具预测性与参考价值的服务方案以提高服务的满意度和企业的获得感。同时，为了确保服务的持续高效，政府应该保持对新技术的关注，并适当超前尝试 web3.0、区块链等先进技术来提升服务效率和质量，引领政务服务的转型升级。

综 合 篇

Z.13
特色项目党建激活产业发展
——舟山绿色石化基地建设

张芳胜*

摘 要： 舟山绿色石化基地建设作为国家重大战略工程，肩负使命重、建设难度大、面临困难多。为保障项目安全高效推进、保质保量落地，舟山紧扣“围绕发展抓党建、抓好党建促发展”主线，坚持党建与项目同谋划、齐落地、共发展，创新组织设置和活动方式，探索形成“支部建在项目上、党旗飘在工地上、党员冲在火线上、组织关爱在心上”的项目党建“四上”工作法，将党的组织优势全面转化成发展胜势，创造了“十年任务五年完成”的“鱼山速度”。舟山绿色石化基地实践充分证明，项目党建激活产业发展的关键在于：坚持党建引领，牢牢把握正确发展方向；创新组织设置，加强党的组织覆盖和工作覆盖；围绕中心工作，推动党建与业务双向融合；营造良好氛围，汇聚实干争先强大动能。

* 张芳胜，中共舟山市委党校政治教研室教师、助教，主要研究方向为马克思主义基本理论与中国发展问题。

关键词： 项目党建　基层党建　舟山绿色石化基地

习近平总书记指出：“基层党组织是党执政大厦的地基，地基固则大厦坚，地基松则大厦倾。加强基层党组织建设，要以提升组织力为重点，突出政治功能。要健全基层组织，优化组织设置，理顺隶属关系，创新活动方式，扩大基层党的组织覆盖和工作覆盖。”[①] 党的二十大报告也强调要坚持大抓基层鲜明导向，把基层党组织建设成为有效实现党的领导的坚强战斗堡垒。

舟山绿色石化基地是我国首个“离岸型”石化基地，也是国内最大、单体全球第二的大型石化基地，2023 年实现工业产值 2530 亿元，比上年增长 9.3%。[②] 基地由岱山县大、小鱼山岛围垦而成，自 2015 年开始建设，一期于 2019 年建成投产，创造了“10 年任务 5 年完成”的“鱼山速度”。在项目建设过程中，舟山紧扣“围绕发展抓党建、抓好党建促发展”主线，积极探索构建以项目为中心的党建推进机制，创新党的基层组织设置和活动方式，形成了项目党建“四上”工作法，以高质量党建引领项目高质量发展。

一　背景情况

舟山绿色石化基地建设是浙江省深入贯彻落实党中央、国务院决策部署的一项重要工作。21 世纪以来，随着经济社会发展，浙江省乃至周边长三角地区石油石化产品消费需求不断增加，但炼化企业相对较少，大宗石化产品及化工新材料产品供应远不能满足市场需要。因此，建设大型炼化一体化项目，是浙江省发展所需，更是打破大宗石化产品垄断的重大国家战略使命。

① 习近平：《在全国组织工作会议上的讲话》，人民出版社，2018，第 13～14 页。
② 陈永建：《东海小岛崛起绿色石化基地》，《浙江日报》2024 年 1 月 6 日，第 4 版。

2013 年国务院批复《浙江舟山群岛新区发展规划》明确提出“按照市场需求，选择大鱼山等合适岛屿布局建设岛屿型、现代化、规模化的临港工业和大宗商品加工项目”。2014 年开始，浙江省正式谋划布局“高产烯烃芳烃、离岸型”大型石化项目。在充分考虑各个选址区域的基础条件、要素配置、预留发展空间、社会稳定影响、居民意愿、远离人口聚集区等因素的基础上，对舟山衢山岛、大小鱼山岛、岱山岛、大长涂岛、金塘岛、佛渡岛、六横岛等 7 个备选场址进行多番论证和专家评审，最终确定在大、小鱼山岛规划建设“离岸型”石化基地。

2015 年 2 月，国家发改委办公厅复函同意在舟山鱼山岛及其周边区域开展舟山石化基地的规划布局工作。2015 年 7 月，浙江省政府同意设立舟山绿色石化基地，将其纳入省级经济开发区管理序列。2017 年 3 月，国务院印发《中国（浙江）自由贸易试验区总体方案》，明确在鱼山岛打造国际一流的石化基地。2020 年 4 月，国务院批复同意了《关于支持中国（浙江）自由贸易试验区油气全产业链开放发展若干措施》，进一步明确要求加快舟山绿色石化基地建设。

舟山绿色石化基地规划总面积 41 平方公里，分三期开发。一、二期开发面积约 26 平方千米，规划建设 4000 万吨/年炼化一体化项目。该项目由混合所有制企业浙江石油化工有限公司（其中荣盛集团持股 51%，桐昆集团和巨化集团各持股 20%，舟山海洋综合开发投资有限公司持股 9%）投资建设，年炼油能力 4000 万吨、年产 800 万吨 PX（对二甲苯）、420 万吨乙烯及下游精细化工产品，计划总投资 2000 亿元以上，是全球单体一次投资最大的石化工程。[①] 该项目是打破周边石化强国对芳烃、乙烯等重要石化原料垄断、降低进口依赖度的标志性工程，也是建设以油品全产业链为特色的中国（浙江）自由贸易试验区的核心项目。三期开发面积约 15 平方千米，重点

① 《鱼山，一座国际绿色石化城的崛起》，《舟山晚报》2020 年 4 月 14 日；浙江石油化工有限公司：《企业简介》，https：//www. zpc-cn. com/#/Aboutus；浙江省发展改革委产业处：《舟山绿色石化基地提前完成 2025 年规划目标　实现“5 项首个、4 个第一”》，2022 年 11 月 17 日，https：//fzggw. zj. gov. cn/art/2022/11/17/art_ 1621012_ 58935191. html。

发展与现代制造、新能源、生命科学等新兴产业配套的石化新领域，形成世界级大型、综合、现代的石化产业基地。

作为国家重大战略项目，舟山绿色石化基地项目肩负使命重、投资规模大、参与人员多、建设时间紧、任务重、难度大，从前期筹备、整岛搬迁，再到工程建设，问题和困难接踵而至，主要表现为以下四个方面。

（一）项目建设任务繁重

一是工作量大。项目总投资超2000亿元，是国内迄今为止民营企业投资规模最大的项目，同时也是目前世界上炼油单体产业最大的项目，这样一个超级工程工作量也十分大。如前期鱼山整岛搬迁涉及1300余户、3700余人搬迁安置及6000多穴坟墓拆迁安放工作，需要完成勘测评估、房屋确权、居民签约腾空、新村安置等大量工作。且3700余人中仅有约500人常住在鱼山岛，部分居民实际生活居住在岱山县高亭镇、普陀区沈家门街道等地，这也给征迁工作增加了难度。[①] 又如，项目报批事项高达2000余项，规划建设1000余项。[②] 二是时间紧迫。舟山绿色石化基地是国家重点规划建设的七大石化产业基地之一，承担着缓解我国乙烯等产品对外依存度高的困境的重要使命。项目早一天建成，就能早一天为维护我国石化产业链原料供应安全作出贡献。因此，项目工期十分紧张。如鱼山整岛搬迁，类似规模搬迁工作通常需要数年才能完成，但为了给项目开工建设抢占宝贵时间，留给工作组的时间只有短短半年。三是环境艰苦。鱼山岛原本是一座悬水小岛，交通不便，进出必须坐船；岛上条件相对落后，生活物资匮乏，甚至用水、用电都存在困难；生产生活环境艰苦，晴天一身灰、下雨满地泥，昼夜温差大，给工作人员带来身体和精神上的双重挑战。

① 黄筱：《百桥连千岛，蓝海绘蓝图》，《新华每日电讯》2024年1月2日，第7版；《浙江省“人民满意的公务员”——方追雅》，澎湃新闻客户端：2019年10月12日，https：//m. thepaper. cn/baijiahao_ 4668472。

② 舟山市委组织部：《舟山项目党建“四上”工作法助力重大国家战略项目落地见效》，2021年6月11日，https：//www. zsdx. gov. cn/Article/Detail？Id=69611。

（二）基层治理压力巨大

一是人员密集。鱼山岛原有陆域面积仅6.68平方千米，经围填海后达到约26平方公里。在面积如此小的小岛之上，建设高峰期同时有600余家参建单位、8万多人驻扎小岛埋头苦干，人员十分密集，矛盾纠纷时有发生。二是观念差异。鱼山岛上务工人员来自31个省（区、市）、43个民族。[①] 不同地域、不同文化背景的务工人员在思想认识、价值观念、风俗习惯、生活方式等方面都存在一定差异，容易引发矛盾冲突。三是流动性强。项目参建单位和务工人员的流动性较强，单位和务工人员之间劳资矛盾纠纷频发多发，容易引发群体性事件；务工人员也容易产生漠视规章制度甚至法律法规、出现问题一走了之的思想倾向，给基层治理带来难度。

（三）安全风险十分严峻

一是围海造陆带来风险。大、小鱼山岛原有陆域面积不足以满足项目规划，因此必须进行开山爆破、围填海造地。项目总开山工程量达8700余万立方米，消耗炸药24000余吨，相当于填出了6个西湖。[②] 爆破炸药的运输、储存都存在安全风险。同时，项目爆破作业时间紧、规模大、强度高，爆破作业时还有数万名建设者正在岛上进行施工，进一步加大了风险隐患。二是复杂环境带来风险。项目标段林立、施工环境复杂，各类人员、车辆、设备众多，且有不同施工类型同时作业，安全隐患防不胜防。三是项目特点带来风险。一方面，项目位于悬水小岛，作业环境艰苦，吹填砂、插板、堆载衔

---

① 浙江岱山公安：《“连队+智治+融治”护航千亿级产业园》，2023年12月13日，https：//mp.weixin.qq.com/s?__biz=MzA4MTM1NjIwMw==&mid=2650842464&idx=1&sn=2250e27c719eb337df5d2617f4cfe740&chksm=846231a4b315b8b241aa397272d28d51b08b59b5583ea55a7e5fe58528aa3322baf84261fbf3&scene=27；中共浙江省委组织部省委两新工委：《写好融合文章 激活红色引擎——舟山绿色石化基地党建引领重大项目高质量发展调研》，《党建研究》2023年第4期，第48~51页。

② 庄列毅、徐祝君、陈铭熠：《浙石化，掀起石化产业一江春潮》，《舟山日报》2021年1月20日，第1版。

接组织难度大，也带来各类高空作业风险、设备安装风险、运输风险；另一方面，石化企业建设和管理过程中也存在许多环境风险和生产安全风险，各类风险叠加后，形成了多领域、多层面、多类型的风险源，如何有效掌控风险，进行精准化、精细化管理，这是对项目的又一大考验。

（四）技术难题亟待解决

一是石化项目难题。石化产业知识密集、技术密集。作为国家重点建设项目，舟山绿色石化基地是世界炼油产业单体最大的项目，也是国内技术含量最高、规模最大的炼化一体化项目。项目建设、运行过程中必然会遇到许多技术难题。技术解决不了，项目就无法推进，甚至半途而废。例如，上千吨、百米高的乙烯塔怎样安装？设施如何做到成功开机运行？许多特种设备如何安全运行？二是工程建设难题。项目前期涉及大量开山爆破、围海造陆、土地平整等基础设施建设，规模巨大，工程技术难题多，如爆区周边环境复杂、重要设施对爆破振动控制要求高等问题如何克服？海上围堤地质结构复杂，能否有效合龙？如何在复杂海底下打出高精度桩？三是配套设施难题。项目规模巨大，对原料供应、供水供电等配套设施存在要求，而鱼山岛交通不便，也给项目推进带来难题。例如，220 千伏鱼山输变电工程海底电缆铺设如何顺利推进？生产生活用水如何输送保障？如何保障原油安全稳定供应？各方面存在的一系列技术难题能否及时破解，关涉项目能否顺利推进。

面对一系列困难挑战，如何发挥党建引领作用和党员先锋模范作用，让项目快捷高效推进、保质保量落地，对当地党委政府来说是极为严峻的考验。

二　主要做法

在重大项目一线加强党的建设是助推国家战略加速推进的必要之举，也是将党的组织优势全面转化成发展胜势的重要实践。抓好混合所有制企业的党建工作，有助于发挥好国有企业和非公企业叠加优势，进一步激发企业活力、竞争力。如何推动项目党建和混合所有制企业党建工作互融共促，引领石化产业高质量发展，成为舟山发展面临的重要课题。

2015 年 6 月项目启动以来，舟山紧扣“围绕发展抓党建、抓好党建促发展”主线，推行“支部建在项目上、党旗飘在工地上、党员冲在火线上、组织关爱在心上”的项目党建“四上”工作法。1000 多名党员冲锋在前、吃苦在前，切实营造了“党员领头干、大家跟着上”的激情创业浓厚氛围，创造了绿色石化基地项目“十年任务五年完成”的“鱼山速度”“鱼山效率”。在此基础上，随着项目投产，舟山坚持“项目党建+混合制企业党建”同向发力、同步推进，不断推动浙石化实现党的建设和公司治理、业务工作上的深度融合，确保党的领导和党的监督贯彻公司决策、议事、运营的始终。

（一）坚持“支部建在项目上”，推动党建模式“三位一体”

始终将党的领导贯穿于项目建设全过程，做到项目延伸到哪里、党建工作就延伸到哪里、党的领导就延伸到哪里。

党建与项目同谋划。从项目谋划之初，舟山就树立了“抢占前沿、党建先行、护航发展”的党建工作理念，明确以工程项目为核心、以临时党委为主导、以建立临时党支部为途径的工作推进模式。

党建与项目齐落地。在鱼山整岛搬迁阶段，组织 163 名党员干部组建征迁临时党支部，采用联片包干的形式做好群众动迁安置工作。短短 20 天就完成了 10 万多平方米的群众房屋的丈量、勘测和评估等工作，40 天完成 1370 户群众房屋确权，半年时间完成了涉及 3400 余人的整岛搬迁征地工作。[①] 项目转入建设阶段后，第一时间成立鱼山项目指挥部临时党委，指导组建项目临时党支部，形成临时党委主导、各临时党支部共同参与的“两

① 《浙江省“人民满意的公务员”——方追雅》，澎湃新闻客户端，2019 年 10 月 12 日，https：//m. thepaper. cn/baijiahao_ 4668472。

位一体”运行模式。如中国铁建港航局集团有限公司作为最早进入鱼山的三家施工单位之一，党支部第一时间就申请加入了临时党委，接受属地化管理和业务指导，在促进项目桩基工程中发挥了积极作用。

党建与项目共发展。项目一期全面投产后，不断拓展临时党委的工作职责和范畴，及时调整临时党委班子，持续完善组织领导体系，吸纳浙石化等相关企业负责人担任临时党委班子成员，进一步强化临时党委重大事项议事决策功能，形成了基地管理方、项目运营方、工程建设方“三位一体”的运行模式。同时，联合浙石化党委致力于打造具有混改企业特色的规范高效的公司法人治理机制，确保党组织把方向、管大局，归纳提炼出“六化”工作法，保障项目规划、建设、运行过程零出错、零事故。

（二）坚持“党旗飘在工地上”，推动党组织运行“区域化”发展

始终坚持以项目为中心，确保组织建设、队伍建设、制度建设一体推进。

全面推动党组织区域共建。打破原先按企业所在地划分的局限，根据施工特点，划分片组进行管理，实现对企业和党员的有效覆盖，并依托上下贯通的组织体系高效协调解决项目对接、安全生产等各类难点问题。[①] 并建立组织共建、资源共享、党员共管、活动共办、事务共商“五共”机制，形成开放互动的区域化党建布局。如浙石化依托石化产业链党建联盟，纳管其上、中、下游企业，实行融合性党组织管理。

全面推动党组织有效覆盖。针对在岛党员流动快、变动大等特点，持续开展组织找党员、党员找组织“双找”活动，党组织和党员数据实行一月一更新。坚持因地制宜、便于工作、便于服务的原则，在生产车间、管理班组等建立兼合式党小组，构建起“横向到边、纵向到底”的网格化组织体系。

---

① 中共浙江省委组织部省委两新工委：《写好融合文章 激活红色引擎——舟山绿色石化基地党建引领重大项目高质量发展调研》，《党建研究》2023 年第 4 期，第 48~51 页。

全面推动党组织实体运作。指导各临时党组织规范“三会一课”“主题党日”等党内组织生活，通过一面党旗、一个喇叭、一排板凳搭建的工地党课，一个小组、一排书架、一间工棚打造的工地学习会等特色方式，推动党组织规范化建设、常态化运转。如中交上海航道局有限公司在严格开展组织生活的同时，每周召开例会，时刻掌握员工思想动态，以党员带头鼓舞团队士气，确保圆满完成促淤围涂任务目标，先后获得了“省工人先锋号集体”“岱山县先进党组织”等荣誉。

（三）坚持“党员冲在火线上”，推动党员作用发挥“兵团推进”

始终坚持一个党员就是一面旗帜，做到“关键岗位有党员、困难面前有党员、突击攻关有党员”。

认领难题、团队攻坚。绿色石化基地项目报批事项高达 2000 多项，规划建设 1000 多项，各部门党员顶住压力、克难攻坚，解决项目建设各类难题 200 余项。比如大昌建设临时党组织开展精细爆破技术攻关，一期开山爆破工程被评为“中国爆破行业样板工程”。有了大昌爆破的一马当先，随后跟进的中铁建、水电十二局、中交集团上航局等企业党组织前赴后继，充分发挥党组织战斗堡垒作用，全长 3283 米的南防波堤堤身提前 18 天合龙，总长 4502 米的西、北促淤堤提前 83 天合龙。[①]

比学赶超、领队赛跑。大力推行“党员示范工程”，设立党员责任区、先锋岗，创建党员标准化作业示范岗，广泛开展党员“四亮四比”活动，营造热火朝天的建设氛围。一期陆域形成工程用不到 60%的时间完成了 90%的总工程量，原计划需要 3～4 年才能完成的促淤围涂陆域形成工程，工期大大提前。先后涌现出了浙江省“人民满意的公务员”方追雅、浙江省五一劳动奖章获得者黄惠东、“全国安监先进个人”邬杨杰、“全国优秀民警”郑凡潞等一批优秀党员典型。

---

① 舟山市委组织部：《舟山项目党建“四上”工作法助力重大国家战略项目落地见效》，2021 年 6 月 11 日，https：//www. zsdx. gov. cn/Article/Detail？Id=69611。

联防联控、连队战斗。新冠疫情期间，依托“连队化+科技化”管理构架，组建20支党员突击队，建立防疫联勤机制，对在岛党员实行统一调度、统一指挥，以严密无缝的闭环连队化管控，筑牢疫情防控“铜墙铁壁”，确保了人员零感染、项目不停工。

（四）坚持“组织关爱在心上”，推动党建服务“质上提升”

始终把项目一线党员群众需求放心上，不断提升鱼山岛上群众的获得感、幸福感和归属感。

推进“项目育人”工程。把重大项目作为淬炼党员干部的大平台和发展培育党组织后备人才的练兵场，选派党员干部支持基地建设，吸纳素质过硬、表现突出的项目工作青年人才入党。很多早期被选派到项目的干部吃、住、行都面临巨大的挑战，被派到小鱼山岛上的干部甚至连续一年时间过着不通水、不通电的生活，充分彰显了党员干部在项目历练中的担当精神。

实施“一线提能”工程。开办“鱼山讲坛”“职工夜校”等课堂，联系协调培训机构上岛服务，提高一线员工在项目建设、征地拆迁、新农村建设等方面政策法规和操作实务能力，78名一线学员经过培训获得专业技能证书。①

开展“暖心关怀”工程。始终把岛上工人的生命安全放在心上，2019年台风“利奇马”和“米娜”影响岱山，岛上各级党组织带头开展了一次鱼山务工人员的大撤离大安置，在三天两夜的奋战中，撤离时没有一名务工人员落下，各安置点没有一起不稳定事件发生。春节期间，广泛动员在岛项目党组织和党员留岛过年，通过打出“温暖有爱”招牌、配套“稳定用工”举措，让在岛过年成为职工、企业、社会三赢之举。

---

① 舟山市委组织部：《舟山项目党建“四上”工作法助力重大国家战略项目落地见效》，2021年6月11日，https：//www.zsdx.gov.cn/Article/Detail？Id=69611。

三 经验启示

项目党建是舟山绿色石化基地项目的成功密码，是“鱼山速度”的核心“引擎”。通过党建引领，广大党员干部凝心聚力、冲锋在前，全体参建人员鼓足干劲、攻坚克难，短短五年时间就将鱼山由一座悬水小岛建设成一座现代化国际石化城，实现了“一个最大、五个首个、四个第一”：目前世界上投资最大的单体产业项目，也是迄今国内民营企业投资规模最大的项目；我国首个、世界第二个“离岸型”石化基地，我国首个炼化能力达到4000万吨的炼化一体化基地，我国首个投资规模超过2000亿元的石化项目，我国首个民营控股、国有参股的混合所有制炼化企业，也是我国首个被赋予打造绿色发展标杆的石化基地；推进速度国内第一，炼油、乙烯、PX等主要产品生产规模国内第一，炼化一体化率国内第一，单体投资国内第一。通过项目党建激活产业发展的舟山实践，可以得出以下几点启示。

（一）坚持党建引领，牢牢把握正确发展方向

习近平总书记指出：“党政军民学，东西南北中，党是领导一切的。”[①]重大项目涉及单位多、参与人员多、建设周期长，各方力量利益诉求各异、参与人员思想认识不同，要团结各方人员、力量共同奋斗，必须始终坚持和加强党的全面领导。舟山坚持将党的领导贯穿于项目建设始终，在成立项目指挥部的同时，根据项目规模大小、党员人数多少等因素，采取联合组建、依托组建、挂靠组建等方式，同步建立临时党委、党总支和党支部。从宏观层面来看，坚持党建引领，有利于将党的领导的政治优势运用到项目建设乃至参建企业的生产经营之中，引导企业始终坚定不移听党话、跟党走，确保项目建设始终沿着正确方向前进。从微观层面来看，坚持党建引领，项目参

① 习近平：《贯彻落实新时代党的组织路线不断把党建设得更加坚强有力》，《求是》2020年第15期，第4~9页。

建单位、工作人员尤其是务工人员就有了主心骨，能够团结凝聚在党组织周围，围绕项目建设目标共同砥砺奋进。

（二）创新组织设置，加强党的组织覆盖和工作覆盖

习近平总书记指出："严密的组织体系是党的优势所在、力量所在。"① 重大项目建设涉及政府部门、企业等多元主体，相关企业又涉及国有企业、混合所有制企业、民营企业，涉及工程建设、生产经营、维护保障等不同领域，参与项目建设的领域、内容、时间等不尽相同，是否具备党组织以及党组织的隶属关系也不尽相同；同时还有不少流动党员游离在党组织之外，不愿意主动亮明身份，如何理顺组织架构从而将党建引领落实到项目建设中也存在一定挑战。舟山全面推行"党委+支部+先锋队+责任区"管理体制，不断加强党的组织覆盖和工作覆盖。根据具体工作内容，打破原有党组织隶属局限，梳理设置 7 个片组、70 余个基层党组织，并将参建企业及建设者划分成 197 个连、465 个排、1075 个班，② 相关单位负责人和党组织负责人交叉任职，将党的组织架构融入项目建设、生产经营的治理架构之中，推动各参建单位党组织从无到有、从相互独立到统筹协调、从有形覆盖到有效覆盖，形成横向到边、纵向到底、上下贯通、执行有力的严密组织体系。实践证明，加强党的组织覆盖和工作覆盖，建立起严密组织体系，有利于高效解决项目建设中的各类难点问题，从而推动项目高质量发展。

（三）围绕中心工作，推动党建与业务双向融合

习近平总书记指出："要处理好党建和业务的关系，坚持党建工作和业务工作一起谋划、一起部署、一起落实、一起检查。"③ 党建与业务融合发

---

① 习近平：《高举中国特色社会主义伟大旗帜 为全面建设社会主义现代化国家而团结奋斗——在中国共产党第二十次全国代表大会上的报告》，人民出版社，2022，第 67 页。

② 夏冰、张灵姬：《"点油成金"助力海岛共富》，《中国组织人事报》2022 年 7 月 28 日，第 3 版。

③ 习近平：《在中央和国家机关党的建设工作会议上的讲话》，《求是》2019 年第 21 期，第 4~13 页。

展关键在“融”，必须把党建工作融入业务工作的全过程、各环节。舟山始终坚持围绕中心抓党建、抓好党建促发展，推动党建工作与重大项目建设同谋划、齐落地、共发展。基地临时党组织注重服务项目建设中心工作，根据重大项目建设进度和发展状况，不断拓展临时党组织的工作职责和范畴，及时调整临时党组织班子，持续完善领导体系和组织架构，强化临时党组织重大事项议事决策功能，不断完善党建工作格局。基地相关企业也主动推动党建与业务双向融合、相互促进。如基地主要生产企业浙江石油化工有限公司将“党组织参与重大决策”写入章程，制定10条党组织职责清单；基地生产设备主要维保单位浙江鼎盛石化工程有限公司实行党建“三同时”。实践证明，推动党建与业务深度融合，能够引领业务工作始终沿着正确方向前进，激发党员干部和全体职工凝聚力和战斗力；也有助于推动党建工作走深走实，保持和提升党组织的生命力和先进性，实现党建与业务相互促进、一体发展。

（四）营造良好氛围，汇聚实干争先强大动能

习近平总书记强调，办好中国的事情，关键在党，关键在人，关键在人才。[①] 重大项目建设需要依靠全体参建人员团结奋斗才能顺利推进，必须营造良好氛围从而充分调动干部职工的积极性。舟山各级党委政府高度重视项目宣传教育，突出价值引领、使命担当，强化服务国家战略的使命感、责任感，不断激发干部职工勇于攻坚克难、敢于担当作为的责任感、使命感、荣誉感。同时，舟山坚持项目难点堵点出现在哪里，资源力量就倾斜到哪里，不断提升党员和建设者们的获得感、幸福感和归属感。通过奖励机制激发党员干部内生动力，把重大项目作为淬炼党员干部的大平台和发展培育党组织后备人才的练兵场，对在项目一线真抓实干、敢于负责、实绩突出的优秀党员干部优先提拔使用。运用党建资源满足群众各类需要，设置“文化广场”、打造“建设者之家”，开展各类文化娱乐活动，让务工人员感受到党

---

① 中共中央党史和文献研究院编《习近平关于人才工作论述摘编》，中央文献出版社，2024，第80页。

组织的关心关爱。实践证明，通过思想引领、强化正向激励、加强关心关爱，有利于营造实干争先的良好氛围，有利于造就一支想干事、能干事、干成事的建设者队伍，从而汇聚起推进项目的澎湃动能。

四　展望

一名党员就是一面旗帜；一个支部就是一座堡垒。立足绿色石化基地项目党建的成功经验，舟山市围绕现代海洋城市建设“985”行动，制定出台《关于贯彻落实市委“985”行动推进海洋经济重大项目党建工作的实施意见》，全面迭代升级“四上五员”党建工作法，建立“1+8+5”党建工作体系，通过持续向项目一线派驻“党建指导员”，发挥好项目党建的“督导员”、干部表现的“考察员”、人才引育的“推荐员”、项目建设的“服务员”、安全生产的“监督员”作用，指导项目党组织实体化运作、实质化服务，将党建工作融入重大项目建设的各领域、各环节，推进党建与项目深度融合，全面发挥党的组织优势和党员先锋模范作用，切实把党建优势转化为推动重大项目建设、海洋经济高质量发展胜势，为高水平建设现代海洋城市提供坚强组织保障。

Z.14

党建引领海上治理高质量发展

——舟山"航行的支部"实践探索

蔡明璐*

摘　要： 伟大的事业必须有坚强的党来领导，高质量党建是高质量发展的引领和保障，在现代化海洋城市建设新征程中，需要持续推动党建引领海上治理创新，以夯实经济社会高质量发展的运行基础。而海上党建因其特殊的场域，一直以来是党建的薄弱环节，存在诸多痛点、难点、空白点。推进"航行的支部"海上党建，旨在解决组织体系覆盖难，党员教育管理难、作用发挥难问题，探索海上党建引领基层治理、推进共富发展的新路径。舟山市立足海洋海岛特色，创新实施党建引领海上治理新模式，通过整合各类主体、资源、技术、信息等要素，创新组织设置、党员教育管理，开展党建联建、先锋船创建，织密海上网格，搭建数字化智慧平台，实现了党的组织体系全覆盖，充分发挥了党建引领作用，推进了海上治理现代化，推动了海洋经济发展，为高水平建设现代海洋城市提供坚强组织保障。

关键词： 航行的支部　党建引领　海上治理　舟山

习近平总书记指出："坚持大抓基层的鲜明导向，抓党建促乡村振兴，加强城市社区党建工作，推进以党建引领基层治理，持续整顿软弱涣散基层

---

* 蔡明璐，中共舟山市委党校政治教研室教师，主要研究方向为马克思主义哲学、党史党建。

党组织，把基层党组织建设成为有效实现党的领导的坚强战斗堡垒。”① 舟山市委全面贯彻落实习近平总书记重要指示精神，扎实开展走基层、破难题、办实事、促发展的调研活动，在深入调研基础上，聚焦海上党建工作的痛点、堵点、空白点，以攻坚克难精神，扎实推进“航行的支部”海上党建，着力补齐海上党建短板，建强海上移动的战斗堡垒，着力打造具有示范带动和辐射影响的海上党建品牌，为进一步推进基层治理体系、治理能力现代化，推动现代海洋城市建设提供了坚强组织保障。

一 “航行的支部”海上党建的应然要求

“航行的支部”海上党建，是从舟山海岛实际出发，针对一部分生产经营业务和管理服务在“航行的船上”的特征，遵循组织原则，创新组织方式，灵活组建各类“航行的支部”，织密党在海上的组织体系，发挥好党组织的战斗堡垒作用，把全面从严治党向航行的船上延伸，从而推动党的建设全面进步、全面过硬，推动党建引领基层治理体系现代化，推动党建引领现代海洋产业高质量发展。开展“航行的支部”海上党建，其应然要求主要有以下三个方面。

（一）破解海上党组织覆盖难、党员教育管理难，建强海上战斗堡垒的应然要求

求木之长者，必固其根本。党的力量来自组织，把党员组织起来、把人才凝聚起来、把群众动员起来，这是我党的优良传统。舟山有各类船只上万艘，涉海群众近10万名，管理服务和间接从业人员超25万人，其中有5000余名党员长期流动性分布在各类船只上。② 由于海上特殊的环境，一直

① 《党的二十大报告学习辅导百问》编写组编《党的二十大报告学习辅导百问》，党建读物出版社，2022，第51页。

② 中共舟山市委组织部：《坚持党建引领 聚力经略海洋 舟山“航行的支部”走出海上党建新路子》，2024年11月。

以来存在党组织覆盖难，党员教育管理难、作用发挥难的问题。近些年来，舟山市各级党组织抓基层、打基础，积极探索创新海上党建工作，积累了一些好做法、好经验，如“瀛洲红帆”品牌、“远洋支部”等。但仍然存在党的组织体系覆盖不到位、党组织战斗堡垒作用不明显、党员引领带动作用不突出等现象，党员像分散在海上的珍珠，未能有效串联起来。海上党建存在诸多空白点、薄弱点，离党建高质量要求还有较大差距。推进海上“航行的支部”建设，就是要坚持问题导向、系统思维，在凝练提升已有特色亮点、经验做法的基础上，整合各类主体、资源、技术、信息等要素，整体提升海上党建工作，做到海陆统筹、上下一体、常抓常管，形成纵向到底、横向到边的组织体系网络。更要严肃党的组织纪律，严格党内政治生活，从严从实抓好党员日常教育管理，更好地发挥党员的先锋模范作用，把“航行的支部”打造成一座座移动的战斗堡垒，把党的政治优势、思想优势、组织优势转化为发展胜势。

（二）发挥党建引领作用，推进海域治理体系、治理能力现代化的应然要求

基层党组织是实现党的领导的基础所在，在基层治理中发挥着总揽全局、协调各方的领导作用，这就必须发挥好党建引领基层治理的作用，确保党中央的路线方针政策在基层落地见效。近些年来，面对海上治安问题复杂多变、海上纠纷易发多发、海上执法难度较大，安全隐患突出等特点，舟山市积极探索“海上枫桥”经验，以数字赋能渔业安全精密智控，推进大综合一体化海洋行政执法改革等，在“一支队伍管海洋”上初显成效。目前，海上各种执法力量，各类管理救助服务部门，仍需资源整合、互联互通，亟须党组织发挥统领作用，各类主体多元协同，提升海上治理效能。“航行的支部”海上党建就是要通过不断完善体制机制，构建跨海域、跨部门、跨地域的党建联建工作，推动船船结对、船企结对、企企结对、政银企结对、重点船舶修造企业党组织与驻舟部队结对、重要港口和“航行的支部”党组织结对，发挥好渔业生产捕捞业、海上交通运输业、海上管理服务部门及

其他涉海涉船行业、企业、涉海涉军项目的党组织战斗堡垒作用和党员先锋模范作用。并进一步完善网格智治体系，构建全域自动预警、精准防控、高效处置治理格局，推进海上网格集约治理、智慧治理，建设规范有序、畅行无阻的海上大通道，打造最高效管理、最安全海域、最优质服务、最绿色生态发展的海上治理新标杆，推动海上治理体系、治理能力现代化。

（三）服务国家海洋战略，推动现代海洋经济高质量发展的应然要求

海洋是高质量发展的战略要地，是高水平对外开放的重要载体，是国家安全的战略屏障。党的二十大报告强调："发展海洋经济，保护海洋生态环境，加快建设海洋强国。"① 舟山承载着服务国家海洋战略的重大使命，按照建设经略海洋先行示范区的要求，构建"一岛一功能"海岛特色发展体系和现代海洋产业体系，重点聚焦大宗商品资源配置枢纽建设，深化产业链供应链创新链党建联建，发展现代海洋经济，建设高水平现代海洋城市。这是舟山践行习近平总书记殷殷嘱托的政治担当，也是放大海洋优势、锻造发展硬核的必然选择，是迈向海洋城市现代化、走好海岛共富路的更高追求。对舟山来说使命光荣、责任重大，今后要成为海洋经济高质量发展的标杆、创海洋强国重要战略的支点，关键是要上下一心、真抓实干、奋力争先。推进"航行的支部"海上党建，就是要聚焦服务国家海洋战略，主动融入国家级新区、自贸试验区、舟山江海联运服务中心、大宗商品资源配置枢纽等国家战略，建强海上战斗堡垒，激发广大党员干部使命担当，充分发挥好基层党员干部引领示范作用，打造"百船引领、千船示范、万船竞发"的海上党建生动局面。② 推动党建与海洋产业融合发展，为推进海洋经济高质量发展提供坚强组织保障。

---

① 习近平：《高举中国特色社会主义伟大旗帜 为全面建设社会主义现代化国家而团结奋斗——在中国共产党第二十次全国代表大会上的报告》，人民出版社，2022，第 32 页。

② 中共舟山市委组织部：《坚持党建引领 聚力经略海洋 舟山"航行的支部"走出海上党建新路子》，2024 年 11 月。

二 “航行的支部”海上党建的实践探索

2023年以来，舟山市委、市政府在学懂弄通做实习近平新时代中国特色社会主义思想上下功夫，认真贯彻落实习近平总书记对舟山的重要指示批示精神，紧紧围绕“国之大者”和舟山市的中心工作，聚焦海上党建的现实问题，创新实施“航行的支部”海上党建，引领渔业生产、海洋运输、海上工程、海上执法、海防建设、海洋生态保护等领域党建互联互助，切实将海上组织优势转化为治理优势、共富优势和产业发展优势，为高水平建设现代海洋城市提供坚强组织保障。

（一）加强顶层设计，压实主体责任，着力打造党建引领海上治理新格局

在“航行的支部”海上党建推进中，舟山市始终坚持从实际出发，注重顶层设计、系统谋划，切实提高党建工作的针对性和实效性。一是坚持问题导向。针对舟山海上党组织覆盖难、党员作用发挥不到位、海上治理问题多等老大难问题，在深入调研基础上，分析研究问题症结所在，明确解决问题思路方法，紧扣党建引领海上治理和海岛共同富裕目标，持续推进海上党的组织覆盖，持续加大党员教育管理力度，着力破解海上党组织覆盖不全，党员教育管理不严、作用发挥不到位等问题。二是加强顶层设计。坚持“航行的支部”建设党建一盘棋。按照现代海洋城市建设和海上党建高质量发展要求，由市委组织部牵头抓总，会同相关业务部门，制定出台《关于加快“航行的支部”建设，推动海上党建“百千万工程”的实施意见》，明确实施要求，紧紧围绕打造党建引领海岛共富共享、党建引领助力海洋经济发展、党建引领海上善治服务、党建引领守护海上安全屏障、党建引领保护海洋绿色生态等重点目标而努力。三是压实主体责任。压实党组（党委）主体责任，落实行业主管部门具体责任，健全完善市县（区）乡镇村社四级联动、属地与部门融会贯通的履责机制，分类制定完善涉渔涉海业务部

门、乡镇街道、村居合作社党组织工作清单，实行清单制管理，层层传导压力、层层压实责任。

（二）夯实组织基础，提升组织能力，着力构建全覆盖的海上组织新体系

按照“航行的支部”实施方案，以县区为重点，制定“航行的支部”建设的时间表、路线图，确保全市“一盘棋”统筹推进，确保应建尽建全覆盖。一是因地因业制宜建。结合船只作业类型、党员分布、船只大小等特点，对有3名及以上党员的船只，单独建立“航行的支部”；对不足3名党员的船只，依托编组、航区、归属、作业海域、码头场站等联合组建；对流动性强、难以建立实体党组织的海上领域，组建功能型、临时性党组织，做到应建尽建。如岱山县整合全县22个涉海行业党组织，遵循“渔船编组、行业管理、航区相邻、后方保障”4组生产关系分类，组建功能型、临时型、兼合式3类20个“航行的支部”。二是“海陆一体”联动建。进一步深化巩固“红帆船”成果和“海陆一体、双网覆盖”等特色做法，在优化陆上网格设置、配齐网格治理力量的基础上，以2~4个生产编组渔船为单位组建“航行的支部”，形成同进同出抱团发展模式。普陀区围绕渔业生产、海上运输等五大领域，全面梳理船舶类型、编组、党员分布等情况，由属地党委或行业主管党组织牵头，组建功能型党支部18个、划分网格党小组115个，实现502名海上党员“离岛离港不离党”。三是对标对表规范建。各属地主管部门、涉海涉渔业务部门，从实际出发制定“航行的支部”推进方案，提出规范化标准要求，完善党组织设置，选优配强“航行的支部”书记，规范和创新海上“三会一课”，在船上、岸基，建立党群服务中心、党建微阵地。如普陀在滚装货轮上设立党建阵地、虾峙镇海运商会党总支设立船上“党员之家”活动室，舟山国际水产城打造集党性教育、联系服务、培训管理于一体的“航行的支部”示范阵地。普陀区还出台好学易记的“航行的支部”工作“十八法”，作为指导乡镇街道“航行的支部”建设的工作规程。同时，深化“一企两员”服务，由业务主管部门对重点

企业、协会等派出党建指导员和助企服务员，闭环落实党建联系指导工作。四是示范引领带动建。在各行业选树培育一批“航行的支部”先锋船，广泛开展争先创优活动。如交通局水路客运领域以先锋船带动全局，强化党建引领船舶服务、安全、管理提质升级。岱山县以“表现突出、党员优秀、互助奉献”为原则，推进“航行的支部”先锋船评选活动，选树一批党性强、威望高的船长党员为先进典型，通过先锋引领织密建强海上组织体系。同时，以镇街“互学互评互比”现场会、村社书记工作交流会等赛马平台开展晾晒比拼，在观摩借鉴中提升先锋船创建质量。

（三）注重教育管理，突出先锋带动，着力创造海上党建引领新优势

严格党员教育管理，发挥党员海上先锋作用，切实把比学赶超、创先争优的岗哨建到船头。一是创新党员教育管理。依托各类数字化终端、北斗卫星等平台开展海上党课教育，利用渔船拢洋和伏休时机，集中开展“航行的支部”船老大素质提升班、渔民党员进党校、为渔民党员派发“红色礼包”等，坚持“线上线下”结合，船上船下联动，推动海上党建工作正常化、常态化。如新一海建成6个“航行支部讲习所”，在内贸船上开设“甲板课堂”，利用空闲时间由8名高级船员党员轮流主讲。在远洋船上每月最后一天18点15分集合，进行1小时爱国主义教育。公司还搭建线上线下“同心U盘”，在线上设“同心U盘”平台，每周闹钟式提醒党员登录学习，线下实体U盘则为每艘船舶定制思想理论、安全生产等学习内容，方便船员船上播看。又如嵊泗县创设“海上讲堂”，通过组建“青年领学团”，制作“微直播”“微故事”“微影音”，开展网络直播宣讲等，提升学习教育效果。岱山、普陀2023年还探索开展“洋面上的组织生活”，截至2023年底已举办70余次，改变了过去只在拢洋回港才过组织生活的现象。二是落实相关激励政策。制定出台务实管用的“航行的支部”先锋船激励政策。对被评为“航行的支部”先锋船的，给予船员、船东一定的政策奖励。如普陀实行“白名单制”，享受部分渔业管理信任授权、最低利率银行贷款、生产资料购买打折优惠等政策，给予表现突出的党员船长、船员

优先作为各级评优评先、两代表一委员的推荐人选等。同时通过设岗定责、争先创优、“红黑榜”晾晒等，营造比学赶帮超的氛围，让党员冲锋在海上一线。三是发挥示范引领作用。“航行的支部”以先锋领航凝聚合力，促进党员在安全生产、环境保护、矛盾调解、文明守法、抢险救灾等方面树标杆、做表率，建立健全党员作用发挥长效机制。如设立海上网格救援小组，组建海上党员突击队等承担急难险重任务。在党建工作推进中，分行业、分批次先后选树一批党性强、威望高的先锋船船长、党员先进典型，发挥先锋引领作用。如浙岱渔“航行的支部”先锋船船长沈华忠，舍弃价值近10万元的蟹笼，勇救遇险沉没渔船的16名船员；水上货运公司深入挖掘“海上特别勇敢奖”船员许波奋、“飞舟3号”船长李海平海上救人；水上客运公司嵊泗同舟客运张岳平敬业奉献等先进事迹。以先锋带动全体，不断强化党建引领作用。

（四）抓好党建联建共建，助推海岛共富共享发展

各相关部门积极推动资源下移，力量下沉，通过联建帮扶，推动共富共享发展。一是抓实结对联建。深化“航行的支部”党建联建机制，推动全市涉渔涉海生产作业、管理服务的行业主管部门、企业、村社等进行党建联建，强化共同体发展。如定海区加强海上安全管理服务，搭建“海上的士”诉求直通、“海上红缆”网格智治等平台，通过阵地联用、活动联办、资源联享等举措，推动客运企业、客运站、客船“三位一体”党建联建作用发挥。到2023年11月，全市已有涉海涉渔行业主管部门与涉海村社支部结对联建550余个，船船结对联建1000多对，企企结对160余家，[①] 进一步带动“航行的支部”整体党建质量提升。二是推动共富帮扶。把党建联建与共富帮扶结对有机结合，精心培育一批懂技术、有能力、善创新的党员船长成为共富带头人带领创富，推动“先锋船”与其他船结对帮扶。通过设立共富

① 舟山市港航和口岸管理局：《舟山市港航和口岸管理局“航行的支部”调研座谈会材料》，2023年11月。

基金，提供就业培训等形式，加强渔民转产转业帮扶。如市港航和口岸局“航行的支部”先锋船，引领航运产业致富，为退捕渔民、失地农民提供就业机会。近年来，帮助2000余名渔民解决再就业问题，[①]推动共富发展。交投集团释放“一岛一功能”首发工程发展效能，量身定制特色水路旅游客运航线，多元融合“党建+交通+旅游”叠加效应，推动乡村振兴。渔业管理部门还专门开设四川达州“宣汉海员班”技能培训，解决西部地区青年就业问题。2023年以来，全市共开展涉海党员、船员“学历+技能”培训达1.2万余人次[②]，促进低收入涉海群体提技增收。三是建好“共富工坊”。畅通村企合作渠道，搭建村企合作平台，建好品牌带动、电商直播、渔旅融合等形态的“共富工坊”，打造产业升级新赛道。促进渔农民家门口就业增收，高质量发展建设共同富裕示范区。如普陀“一条鱼工坊”已形成生产、储存、运输、销售、溯源一体的全产业链融合联通体系，有力促进渔民增收、产业增效。同时推进“共富工坊”特色产品上船进站，打造“海上共富微市集”。目前已建成8个“海上共富微市集”，正在加快建设“朱家尖客运中心”“舟渡10”客滚船等20个以上“海上共富微集市”“共富驿站”，助推共富发展。四是打造共富示范带。推动部门资源下移，公共服务下沉，串联打造海岛服务、安全应急、编组生产、船企共富等多条示范带，助力“一岛一功能”“小岛你好”共富行动等中心工作提质增效。如岱山推进区域互助共富，定制海陆专项公共服务，联合交投客运公司、海事、卫健工委等10余个海陆党组织，推动“便民服务”到岸边、“医疗保障船”航行在渔区，“编组互助”随时在身边等8项公共服务下沉，增强涉海领域平安致富能力。普陀打造海岛服务、船企共富等多条共富示范带，实施“共富方舟”行动，每月以“共富方舟”巡回航行形式，将医疗援助、文艺下乡、红色代办、政策宣传等各类服务送到海岛群众身边。

---

① 舟山市港航和口岸管理局：《舟山市港航和口岸管理局“航行的支部”调研座谈会材料》，2023年11月。

② 舟山市港航和口岸管理局：《舟山市港航和口岸管理局“航行的支部”调研座谈会材料》，2023年11月。

（五）整合各方力量，打通治理壁垒，着力树好“海上枫桥”新标杆

坚持以党建为引领，统筹各方资源，打通“治理壁垒”，在形成治理合力、提升治理效能上下功夫。一是整合各方资源。把市县（区）单位资源、协会、商会、社会组织资源，各类海上企业资源等，进行整合调配，发挥其最大效能。通过打造海陆“联合作战”组团单位，以构建“航行的支部”之间党建联建机制为基础，建立联系指导、教育培训、矛盾化解、应急联动4项联建共治机制，实现船船结对、船企结对、企企结对、政企校企结对。通过实行联席会商、建立党建清单制度，统筹调配镇村和行业部门等各类资源，让党建资源下沉到一线，推动产业共兴、治理共抓、生态共护，合力解决海上急难愁盼问题，夯实共治共管共享的海上治理矩阵。如定海从解决远洋渔业党组织力量薄弱、船员党员作用发挥不够、管理部门职能交叉多等问题入手，整合各方资源，探索“红色编组+航行红网+红色港湾”工作体系，致力于形成“一网兜起远洋大小事”海上治理新格局。更是依托党建联建机制，助力海防建设，组织重点船舶修造企业党组织与驻舟部队、重要港口和“航行的支部”党组织结对，组建海上跨海投送、作战支援、船舶加改装等队伍，有效将海上党员渔民和“航行的支部”先锋船打造成“海上前哨”，在参与岛礁主权宣示、海上巡逻、军地支援等方面发挥积极作用，提供土地、深水岸线用于战备场地和码头设施等建设，涉军涉海项目全部顺利推进。二是构建网格智治体系。打破领域、条块、层级、单位和系统之间的阻隔，结合渔业生产、海上施工、客货运输、航线设置等实际情况，优化覆盖各大渔区、海区的海上网格，巩固“海陆双网”管理服务体系，实现对船员和船舶管理服务全覆盖。建立健全主管部门、管理服务站、编组长、船长四级监管服务架构，将“航行的支部”先锋船船长充实到网格员队伍中，深化船岸联动原则，在货运码头、客运站、渔业码头等地建设海员、船员、渔民“党群服务中心”，同步推进船上党建“微阵地”和海上“党群服务中心”建设，构筑海陆一体的党群服务新矩阵。健全党建统领网格智治，将渔业船、运输船、港机船等船只通盘纳入网格范畴，加强涉海群体联动管理服务，打通海岛基层

治理“神经末梢”。截至2023年11月，全市已设立海上网格770个、网格工作人员7300余名，全面纳管海上船只及10万名从业人员。[①] 三是健全矛盾纠纷互助调解机制。进一步畅通“诉求直通”机制，深化船员业务咨询热线和人力资源和社会保障服务热线，依托各领域数字化运行平台及时掌握船员诉求建议，解决涉海企业急难愁盼问题。建立以“航行的支部”先锋船为主体，设立“海上老娘舅”党员调解室、海上党员调解小组，将人民调解延伸到渔业生产一线，第一时间介入调处渔区矛盾纠纷，打造渔民自治、高效便捷的矛盾纠纷调解新模式。如定海积极探索“港湾诉求直通”议事“七步法”，完善涉海矛盾逐级分派和反馈闭环流程，实现简易纠纷海上实时化解、疑难杂症专员跟踪到底的治理新模式。2023年以来，全市成功调处矛盾纠纷650余起，[②] 为群众提供医疗援助、文艺下乡、红色代办、政策宣传等服务5000余人次，[③] 进一步提升了社会和谐度。四是推进数字赋能智慧治理。坚持党建引领与科技赋能有机结合，不断推进海上治理走向“智治”。破除“数据鸿沟”藩篱，搭建“一网通办”智慧服务平台，推动各类基础数据互联共享，优化“智慧治理”运行模式，以网格为单元、以数字赋能为支撑，提高运用信息化手段发现问题、解决问题、处置问题能力。推动海上治理由“稳得住”向“管得好”转变，树起海上枫桥经验新标杆。

三　“航行的支部”海上党建推进中面临的现实问题

（一）党员数量不足，组织基础依然薄弱

全市10万余名海上从业人员中，党员占比约5%，[④] 其中渔民党员人数

① 舟山市海洋与渔业局：《舟山市海洋与渔业局“航行的支部”调研座谈会材料》，2023年11月。

② 中共舟山市委组织部：《关于创新实施“航行的支部”海上党建工作的报告》，2024年10月。

③ 舟山市海洋与渔业局：《舟山市海洋与渔业局“航行的支部”调研座谈会材料》，2023年11月。

④ 中共舟山市委组织部：《坚持党建引领 聚力经略海洋 舟山“航行的支部”走出海上党建新路子》，2024年9月。

占比不到2%，[1] 一些船企、船只无党员现象较为突出。从事船上工作的党员，年纪普遍较大，尤其是渔民党员、航运企业党员。如定海小船党支部12名党员，其中65岁以上6名；[2] 新一海公司30名船上党员平均年龄50岁左右。[3] 此外，渔船、运输船上农民工较多，且流动性强、文化水平不高，而职务船员年龄普遍较大，入党意愿不强，导致可发展的人选较少。

（二）党员教育管理难问题还需进一步破解

受客观条件制约，集中开展组织生活的条件并不充分。如渔船在海上作业时较为分散，受洋面安全因素影响大，且单船党员为数不多，党支部“三会一课”、主题党日等活动组织难度大。即使在伏休期，因党员来自五湖四海，集中教育也会受影响；远洋渔船、国际海运船党员因长期在公海或国外作业，沟通联系、组织学习、管理服务相对更难。

（三）党建联建还不够紧密，实效性有待提高

行业主管部门党组织与受其管理服务的基层党组织联动还不够紧密，政策、人才、服务资源等落地还不充分。乡镇机关与涉海业务部门互联互通，做到应急时闻哨而动、快速下沉机制还需进一步深化。一些机关单位与渔村、合作社、涉海企业党建联建也需统筹规范，存在机关单位与个别渔村结对帮扶过多过滥现象，如10多个单位结对联建同一渔村支部，反而增加了基层负担。

（四）党建引领多元合作共治机制还不够畅通

陆海统筹意识不强，陆海网格没有完全贯通，网格支部对海上党员的动

---

① 舟山市海洋与渔业局：《舟山市海洋与渔业局“航行的支部”调研座谈会材料》，2023年11月。

② 定海区组织部：《定海区组织部“航行的支部”调研座谈会材料》，2023年11月。

③ 浙江新一海海运有限公司：《浙江新一海海运有限公司“航行的支部”调研座谈会材料》，2023年11月。

态管理不够到位，尤其是船上流动党员的管理明显不足。海上网格党建平台建设、数字化场景应用有待进一步推进，行业主管部门参与网格治理还未实质性融入。在一定程度上还存在条条、条块阻隔现象，属地管理为主、行业管理为辅的治理架构还需进一步理顺，各类主体协作共治的机制还不够畅通。

（五）党建助推共富共享发展的合力仍需进一步提升

基层共富需求与机关部门政策、资源、要素供给存在一定的不匹配现象。如少数机关单位在与渔村合作社党建联建方面，往往只限于每年举办活动，以及年终赠送米油作为慰问，实质性帮扶举措不多。船企、企企、校企、银企、政企等开展共富帮扶的精准、精细上还需加强。共富产业链贯通还不彻底，如远洋企业间仍存在单打独斗现象，上游环节与下游环节未能有效衔接，产业发展较为单一，产业链贯通还不彻底。

四　深入推动“航行的支部”海上党建的路径优化

打造“航行的支部”海上党建必须坚持问题导向与目标导向相结合，以“航行的支部”先锋船创建为引领、多元主体协作共治为基础，着力推动海上党建与产业发展深度融合，不断推进“航行的支部”党建工程全域提升、全面过硬，打造一条具有舟山辨识度的可复制、可借鉴的党建引领海上治理的新路径。

（一）坚持强基固本，建强海上战斗堡垒

一是抓组织有形有效覆盖。紧扣有形有效覆盖这一重点，适度加大船上党员的培养力度，注重从年轻船员中挖掘党员后备力量，从船员实际出发定制入党培训时间内容。加强“航行的支部”规范化建设，严格党务干部、支部书记履职清单化管理，确保“航行的支部”有形有效覆盖。二是抓党务干部素质提升。选优配强党务干部，选拔有胆识、有魄力、懂治理的优秀人才担任“航行的支部”党组织书记，持续选派第一书记、驻村驻企党建指导员。

主管部门每年组织“航行的支部”专题培训，举办涉海党务干部培训、支部书记轮训，通过理论教育、党务实操、案例分析、经验交流等，提高党建能力水平。三是抓党员教育管理创新。对党员人数多、船型大、条件好的船只，“三会一课”可以安排在船上开，航程较短、船型较小的一般在回港期间开。对远洋渔船、远洋海运船党员，基地党组织实行每月联系，动态管理。

（二）强化陆海统筹，发挥网格治理关键作用

一是优化陆海统筹网格设置。“航行的支部”的主阵地在海上，根基在陆上，只有海陆联动、同频共振，才能取得更大效果。坚持陆海一体，优化网格设置，理顺网格党组织与其他党组织关系，把执法、安全等部门资源下沉网格一线，有效解决网格治理力量分散，资源不足、末梢不畅问题。二是发挥网格治理关键作用。构建权责清晰、系统有序、协同配合、运转高效的网格治理机制，强化网格统领作用，发挥网格下联船上党员、上接各方力量的关键节点作用。依托陆上的党群服务中心、县区综合治理中心，将辐射范围延伸到海上，解决船上党建和服务覆盖不全问题。三是推进网格数智化应用。适应数字化转型发展的要求，推动数智化场景应用，通过开展网上组织生活、在线党课等活动方式创新海上支部活动形式，运用数字技术推进海上党建考核可视化进程，加快人工智能、大数据、5G 等海域治理应用，形成一批实用、管用、好用的应用场景。

（三）突出资源整合，提升管理服务效能

善于运用整合的理念方法，连通“党建孤岛”、打通“治理壁垒”。一是多元治理主体整合。进一步打破领域、条块、层级、单位和系统之间的阻隔，把各治理主体力量优化整合，合理调配，形成组团式服务、组团式帮扶，提高整体合力。二是多元治理资源整合。党组织汇聚各类资源，推动更多资源、服务、管理下移，通过建立需求、资源、服务项目三张清单，推动公共服务有效供给。如在公海密集作业渔区建设应急救助体系，提高远洋船医生配置人数，提供船员心理咨询热线等。三是多元治理机制、工具的融

合。把可以贯通的各类机制、治理平台尽量整合融合，防止碎片化、重复化，从而降低治理运行成本。

（四）聚焦共富共享赛道，凝聚共富共享发展合力

建立高层统筹协调、基层互通互融的涉海共富共享发展体系。由县区组织部牵头，设立海上党建专班，统筹海上党建、治理与共富共享发展。按照有利于解决基层急难愁盼问题、有利于促进共富共享发展的思路，合理调配党建联建工作资源，出台党建联建的规范标准，破解无效、低效联建工作，解决资源下沉不均现象。有效打通船企、企企之间产业链接，充分用好用足海上微集市、共富方舟、共富驿站、共富工坊、共富电商平台等资源，并不断开辟致富新赛道，形成党建引领共富共享发展的整体合力。

（五）注重考核激励，激发主体内生动力

一是转变考核方式。完善“航行的支部”考评体系，分类制定涉海涉渔业务部门、属地乡镇街道以及基层党组织工作标准，推动各领域考核方式从年终考核为主向日常考核、定期考核、阶段督查并重转变，积极探索“航行的支部”党建工作在线考核，动态掌握海上党建工作。二是压实责任链条。推行海上党务工作清单化、清单责任化。定期对海上党组织、党员个人在理论学习、制度执行等方面进行督导，持续开展涉海单位党组（党委）书记抓海上党建述职评议内容，完善党支部书记述职评议办法，着力将海上党建工作从“软任务”变成“硬指标”。三是突出正向激励。加大对优秀涉海涉渔支部书记、党务干部的培养力度，通过党员设岗定责、创优争先、星级评定等活动，激发党员内生动力。

“航行的支部”海上党建是一项继往开来的事业，致力于破解海上党建难题、治理难题、发展难题，具有鲜明的海岛特色和时代特征，成为党建引领海上治理的风向标。要知难而进，勇毅前行，以改革创新精神破难题、促发展，把“航行的支部”打造成国内极具影响力的时代标杆，成为有效实现党的领导的坚强战斗堡垒，为奋力谱写现代海洋城市新篇章做出更大贡献。

Z.15
党建联建助推舟山粮油产业高质量发展研究

胡又尹*

摘　要： 党建联建通过创新组织架构构建党建联盟，将党建工作融入粮油产业链供应链各环节，从而进一步加强党对粮油产业的全面领导。以组织链引领串强粮食安全产业链、供应链、服务链，推动实现党建工作和粮食产业链供应链发展良性互动已取得相当成效。而舟山粮油产业链党建联建在现实语境中，存在体制机制不完善、组织肌体引领力弱化等诸多问题，致使产业链上下游企业存在“联动难、同步难、配套难”等问题。党建联建的进一步深化对于推动链上党组织组团式、片区化发展，持续引领粮油产业释放发展动能、推动产业延伸、激发创新活力有着极其关键的引领作用。应通过完善党建联建系统内部体制机制，赋能产业链，引领供应链，构建产业集散基地，撬动全要素保障，找准党建引领舟山粮油产业链供应链高质量发展的关键路径，促进党建工作在推进粮食产业转型升级中发挥更大作用，构建形成更高层次、更高质量、更有效率、更可持续的现代粮油产业发展体系。

关键词： 粮油产业链　党建联建　党建工作　舟山

一　发展历程与现状

受产业发展影响，舟山粮油产业园区党建联建工作具有鲜明特色。一

---

* 胡又尹，中共舟山市委党校助教，主要研究方向为党史党建。

是产业优势明显。目前园区已聚集中储粮、中海粮油、良海粮油、省直属粮库等各类粮油加工仓储物流贸易企业40余家，年粮食加工能力280万吨，已投运仓储库容115万吨，在建库容130万吨，[①] 2023年，进口粮食中转量2780万吨，约占全国的17%，[②] 形成中央、省、市三级储备格局，示范带动作用非常明显。二是产业链条清晰。从园区产业分工来看，已基本形成了中转、仓储、加工、交易“一条龙”，并且上下游企业较多，合作稳定，为开展产业链党建联建工作提供良好条件。三是现有基础扎实。截至2023年底，园区已覆盖党员300余名，推动建立企业党组织8家，为切实增强基层党组织的服务效能、整合产业链资源、全面提升产业链竞争力奠定坚实的组织基础。

（一）粮油领域党建的实践探索

1. 组织联建：创新组织架构，打通党建联盟脉络

2023年以来，舟山国际粮油产业园积极落实国家粮食安全战略，紧扣“围绕产业抓党建，抓好党建兴产业”，深入开展“油你定好 粮心向党”粮油产业链党建工作。按照“产业相近、地域相邻、易于管理、活动有效”的原则，紧扣园区粮油产业布局实际，依托粮油特色产业，定海区成立全市首个粮油产业链党委，并组建产业链委员会[③]，形成产业链党委引领统筹、轮值主席单位党组织推进实施、3个联建主体（政府部门、链上企业、关联镇街）[④] 整体联动，N个链上党组织联建共建的“113N”党建矩阵，并在

---

① 浙江定海工业园区：《“山海粮缘，油润港城”——定海以奋进之姿向“天下粮仓”目标迈进!》，2022年8月29日，https：//mp. weixin. qq. com/s/8LUrxqBpEDHXRAmPW_ OF0w。

② 舟山市发改委：《升级“东海粮仓”守护国家粮食安全》，2022年6月22日，https：//mp. weixin. qq. com/s/FhHobly0w1qbUdjLp_ 8P0A。

③ 粮油产业链党委依托定海工业园区党工委设立，设书记1名，由定海工业园区党工委副书记、管委会主任兼任；设副书记2名，分别由定海工业园区党工委副书记、管委会副主任和定海工业园区党工委委员、管委会副主任兼任；另设党委委员4名，分别由舟山港老塘山中转储运有限公司、浙江省舟山储备中转粮库、舟山良海粮油有限公司、舟山中海粮油有限公司的党组织负责人兼任。粮油产业链党委对链上企业党建工作进行宏观指导。

④ 联建企业范围：目前园区辖内的比较有产业规模的企业，且平时活动互动较好；联建部门范围：全区跟粮油产业链有关的相应部门；联建镇街范围：本地粮食主产区与园区所在地。

良海粮油、中海粮油等龙头企业建立党建指导站。目前，共有联建企业 9 家（其中 2 家公司正在建设中）、联建部门 8 家、联建镇街 4 个。[①] 随着舟山粮食安全产业链供应链联合党委成立，通过链上党组织凝心聚力、携手共进，上下游企业抱团发展，同时充分发挥各个党支部的资源、平台等优势。围绕提升粮食产业链服务保障能力，联合党委下辖粮心通关、粮心储备、粮心加工、粮心保供 4 个功能型党支部。根据主体互动模式划分，舟山产业链党建联建属于产业集聚型党建联建模式。横向整合关联镇街党组织和大中小企业党组织，纵向吸纳粮油产业链上职能部门和上下游、大中小企业党组织，组建产业党建联盟，使得联建企业和联建部门在党建联建这一组织架构中达到基本均衡，发挥党建联建在资源整合上的优势，将产业关联企业党组织划归相关产业链党建联盟和属地镇街双重管理，形成产业链党建联盟一线管理、产业链企业“树枝式”汇集发展，通过产业共营、品牌共育、市场共拓等发展模式，拉伸产业链，提升价值链，增强整体竞争力。

2. 发展联促：立足党建联建，释放发展动能

构建“产业链党委统筹协调、链上成员单位具体负责”的管理格局。以龙头企业为牵引动力，聚焦招商引资、纾困解难、产业升级、创新发展、融合发展等重点领域，打通“采、购、储、加、运、销”之间的流通环节，切实将党建工作嵌入“采、购、储、加、运、销”全业务流程，强化以组织链引领建强供应链、产业链、服务链。坚持常态化覆盖和联建共建相结合，全面激发党建工作促进产业发展的联动引擎。基于产业链党建联建组织架构，不仅将产业链各环节前后贯穿、有机融合、一体推进，也将职能部门、生产企业、高校院所等领域的政策、人才、技术等要素整合起来，把党的组织优势转化为产业集聚优势，发力构建进口、储备、加工、贸易粮油全

① 定海区粮油产业链党建联建，以浙江定海工业园区党工委、舟山出入境边防检查站执勤五队、中央储备粮舟山直属库有限公司、双桥街道浬溪村、浙江省舟山储备中转粮库（浙江方舟粮食仓储有限公司）、双桥街道临港村、舟山港老塘山中转储运有限公司、舟山港兴港海运有限公司、舟山良海粮油有限公司、舟山中海粮油工业有限公司、浙江华和热电有限公司、舟山华康生物科技有限公司 12 家单位为成员单位。

链条发展模式，变“各自为战”为“全链贯通”。把做实产业链党建作为服务企业、培育产业、做强园区的关键抓手，进一步推动粮油产业迭代升级。

3. 服务联享：凝聚党建合力，强化集成保障

以“组织链”优化“服务链”。由各主管部门业务处室牵头成立粮心保供、粮心通关、粮心储备、粮心加工等 4 个功能型党支部，推动链上问题协同解决，破解安全生产等企业难题 30 个，助力链上企业发展。依托产业链党委每季度的联席会议问题解决平台，集聚助企力量，全时态破解涉企难题。为上下游企业提供交流平台，并现场交办企业诉求事项。集聚助企力量，梳理一套办事工单。全时态破解涉企难题。打通问题收集、反馈、解决的“绿色通道”，产业链党委定期收集链上企业诉求事项形成助企办事清单，依托每季度一次的轮值联席会议进行现场交办，形成“企业吹哨—支部领办—党委督促—专员推进—限时反馈”的办事闭环。选派暖企专员担任重点企业“第一书记”。推动“政校企”互通，推动形成多方联动、多方促进、多方共赢的发展格局。组建“粮心应急团”“粮心志愿团”“粮心助企团”三支联建团队，以“粮心助企团”等党建联建团队为抓手，广泛开展“我为企业解难题”“金点子助企”等活动，双向匹配重点企业暖企专员，切实帮助企业解决生产经营中的难题。2023 年以来，解决链上企业人才住宿、事项审批、基础设施需求等“急难愁盼”问题 50 余个。产业链党委聚焦阵地建设、粮食安全、企业发展、职工业务能力提升、职工业余生活等重点问题，通过理论联学、活动联办、发展联动、治理联谋，共享安全生产、人才培育、储粮技术等各类资源，将党建联建“组织力”赋能企业发展“生产力”。

（二）成效与反响

1. 基础配套功能不断夯实，助力产业链组织经济发展

为更好服务园区内已落户的中海粮油及省、市粮库等粮食企业，在市区两级党委政府的部署推动下，成立舟山国际粮油集散中心建设开发管理委员会，负责园区的开发建设、日常运营和招商引资。十年间，舟山粮食产业园不断跨越发展，先后落户一批大型粮食加工仓储类的企业和项目，仓储库容规模、规上工业产值以及港口吞吐量逐步提升。2023年1~7月，产业园实现进口粮食中转物流量1805万吨，预计占全国比重超20%，同比增长9.5%；粮食加工量114万吨，同比增长23%；规上工业产值46亿元，同比增长9%；国内贸易额54亿元，同比增长8.3%。[①] 通过党建联建推动生产作业“同频共振”，企业在提升产能上进一步加大与园区共建单位合作力度。以老塘山中转储运有限公司为例，作为N个链上党组织之一，通过发挥链上党员先锋模范作用，跨企业、跨领域组建党员攻坚小组，常态化开展“党建引领携手发展”圆桌会，加大舟山出入境边防检查站的合作力度，申报系统提前预检，减少等待时间，提升作业效率，实现舟港公司上半年粮食接卸量507.88万吨，同比增加12.42%。[②] 目前，宁波舟山港老塘山作业区已成为长三角地区最大进境粮食口岸，产业沿长江辐射至川渝地区。此外，依托江海联运优势，推进江海联运船舶和航线功能型党组织建设，实现对江海联运船舶的组织延伸和工作覆盖，凸显产业链资源整合、体系融合优势。通过党建联动企业发挥舟山港区“黄金水道”优势，充分利用海进江、江出海的双向集散特色，建设集装箱码头，构建完善江海联运、海铁联运、公海联运的多式粮食集疏运体系，畅通国内国际供应链，推动优化船舶运力调配。截至2024年3月，共有江海联运航线14条[③]，“运输网络”几乎辐射整个东部沿海地区及长江水域港口码头。

2. 以党建联建引领撬动全要素保障，提供便捷便利助企服务

党的十九大报告针对基层党组织建设明确指出：“要以提升组织力为重点，突出政治功能，把企业、农村、机关、学校、科研院所、街道社区、社会组织等基层党组织建设成为宣传党的主张、贯彻党的决定、领导基层治

① 定海区人民政府：《“链”上党建筑牢粮食安全“压舱石”》，2023年8月21日，http://www.dinghai.gov.cn/art/2023/8/21/art_1489648_59099759.html。

② 《“天下粮仓”如何从无到有》，《钱江晚报》2024年8月19日，https://baijiahao.baidu.com/s?id=1807801076598781523&wfr=spider&for=pc。

③ 浙江省推进“一带一路”建设工作领导小组办公室：《浙江舟山多线并进实现江海联运“开门红”》，2024年4月9日，https://www.yidaiyilu.gov.cn/p/0GK3QLQV.html。

理、团结动员群众、推动改革发展的坚强战斗堡垒。”① 舟山粮油产业链党建聚焦畅通粮油进关等关键问题，16 家单位党组织与粮食产业园内企业党组织开展党建联建，围绕全业务流程组建 4 个功能型党支部，推行“企业点单、党委派单、团队接单、企业评单”办事闭环机制，省储小麦检疫检验放行周期从原来 2 周缩短到 1 周、大豆离岸现货交易试点保税仓库实现全国首单现货交割，有力保障全国 1/5 的进口粮食通关、储运畅通。深化口岸监管服务领域党建联建，发挥舟山口岸联合党委的议事协调作用，着力优化高效便利的口岸营商环境。做优金融服务领域党建联建，深化自贸区金融政策创新和服务提升。粮油的“储、运、加、销”需要大量的资金需求，而园区的一些企业特别是民营企业存在因金融支撑不够而不能发展壮大的问题，通过党建联建增强金融服务粮油产业的支撑力。各部门党组织通过一系列便利便捷助企服务，全方位增强了党建联建的综合服务能级，有效落实产业链企业问题解决闭环机制，完善了园区营商环境优化机制。如在企业收购过程中，往往需要开具多项合规证明完成股转债，涉及发改、环保、资规等多个部门，但在粮油产业链暖企专员的帮助下，仅仅几天企业就完成了收购证明开具。

二　存在的问题

舟山粮油产业园区通过党建联建将党的组织链建设与产业价值链建设结合起来，龙头企业与中小企业串联起来，打造粮油产业“党建共同体”，充分发挥了产业链党组织作用以及经济促发展功能。通过龙头企业帮扶作用，加强上下游企业经营管理，促进企业文化建设，反馈市场信息与提升经济效益。同时，通过产业链竞争优势，激发中小企业党建热情，汇集产业链合作、创新、发展的“最大公约数”，将党的政治优势、组织优势充分转化为

① 习近平：《决胜全面建成小康社会　夺取新时代中国特色社会主义伟大胜利——在中国共产党第十九次全国代表大会上的报告》，人民出版社，2017，第 10 页。

企业和产业的发展优势、竞争优势，“链”上党建推动粮油产业高质量发展。然而，产业链党建在实际运作过程中仍存在党建工作和生产经营“两张皮”问题，党建联建工作如何将“各自为战”的企业主体打造为“全链贯通”的党建联盟，将“步调不一”的大小企业转为“链上同频”的党建共同体，是需要进一步攻破发展的难点与堵点。

（一）党建联建机制有待进一步完善

舟山粮油产业园紧扣“围绕产业抓党建，抓好党建兴产业”，深入开展“油你定好 粮心向党”粮油产业链党建工作。在印发《关于加强产业链党建助力定海区粮油产业集群高质量发展的实施意见》后，成立全市首个产业链党委，构建了“113N”党建联建组织架构，实现了党建工作的参与主体由单一变为多元。尽管党建联建已涵盖园区内涉及通关、储备、加工、保供的企业，及部分较为重要的龙头企业，但在部分小企业组建党建联盟仍有欠缺。而未开展党建联建的企业更多还是依托企业党组织孤军奋战，基层战斗堡垒作用的发挥大打折扣。此外，科学有效的机制是深入实施党建联建的重要保障。目前，园区产业链党建工作的体系化建设需要进一步加强，党建联建工作的领导体制、党建责任亟待明确，党建联建工作机构设置、党务人员配备不平衡的问题需要进一步解决。

（二）党建联建组织力有待进一步提升

党的基层组织是党的全部工作和战斗力的基础，严明的组织体系是党的优势所在、力量所在。党建联建将基层党组织下沉至“采、购、储、加、运、销”之间的流通环节，将产业链各环节前后有机融合与贯穿，全面激活党建工作成为促进产业发展的联动引擎。因而，党建联建的组织力影响着党组织在园区全产业链发展中的渗透力、影响力和覆盖力。目前，园区在推进产业链党建联建过程中存在以下问题。一是思想认识不足。仍有部分中小企业对产业链党建联盟工作重视不够，主观能动性较弱，甚至认为把时间和精力放在党建工作上会影响企业正常的生产和运营。二是党建人员配置不足。由于产业链参与协作的企业较多，在进行工作指导与联络的过程中，仅仅依靠园区党委与龙头企业力度稍显不足，需要一支固定的党务管理团队进行常态化的保障工作。

（三）党组织的引领力有待进一步加强

党建联建的引领力直接决定着产业链与党建链延伸与共融的程度，按照产业发展链条推动党建联建则是推进产业链党建的首要原则与根本指向。粮油产业链供应链在协同发展中存在如下难点与堵点。一是上下游企业“联动难、同步难、配套难”等问题亟待破解。目前，舟山粮油产业园区已有40多家粮油仓储、加工企业入驻，形成了相对完整的产业链配套能力，但产业链内循环机制还有畅通的空间。以粮油通道的实际运作为例，由于粮油产业具有大进大出、利润微薄的特点，因而企业对于运输成本、时间成本非常敏感，高昂的运输成本、时间成本必然影响企业竞争力及园区对于粮油企业的吸引力。当前，产业园区企业原料中转、产品出运从舟山经跨海大桥至内陆物流成本每吨增加20~30元，降低了区块竞争优势。这就需要推动资源需求供给匹配，链上企业协同发展。二是产业关联度不强、融合度不高、产业链不长的问题仍然突出。如加工业以大豆加工为主，品种相对单一，且产业发展尚处低端，产品附加值不高。此外，资源约束趋紧制约产业招引，而现有产业优势没有转化成产业链招引优势，比如园区两家大豆加工企业每年生产大量的豆粕，园区以及企业没有以此为依托招引落地一批以豆粕为主要原料的饲料加工企业。三是粮油产业发展合力尚待强化。园区部分基础设施老旧，如老塘山三期码头转运塔部分设施老旧，货物装卸扬尘严重，污染防治设施建设不健全，现有设施不能满足码头运行需求，存在货主改港、货源流失风险，对园区综合服务的专业化水平提出了更高要求。金融服务粮油产业的支撑力还不够，粮油的“储、运、加、销”需要大量的资金需求，而园区的一些企业特别是民营企业存在因金融支撑不够而不能发展壮大的问题。园区骨干企业与上下游企业利益联盟还没有形成，园区仓储、技术、管理、物资、信息、资金、市场等资源共享性不足，具有一定影响力的品牌企业还比较少。因而，党建联建要抓住产业链发展实质实效这一关键，各成员单位要结合工作实际，围绕需求优化服务。四是政策优势不明显。舟山作为省内最大的储备粮基地，要进一步提升储备粮的效益，打造省级乃至长三角的粮食综合应急储备保障基地，需要向省级主管部门争取更多的相关扶持政策。

三　对策建议

粮食安全是国之大者。舟山粮油产业园区秉持“围绕产业抓党建，抓好党建兴产业”宗旨，推动党的政治优势、组织优势成为粮油产业集群高质量发展优势，把“安粮之举、兴粮之策、惠民之道”落到实处。党建联建的进一步深化对于持续引领粮油产业释放发展动能、推动产业延伸、激发创新活力有着极其关键的引领作用。接下来，舟山粮油产业链要通过基层党支部全覆盖、党建结对全覆盖、党建阵地全覆盖等一系列体制机制的推进，系统增强粮油产业安全性、稳定性与竞争力。

（一）以党建联建构建联动体系，持续强化组织覆盖

一是进一步优化党建联建组织设置。优化企业党组织设置，将机关、园区、企业等各级党组织聚合起来，实现党组织对粮油供应链产业链的全领域、全周期覆盖。以联合党委为领导核心，发挥联合党委统筹协调作用。指导粮食产业园区内聚集的各类粮油加工仓储物流贸易企业，进一步优化组织设置，推动有条件成立党组织的企业单独成立党组织；有党员但不能单独组建党支部的企业通过联建等形式，分领域、分环节成立联合党组织，全面构建“1+N”供应链产业链党组织覆盖体系。并由联合党委牵头，定期组织召开碰头会、交流会、推进会，实现大事共议、实事共办、要事共决、急事共商、难事共解“五事联办”的良好局面。同时，结合微网格化管理，统筹产业链党建资源，成立网格党小组，在关键生产线设置党员先锋岗、示范岗和责任岗。

二是进一步建章立制。依据现有粮油产业链党委会议制度，落实各成员单位工作协调机制，并建立协调会议、联络员例会、工作联系沟通等制度，推动日常工作开展。构建明确的职责分工制度、日常运行协同机制、党建联盟经费保障机制。建立联合党委专题会议、工作例会等实体化运作机制，常态化研究党建工作发展规划、协商破解工作难题等。推动联合党委与上级相关部门企业开展党建联建，建立粮油供应链产业链党建联席会议制度，出台党建联建工作章程，建立轮值单位制度，每季度由轮值单位党组织（以企业为主）主持召开联席会议，围绕区域内粮油供应链产业链党建工作中的发展堵点、攻坚难点等开展共商共研，推动联席会议常态化、长效化运作，建强轮值机制。同时，建立工作述职和报告制度。各成员单位每季向粮油产业链党委报告工作开展情况。粮油产业链党委每半年向区委组织部、区委“两新”工委报告工作情况以及各成员单位履职情况。

三是构建内外联动体系。首先，以项目为导向，深化党建联建。深化项目党建推进机制。聚力推进园区重点项目，选派“组工联络员”，发挥前哨作用，坚持跟班工作，紧盯项目建设进度，为企业提供全过程咨询服务，当好项目服务员，保障链上龙头企业新上项目策划即入库、拿地即开工、建成即投用。其次，以链上企业为主体，以企业之间的联动带动党建联建。推进链上企业之间的联动，构建产业链牵头部门党组织引领、链主企业“头雁”带动、链上企业协同推动的“1+X+N”党建联建责任体系，推进产业链企业之间合作共赢、资源互补、人才技术共享，加速项目、人才、成果在链上企业顺畅流动，最大限度优化要素资源组合。最后，以问题为导向，倒逼党建联建功能发挥。如在提升粮油运转效率方面，依托江海联运优势，深化“航行的支部”海上党建，联合舟山交投集团下属新一海海运公司，推进江海联运船舶和航线功能型党组织建设，强化对江海联运船舶的组织和工作覆盖，推动优化船舶运力调配。同时，推动链上广大党员强担当、勇作为，争筑安全生产屏障、争做安全生产先锋，充分发挥在安全运输等方面的带头作用。

（二）以党建联建赋能市场链，打造业务拓展高地

党建联建，首先要聚合有利于产业发展的政策资源。一要统合市区联建，统筹用好两级资源。市级层面强化统筹，将粮食产业园区建设纳入通盘考虑，给予等同市级平台的用地规划、招商优惠政策待遇，联动园区加强产业链招商，引导大型精深加工企业、高端饲料企业等优质粮油食品加工产业资源向园区集聚，着力转变以食用油脂初加工为主的产业格局，逐步发展大豆、玉米和饲料加工全产业链。二要贯通部省联建，全力争取政策倾斜。放大舟山作为进境粮食口岸独有的进口粮食接卸减载中转优势，加强与省级主管部门和国家口岸部门对接，推动舟山成为省级粮食储备和应急保障中心，争取将企业商储尤其是国际粮源储备纳入战略储备总盘子，探索“平时集散、急时应急、战时应战”运营体制，并享受相关扶持政策，努力打造省级乃至长三角的粮食综合应急储备保障基地。三是引育人才联建，提升产业链软实力。以“三支队伍”建设为抓手，通过提升产业链软实力来发挥党建引领粮油产业链发展的红色引擎作用，依托高校、科研院所、共建单位等力量，组建“产业链党建联建智库”，为“两新”组织党建工作、项目落地、人才引进、企业发展、产业链壮大升级等问题提供解决方案。如创建一个“粮心智库”，聘请一批粮油行业专家，遴选一批“卡脖子”关键共性技术，引导链上党组织和党员联合开展揭榜挂帅、联合攻关，推进粮油产业链基层党组织融合集聚、联合协作。

（三）以党建联建整合资源，撬动全要素保障

推动服务要素“主动”而“有为”，更利于企业发展提速。一要开放联建，畅通粮油进关机制、提升粮油运转效率、提高口岸开放水平，构筑制度优势，构建高速高效粮油通道。联合质检、海关、港航、海事等部门，探索粮食进口检疫审批制度创新，助力现有行业骨干企业申请设立进境粮食保税区，推动智能化保税仓储设施建设，拓展“进口—加工—复出口”、进口大豆期货交割交易等业务，培育保税仓储、保税加工和国际贸易，促进企业通

关便利化、保税仓储加工规模化、粮食贸易多元化。二要创新联建，构筑科技优势。以企业为纽带，链接商务、经信、科技、财政等行政资源以及研发机构、行业人才等创新要素，加大对重点企业科技创新项目的培育扶持，为企业关键技术研发、智能装备更新、精深粮油产品开发提供有力支撑，推动储备设施机械化、自动化、智能化，助力优质产品上规模、特色产品标准化、绿色产品创品牌。此外，随着粮食“散改集”物流设施逐步完善，江海铁陆多式联运成为粮食运输的重要组成模式。三要安全联建。落实耕地保护与粮食安全责任制，通过党建联建关联粮食安全考核，加强粮食储备和流通能力建设，提高粮食安全保障能力。加快舟山粮食产业园的建设招引，提高农产品流通效率，成功申报江海连菜籽油为浙江好粮的品牌。购置政策性粮食仓储设备，做好粮食购销领域监管信息化工作，落实粮食收购政策，强化粮食产后服务，为农户提供现场烘干仓储技术指导服务，全年完成粮食的订单收购等内容。

（四）以党建联建引领产业发展，构建产业集散基地

构建强大的产业集群是推动粮油产业高质量发展的重要方向。党建联建，归根结底要贯通产业链价值链上的各方主体，打造利益联结的统一整体。一要联运联建，打造进口粮食中转集散利益体联盟。致力于畅通“粮食出口国—舟山粮食产业园减载仓储交易加工—国内主销区”粮食进口路径，以舟山建设国际一流江海联运枢纽港为契机，支持园区与国际粮食装运港、沿海及长江沿线港口、临港粮食物流园区和加工企业、粮食进出口企业及运输企业建立长期稳定合作关系，引育发展全程联运贸易金融综合服务主体，不断提高舟山在全球粮食物流和贸易网络中的支撑力和影响力。二要共享联建，推行企业之间仓储、信息、资金、市场等资源有偿共享、优势互补，提升社会化分工和专业化协作水平，打造“大项目—产业链—产业集群”的发展模式。聚力推动粮食产业向价值链高端攀升，持续推动储运、加工、贸易全产业链发展，积极拓展粮食中转、期货交割、现货贸易等业务，为园区做大做强国际国内贸易打下扎实基础，助推产业加快集聚。三要

数字联建。藏粮于库，更要藏粮于技。积极引入数字化物流平台，实现物流信息智能化、实时化、可视化，构建高效的物流体系。积极推进“浙江粮仓”收购储备系统应用，推进“未来粮仓”建设，进一步提高粮食出库效率。党建联建要持续支持粮食产业升级、粮食精深加工、粮机高端装备等关键性技术研发，同时推动现代生物技术、信息技术、智能制造技术等与粮食产业的深度融合，加强粮食产业业态创新、模式创新、渠道创新，不断提升粮食产业生产效率、企业经济效益。

Z.16
舟山口岸开放与对外贸易研究

杨振生*

摘　要： 舟山地处长江、钱塘江和甬江出海口，具有优越的地缘和区位优势，口岸含舟山港水运口岸和舟山普陀山国际机场航空口岸。其中，舟山水运口岸依岛而建，是典型的群岛型口岸，舟山普陀山国际机场航空口岸于2023年10月通过对外开放验收。依托得天独厚的口岸优势，舟山持续优化口岸港航基础设施和营商环境，打造“一中心三基地一示范区”，推动了舟山外向型经济发展。舟山外贸进出口产品以大宗商品、修造船、水产品为主，贸易市场涉及全球210个国家。近年来，舟山重视对外贸易平台建设，打造了跨境电商综试区、外贸专项升级基地、进口贸易促进创新示范平台等多个载体，并积极出台系列措施，引育外贸企业，支持企业拓展外贸渠道，鼓励探索外贸新模式、新业态，推动舟山对外贸易额稳步增长。

关键词： 口岸开放　营商环境　对外贸易　进出口　舟山

一　我国口岸开放与对外贸易总体概况

（一）我国口岸开放总体概况

口岸是国家对外开放的门户，是对外交往和经贸合作的桥梁。截至2023年底，我国共有经国家批准的对外开放口岸315个，水运口岸129个

---

* 杨振生，博士，上海海事大学教授，主要研究方向为内河航运、绿色船舶、信息与信号处理。

（其中河港口岸 53 个，海港口岸 76 个），陆路口岸 103 个（其中铁路口岸 21 个，公路口岸 82 个），空运口岸 83 个[①]。我国口岸开放发展主要呈现以下特征。

一是口岸开放水平不断提升，口岸布局不断优化。近年来，我国口岸开放数量不断增加，形成了沿海、沿边、内陆协同发展的格局。二是口岸基础设施建设不断完善，通关便利化水平显著提升。近年来，我国开展了智慧港口示范工程、无人码头等重点项目建设，在部分港口初步实现了港口智能化、无人化作业，口岸查验、检验检疫、自助通关等领域智能装备设备应用更加广泛，口岸智慧化水平不断提升，货物通关效率不断提高。三是口岸数字化信息化水平不断提升，口岸营商环境不断优化。截至 2023 年底，全国 31 个省级行政区划和部分地市级实行了国际贸易"单一窗口"建设，实现了进出口报关、货物监管、贸易摩擦、电子商务等多个主题的数据共享与交换。截至 2023 年底，我国"单一窗口"服务共拓展至 23 大类 875 项[②]，进一步提升"一站式"综合服务能力和贸易便利化水平，相关经营主体获得感不断增强。

（二）我国对外贸易总体概况

面对复杂严峻的外部环境，我国采取积极措施稳定外贸规模，外贸运行总体稳定。2023 年，我国进出口总值 41.76 万亿元，同比增长 0.2%。其中，出口 23.77 万亿元，增长 0.6%；进口 17.99 万亿元，下降 0.3%，实现了出口规模稳中略增、外贸质量稳步提升[③]。2024 年上半年，我国外贸规模历史同期首次超过 21 万亿元，进出口增速逐季加快，二季度增长 7.4%，较一季度和上年四季度分别高 2.5 个、5.7 个百分点[④]，外贸向好势头得到进一步巩固。我国对外贸易发展主要呈现以下特征。

---

① 中国口岸协会，http://www.caop.org.cn/kaifangkouan/gaishu/。

② 中国青年报，http://news.cyol.com/gb/articles/2024-01/24/content_AjedG4szLo.html。

③ 人民网，http://finance.people.com.cn/n1/2024/0112/c1004-40157759.html。

④ 中国政府网，https://www.gov.cn/zhengce/jiedu/tujie/202407/content_6962723.htm。

一是出口和进口规模庞大，贸易伙伴广泛。我国出口额和进口额均位居全球前列，是世界贸易的重要支柱。出口方面，我国的出口能力不断加强，商品远销全球各地。2023 年，我国出口贸易额达 23.77 万亿元，是世界第一大出口国。进口方面，我国对外依赖性较高，进口了大量的原材料、技术和消费品及其他资源，满足国内需求和产业发展的需要。我国贸易伙伴广泛，与世界多国建立了贸易关系。主要贸易伙伴包括美国、欧洲国家、东盟国家等。2023 年，我国对共建“一带一路”国家进出口占比提升至 46.6%，对拉美地区、非洲地区进出口分别增长 6.8%和 7.1%。

二是出口结构不断优化，外贸新业态作用显现。近年来，我国出口结构不断优化，出口动能“换挡”活跃。2023 年，电动汽车、锂电池、太阳能电池等“新三样”产品合计出口 1.06 万亿元，增长近 30%。2024 年，传统优势产品和高技术产品均有新的增长点。同时，外贸新业态新模式持续发力，推动我国外贸稳步增长。2023 年全年，跨境电商进出口增长 15.6%，出口增长 19.6%。2024 年上半年，我国一般贸易和加工贸易进出口同比分别增长 5.2%和 2.1%，以保税物流方式进出口增速高达 16.6%。

三是大宗、民生商品进口有序扩大，国内需求持续恢复。2023 年，我国能源、金属矿砂、粮食等大宗商品进口量增加 15.3%。2024 年上半年，铁矿砂、煤、天然气等主要大宗商品进口量增加，进口铁矿砂 6.11 亿吨，增加 6.2%；煤 2.5 亿吨，增加 12.5%；天然气 6465.2 万吨，增加 14.3%；成品油 2507.6 万吨，增加 9.9%。

二　舟山口岸开放与口岸发展概况

舟山地处长江、钱塘江和甬江出海口，是以群岛建制的地级市，由 2085 个岛屿组成，是我国第一大群岛，被誉为“千岛之城”。舟山具有优越的地缘和区位优势，口岸含舟山港水运口岸和舟山普陀山机场航空口岸。

（一）水运口岸发展概况

舟山港水运口岸于1986年4月对外开放，开放项目依岛而建，是典型的群岛型口岸。65个经国务院、省政府批准正式对外开放的口岸监管点，点状分布在全市4县（区）25个岛屿上，东西跨度182公里，南北跨度169公里，开放面积达到1457.3平方公里。

近年来，舟山口岸先后取得进口冰鲜水产品、进境水果、进口肉类、进口水生动物指定口岸资质和进口澳大利亚肉牛指定隔离检疫场，设有20个保税仓库，其中16个油品保税仓库，大豆、水产品和船用配件保税仓库4个，出口监管仓5个，口岸功能呈多元化发展。

（二）航空口岸发展概况

舟山普陀山机场于1997年8月8日正式通航，通达北京、深圳、天津、重庆、武汉、成都等28个大中城市，周航班起降突破400架次，超过15家航空公司在机场定期运营。航线网络已基本覆盖我国沿海、沿江重点城市及部分热点地区，并在加密华中、东北航线的基础上，向中西部省份拓展。2023年，普陀山机场全年完成客运量239.9万人次，增长204.0%；货邮运量（不包括行李）2268.8吨，增长216.0%[①]。

舟山普陀山机场航空口岸于2018年1月获国务院批复同意对外开放，2023年10月通过对外开放验收，2024年6月向中国民用航空局提出申请更名为“舟山普陀山国际机场”并获得正式批复，目前正推进国际（地区）航线开通相关工作，计划先期开通我国香港地区航线。

（三）海关特殊监管区域发展概况

2012年9月29日，国务院正式批复设立舟山港综合保税区。综保区规

---

① 舟山市统计局，http：//zstj.zhoushan.gov.cn/art/2024/3/18/art_1229339440_3845482.html。

划总面积5.85平方公里，按照一区三片模式运作。其中本岛分区位于高新区西侧，规划面积2.83平方公里，以海洋装备制造等先进制造业和保税仓储、保税物流、保税加工为重点，发展海事服务、商品展示、金融租赁等相关服务业，建设进口船配件、石油化工、进口水产品与冷链、进口商品、大宗基础原材料等专业交易市场。衢山分区位于岱山县衢山港区鼠浪湖岛，面积2.17平方公里，重点发展油品、煤炭、矿石等大宗商品的仓储、配送业务，建成我国重要的保税大宗商品仓储、加工中转基地。

空港分区规划面积0.85平方公里，位于朱家尖普陀山机场南侧，以干线飞机、支线飞机及通用飞机生产制造等保税加工功能为核心，以航空零部件保税物流和航空保税物流功能为支撑，做强航空检测、航空维修、航空培训、航空研发、融资租赁、保税商品展示等保税服务功能。

（四）电子口岸和“单一窗口”建设概况

舟山国际贸易“单一窗口”已具备运输工具申报、货物申报、贸易许可、税费支付等16大类基本功能，在全国率先实现国际航行船舶“一单多报”和无纸化通关，成为引领带动营商环境优化提升的重要举措，被国家口岸办称为“舟山样板”，正在全国发挥示范效应。

在国际贸易“单一窗口”自贸区特色功能建设方面，舟山结合产业发展需求，创新研发“口岸港航通关服务一体化”、保税燃油“一口受理”、国际航行船舶供退物料通关服务等浙江自贸区特色功能体系，在全国率先构建集船舶进出境、引航调度、燃油加注、物料供给、清洗舱作业等国际海事服务全业态通关无纸化模式，取消纸质单证97种，各类企业从累计至少跑14次减少到最多跑一次，通关效率走在前列。通过国际贸易“单一窗口”与江海联运中心信息平台数据互联互通，汇集涉海、涉港、涉船等数据160余万条，通过数据赋能，实现跨区域监管部门、运营主体、服务机构等多部门的高效协同，辐射长江沿线，服务江海联运通关物流效率提升。

（五）口岸运行效益

宁波舟山港作为国内重要海上门户枢纽，承担了长江经济带90%以上的油品中转量、50%以上的铁矿石中转量，在全国生产要素资源配置、供应链体系畅通、区域经济发展等领域发挥了重要作用。2023年，宁波舟山港货物吞吐量世界第一，集装箱吞吐量稳居全球第三。2024新华·波罗的海国际航运中心发展指数发布，宁波舟山国际航运中心全球排名第八。

2023年，舟山港域全年港口货物吞吐量65132万吨，比上年增长4.4%。其中，外贸货物吞吐量20596万吨，增长14.4%。从主要产品看，石油及天然气吞吐量15732万吨，增长18.4%；金属矿石吞吐量18436万吨，增长4.3%；煤炭及制品类吞吐量4261万吨，增长15.7%。全年集装箱吞吐量299.9万标箱，增长16.5%。年末，全市有生产性泊位359个，其中万吨以上深水泊位96个[①]。舟山口岸油品、铁矿砂、粮食等国家战略物资进口量始终保持全国同类口岸前列，其作为国家战略物资重要的中转储备基地的地位持续巩固提高。

三　舟山对外贸易发展概况

（一）持续开展“一中心三基地一示范区”建设，对外贸易额稳步增长

近年来，舟山持续打造“一中心三基地一示范区”，推动了舟山外向型经济发展。五年以来，舟山对外贸易额稳步增长，2019~2023年，舟山对外贸易额不断增长，年进出口总额从1135.55亿元增长到3578.57亿元，增长了2倍多。年出口额、进口额分别从424.82亿元、710.73亿元增长到1149.01亿元、2429.56亿元。进出口、出口、进口占全国份额也分别从2018年末的3.72‰、2.58‰、5.04‰提升至2023年末的8.57‰、4.83‰、13.5‰[②]。

2024年上半年，舟山对外贸易稳中有进，进出口总额1791.4亿元，同

① 舟山市统计局，http://zstj.zhoushan.gov.cn/art/2024/3/18/art_1229339440_3845482.html。

② 在舟山市商务局调研时数据。

比增长 8.0%；其中出口额 613.9 亿元，同比增长 15.4%，进口额 1177.5 亿元，同比增长 4.4%。增速分别列全省第 8、4、5 位，规模分别占全国份额 8.46‰、5.06‰、13.03‰[①]。

（二）进出口货物类别方面，以大宗商品为主

近年来，舟山外贸进出口产品以大宗商品、修造船、水产品为主，2023 年占舟山外贸进出口份额分别为 84%、6%、3%。

出口产品方面，以油品、修造船、水产品为主，占比份额分别为 64.3%、19%、6.4%。2018~2023 年，成品油年出口额从 169.99 亿元增长至 722.10 亿元，原油从 4.02 亿元增长至 16.65 亿元，出口份额成品油从 40%提升至 62.8%、陈油从 1%提升至 1.4%。外轮维修年出口从 36.58 亿元增长至 123.14 亿元，造船年出口额从 80.18 亿元增长到 93.04 亿元。水产品出口保持平稳态势，2023 年水产品出口 73.62 亿元[②]。

进口产品方面，以油品、工业品、水产品为主，份额分别为 84.6%、13.9%、1.2%。原油年进口额从 34.40 亿元增长至 1880.46 亿元，比重从 4.9%提升至 77.4%；成品油的进口比重逐年减少，2018~2023 年比重从 50%降低至 7.2%。工业品进口中以铁矿砂、机电产品、天然气为主，分别占舟山年进口额的 3.7%、2.9%、1.6%。2018~2023 年，水产品进口额从 14.26 亿元增长到 29.75 亿元。

（三）对外贸易国别方面，以共建“一带一路”国家为主

舟山贸易市场涉及全球 210 个国家，最大的贸易国家（地区）为共建“一带一路”国家，2023 年度累计进出口 2319.63 亿元，占全市进出口额的 64.8%，五年翻了 5 倍多。其中，前三大贸易伙伴为沙特阿拉伯、阿联酋、伊拉克，占共建“一带一路”国家进出口额的 67.9%，以进口原油为主，进口

---

① 舟山市商务局，http：//zscom.zhoushan.gov.cn/art/2024/7/30/art_ 1228969090_ 58903260.html。

② 在舟山市商务局调研时数据。

额达 1724.37 亿元。第二大贸易国家（地区）为 RCEP 成员国，2023 年度累计进出口 584.09 亿元，占全市进出口额的 16.3%，其中对新加坡进出口达到 235.2 亿元，占比 40%，以出口成品油为主，出口额达 192.79 亿元。

（四）对外贸易方式方面，以一般贸易方式为主

2023 年度，舟山一般贸易方式进出口 2545.39 亿元，占年度外贸进出口总额的 71.1%，保税物流进出口 888.3 亿元，占比 24.8%，加工贸易进出口 132.3 亿元，占比 3.7%，其他贸易方式占比 0.4%。

（五）对外贸易主体方面，以民营企业为主

2023 年，舟山有进出口实绩企业 717 家，进出口亿元以上企业 110 家，占企业总数的 15.3%，规模达 3497 亿元，占比为 97.7%；10 亿元以上的企业 23 家，规模达 3157.4 亿元，占比为 88.2%。舟山市亿元以上企业主体优势明显，舟山市企业平均贡献值近 5 亿元，远高于浙江省平均值。

从结构来看，民营企业领跑外贸进出口，年度进出口 2669.8 亿元，占舟山外贸进出口总额的 74.6%，其中，浙江石油化工有限公司外贸进出口 2123.3 亿元，占民营企业总额的 79.5%；国有企业进出口 630.57 亿元，占比 17.6%，其中中石化公司进出口 369.93 亿元，占国有企业总额的 58.7%；外商投资企业和集体企业进出口额分别占比 7.8%和 0.1%。

（六）对外贸易平台建设方面，拥有多个国家级和省级平台

拥有跨境电商综试区。舟山跨境电商综试区于 2022 年获批，2023 年 3 月开园的舟山市跨境电商产业园总建筑面积 1000 余平方米，建立了全球开店指导、国内外政策咨询、海外品牌申请服务站、海关订单申报服务等跨境电商“一站式”综合公共服务体系。2023 年以来，园区招引企业 100 家以上，自建海外仓企业 11 家，海外仓总面积突破 8 万平方米，新增海外注册品牌 35 家，完成跨境电商进出口总额 32.7 亿元。创新搭建“舟贸通”市级国际营销平台独立站，舟山近 300 家外贸企业上线，建立 58 个独立站，

190 多个国际采购商访问量近 100 万次，意向订单超 5 亿元。

拥有外贸转型升级基地。舟山设有船舶、水产国家外贸转型升级基地 2 个。船舶基地共有 93 家船舶修造企业，其中规上企业 42 家，工信部原“白名单”造船企业 5 家，世界修船前十强企业 4 家。2023 年，舟山规上船舶行业实现产值 325 亿元，同比增长 26.2%。造船完工 189 万载重吨，同比增长 44%；新接 533 万载重吨，同比增长 173%；手持 801 万载重吨，同比增长 83%。分别占全国的 4.5%，7.5%，5.7%，居浙江省首位、国内前列；修船 4445 艘，实现产值 169 亿元，同比增长 23.8%，完工艘数和产值都占全国 35%以上，约占全球的 20%，已成为国际最大船舶修理改装基地。普陀水产品基地内共有水产品加工外贸 94 家，拥有各类现代化的加工生产线 150 余条，年加工能力达 70 多万吨。2023 年，基地企业进出口总额为 56.79 亿元，同比增长 14.9%。其中，出口 48.35 亿元，同比增加 5.49%；进口 8.44 亿元，同比增长 134.88%。基地共有规上企业 77 家，实现进出口额 53.63 亿元，同比增长 13%~41%。

拥有进口贸易促进创新示范区平台。舟山共有省级进口贸易促进创新示范区 1 个，省级重点进口平台 8 个。示范区建设成效明显，浙江国际农产品贸易中心连续组织进博会农产品贸易对接会，进口平台贡献作用显著，高端动物蛋白、远洋渔业、大宗粮油等农产品平台进口规模不断扩大。2023 年，重点进口平台进口额共 1910 亿元，同比增长 8.0%，拉动舟山进口增长 6.3 个百分点，对全市进口贡献率达 69.5%。

四　舟山口岸开放与对外贸易工作推进情况

近年来，舟山多措并举，先后出台《舟山市人民政府印发关于进一步推动经济高质量发展若干政策的通知》《舟山市人民政府办公室关于推动内外贸双循环发展促进“地瓜经济”提能升级的若干意见》等政策，进一步加大口岸开放力度，优化对外贸易发展结构，推动内外贸双循环发展。

（一）口岸开放方面

1. 积极优化口岸和港航基础设施，支持口岸经济高质量发展

舟山正推进智慧口岸、智慧港航和集疏运体系建设，壮大现代航运、江海联运和现代海事服务业。2023 年，舟山建成全球唯一双 40 万吨离岛散货码头，建成离岛全流程自动化作业链，打造了全国首个离岛运营的超大型散货码头。2023 年底，条帚门航道扩建工程启动，将于 2025 年建成并投入使用，扩建后可满足 30 万吨级巨轮通航需求，有效缓解现有虾峙门航道通航压力。同时，舟山正加快世界一流强港建设，落实省级层面制定的宁波舟山港集装箱海铁联运发展、无水港和海外物流节点布局、国际班轮航线和外贸滚装航线开拓等方面政策，配合设立一流强港建设发展基金。

2. 积极开展创新探索，优化口岸营商环境

舟山港航与口岸部门针对舟山口岸点多、线长、面广的特点，积极创新举措，近年来口岸营商环境不断优化。支持多元投资主体参与港口拖轮经营，持续规范拖轮收费行为。深化“两步申报”“先放后检”等便利化举措；创新粮食等大宗商品和物料供应等特色监管模式，进一步提升口岸服务保障能力。

舟山建设了“智慧化一站式口岸监管服务”数字平台，打造了“智享通关”模式、“智控监管”体系、“智惠服务”场景和“智能监测”能力。例如，“智享通关”模式将向各口岸单位申报的事项进行分解重构，形成“一表”办理多跨业务，解决了企业多头申报问题。通过“船舶监管一件事”“大宗散货一件事”“油气一件事”等智能自动审批系统，通过物联网、5G、无人机、远程视频监控、AI 等“组合式”智能采集感知，自动关联各系统业务，自动审批合规数据。

（二）对外贸易方面

1. 积极出台系列措施，引育外贸企业

舟山出台系列措施，积极引育国内外品牌商贸企业和大型贸易企业。例

如，舟山对年度进出口额排名前列的企业予以奖励，船舶修造、水产加工等实体类企业每家最高不超过 100 万元；对新开展外贸业务达到进出口额 5 亿元及以上的，每新增 1 亿元给予 5 万元的奖励，每家企业奖励不超过 50 万元，奖励资金总额不超过 600 万元。此外，鼓励将新设立的企业主体纳入地方统计，年销售额在 1000 万元及以上给予一定奖励。支持和鼓励各地加大商贸企业培育招引力度，对年度新增销售额 10 亿元以上的批发企业，在新增 10 亿元基础上每新增 1 亿元销售额给予不高于 1 万元的奖励，每家企业奖励不超过 30 万元，奖励金额不超过 300 万元。

2. 重视外贸平台建设，积极发展平台经济

舟山积极建设引进各类外贸平台，提出支持外贸数字化发展，推进省市重点外贸服务平台建设，支持进口创新示范区和重点平台建设，对被列入省级重点进口平台的企业每新增 1 家给予 10 万元的奖励。支持市级认定的重点国际营销平台应用，对在市级平台上线独立站的每家企业奖励 3 万元，奖励金额不超过 150 万元。在跨境电商园区平台建设方面，舟山对经认定且运营面积达到 1 万平方米的跨境电商产业园，给予园区主办方每年 350 万元的运营费奖励。对园区内引进的跨境电商企业 B2B2C 出口交易额达到 1000 万美元、2000 万美元、5000 万美元的，分别给予不超过 30 万元、60 万元、160 万元的奖励。对经认定且跨境电商保税仓面积达到 1 万平方米的跨境电商进口集聚区，给予集聚区主办方每年 200 万元的奖励。

3. 鼓励企业参与展会，支持企业拓展外贸渠道

舟山提出推进“千团万企拓市场增订单”行动，加大展会政策支持力度，鼓励企业积极参与省级重点支持展会，2024 年组织不少于 30 个团组、100 家次企业赴境外拓市场。鼓励各县（区）开展国际营销体系试点，支持企业设立批发中心、售后维修等网点。强化工贸联动支持，组织开展“十链百场万企”系列对接活动。实施重点环节重点支持，开展“百展百企”行动拓市场增订单。推进以境内外实体展为主、结合数字参展的拓市场方式，政企联动“走出去”，组织全市企业出国（境）拓市场抢订单。支持企业建设国际营销体系，对认定为省级海外仓、外综服等平台的分档按标准奖励。

4. 支持外贸新业态，鼓励探索外贸新模式

舟山提出深化跨境电商综试区建设，在跨境电商新主体培育、自主品牌孵化、传统企业转型、产业园区建设等方面给予支持。例如，对在第三方跨境电商销售平台新开店铺且交易额达到 3 万美元的企业给予不超过 3 万元的奖励；跨境 B2C 交易额达到 100 万美元、200 万美元、300 万美元的，分别给予不超过 5 万元、10 万元、20 万元的奖励。对跨境电商 B2B 出口企业年度出口额排名 1~3 位、4~6 位、7~10 位且不少于 100 万美元的，分别给予不超过 15 万元、10 万元、5 万元的奖励。奖励资金总额不超过 180 万元。此外，舟山对在市级平台上线独立站的企业给予奖励，对市级认定的公共海外仓给予奖励（对市级认定的公共海外仓、境外展示中心等分别给予不高于 5 万元的奖励），支持企业争创省级海外仓，支持引进有国际化办会经验的中介机构、世界展会头部企业、国际行业协会组织等开展服务。积极鼓励申报技术先进型服务企业，对符合条件的企业给予税收优惠等政策。引导外贸企业绿色低碳转型，积极开展绿色贸易业务。加快特色服务贸易发展，支持国际船舶供应、船舶维修、航运物流等服务贸易规模做大做强；鼓励申报省级数字贸易高质量发展项目。奖励资金总额不超过 500 万元。支持企业内外贸一体化发展，对被列入浙江省内外贸一体化“领跑者”和改革试点产业基地的企业，每家给予 5 万元的奖励。对为全市商贸业发展作出突出贡献的企业，按贡献程度另行奖励，奖励资金总额不超过 500 万元。

五　对策建议

（一）探索创新与舟山当前社会经济发展相适应的口岸治理机制，进一步提升口岸数字化智能化水平

口岸开放审批程序复杂，审批通过难度大，随着舟山“一中心三基地一示范区”建设的不断深入，口岸开放与监管中存在的部分问题在一定程度上制约了舟山社会经济的快速发展。在口岸开放方面，建议国家口岸主管

部门出台区别不同地区、不同类型、不同功能的口岸基础设施建设方案，推动口岸开放领域进一步简化审批程序。此外，随着浙江自贸区、江海联运服务中心建设的不断深入，舟山已开放口岸及内贸码头项目配套服务的锚地、航道需求激增。

建议为已开放的口岸监管点配套服务或用于海上途经船只锚泊供应等服务的新锚地、航道，在锚地、航道已经完工且符合投运条件，并正式向海事部门递交锚地、航道启用申请的情况下，海事部门按程序审批并通告投入使用国内航行船舶服务，在军事主管部门同意的情况下，海关、边检、海事等口岸部门支持，锚地、航道即可投入用于国际航行船舶锚泊、供应等服务，或由省政府批复同意锚地、航道开放。

此外，建议深化长三角地区口岸合作水平，提升舟山口岸数字化智能化水平，完善国际贸易“单一窗口”等数字口岸建设。

（二）依托“一中心三基地一示范区”建设，大力发展口岸经济

2022年，《中国（浙江）自由贸易试验区条例》提出，打造以油气为核心的大宗商品全球资源配置基地，建设具有国际影响力的国际油气交易中心、国际海事服务基地、国际石化基地、国际油气储运基地和大宗商品跨境贸易人民币国际化示范区。将舟山片区建设的核心内容，从原来的油品全产业链拓展到油气全产业链，拓展了大宗商品的内涵和外延。2023年《中国（浙江）自由贸易试验区提升发展行动方案（2023—2027年）》提出，实施大宗商品配置能力提升行动，打造国家级能源资源保障基地、绿色石化产业基地、大宗商品交易中心。

建议舟山以大宗商品全球资源配置基地为突破口，借鉴油气全产业链改革创新经验，向大宗商品领域复制推广，围绕石油、天然气、铁矿石、粮食、高端蛋白、煤炭、有色金属等商品，探索开展口岸贸易、中转贸易和转口贸易，建设国际大宗商品交易中心、储运基地、加工基地、海事服务基地，重点深化大宗商品贸易、海事服务、口岸通关、金融服务等领域的改革探索，推动大宗商品全产业链创新发展。

（三）进一步发挥口岸优势，推动港产贸一体化发展

舟山口岸优势显著。油气吞吐量、铁矿石吞吐量均居全国第一，是全国最大的油气储运、加工和贸易基地，国际船加油港排名从原十名以外迈入全球第四；江海联运量覆盖长江沿线 30 多个港口，粮食占全国“海进江”粮食总量的 65%。2024 年，宁波舟山国际航运中心跻身全球第八，与港口、航运、贸易相关的物流运输、货物吞吐量、口岸贸易额等均有明显提升，已成为全球最重要的大宗商品资源配置枢纽之一。与新加坡、上海等地相比，舟山在港产贸一体化发展方面仍然面临诸如港口功能相对单一、港城协调性不强、临港产业集群化程度较低、城市功能对港口发展支撑力不足、大宗贸易形态单一等一系列问题，建议舟山进一步加强港产贸深度融合，推进“一中心三基地一示范区”和国际贸易、供应链服务产业发展，鼓励港航、临港工业、物流等企业与上下游企业合作，共同融入港产贸一体化发展，实现供应链和产业链上下游之间、不同产业横向之间深度融合。

同时，借助新型贸易发展机遇，提升港口服务能级，推动转口贸易和国际分拨功能发展，进一步简化进出境备案手续，推进智慧口岸建设，打造国际贸易“单一窗口”升级版。在临港工业、海事服务、江海联运等方面创新监管模式，提高货物流转通畅度和自由度。推动跨境电商功能深化，支持建设跨境电商营运中心、物流中心和结算中心，提升跨境电商公共服务平台能级，支持专业服务机构提供通关、物流、融资等服务，实现港航物流与产业、贸易融合发展。

Z.17
“以四维破四唯”：舟山自贸人才评价机制改革实践

孙天慈*

摘 要： 完善人才评价指挥棒是人才发展体制机制改革的重要抓手，是国家战略、地方发展、个体成功的共同价值追求。舟山市聚焦自贸区发展主线任务和“自贸人才引育难”的问题症结，深耕重点海洋产业链提质升级和城市吸引力提能增效，兼顾人才发展基础的结构性支持和人才评价主体的协同推进，从产业平台搭建、评价体系构建、综合服务优化等方面，系统推进舟山自贸人才评价机制“以四维破四唯”的深化改革。具体举措包括：一是以统筹布局产业创新平台、提升产业协作平台能级、聚力打造产业人才飞地为主要抓手，建设完善具备承接自贸人才市场化评价认定条件与能级的产业平台；二是突出同行认可、以用为本、能力业绩、产才融合，加快构建自贸专家举荐认定、龙头企业自主认定、专才偏才特殊认定、产业平台评审认定的自贸人才四维评价新体系；三是围绕自贸产业链布局人才服务链，从政策兑现高效化、专属服务精细化、服务供给市场化等方面切入，打造自贸人才“引育留用管”全周期综合服务链条。人才评价机制改革应立足于制度优势、铸牢“大人才观”、凸显实绩导向、盘活数据智治，为激活人才引擎和智力支撑、加快建设世界重要人才中心和创新高地积蓄动能。

关键词： 人才评价　自贸人才　人才发展体制机制　舟山

---

* 孙天慈，博士，中共舟山市委党校科研处讲师，主要研究方向为人才培养与管理、政策研究。

人才是实现民族振兴、赢得国际竞争主动的战略资源。党的二十大报告中提出："深入实施新时代人才强国战略""深化人才发展体制机制改革，真心爱才、悉心育才、倾心引才、精心用才，求贤若渴，不拘一格，把各方面优秀人才集聚到党和人民事业中来。"[①] 深化人才发展体制机制改革是加快建立具有全球竞争力人才制度体系的必由之路，是构筑人才制度优势、实现高质量发展的战略之举。人才评价机制是人才发展体制机制的重要组成部分，对于人才的选拔、培养、使用、保障具有关键导向作用。因此，浙江自贸试验区要实现高质量发展，自贸领域的人才支撑是关键要素，深化人才发展体制机制改革是激发人才创新活力的基本前提，解决和处理好人才评价问题是重要抓手。2023 年以来，为充分激发人才"为自贸试验区发展聚智赋能"的创新潜力，舟山市聚焦自贸区发展主线任务和"自贸人才引育难"的问题症结，以"以四维破四唯"自贸人才评价机制改革作为破局的关键之钥，坚持实绩实效和市场主体导向，打造自贸人才"引得进、评得准、用得好、留得住"的良好生态和自贸区高质量发展格局，形成了具有舟山辨识度和推广价值的样板经验。

一　人才评价机制改革的价值依归

习近平总书记强调："要在全社会积极营造鼓励大胆创新、勇于创新、包容创新的良好氛围，既要重视成功，更要宽容失败，完善好人才评价指挥棒作用，为人才发挥作用、施展才华提供更加广阔的天地。"[②] 国家、地方、个体层面均对人才评价机制改革具有一定价值诉求。

（一）人才评价机制改革是国家总体战略要求

党的十八大以来，以习近平同志为核心的党中央高度重视人才发展体

① 习近平：《高举中国特色社会主义伟大旗帜 为全面建设社会主义现代化国家而团结奋斗——在中国共产党第二十次全国代表大会上的报告》，人民出版社，2022。

② 习近平：《在中国科学院第十七次院士大会、中国工程院第十二次院士大会上的讲话》，人民出版社，2014，第 18 页。

制机制改革工作，党的十八届三中全会将“完善人才评价机制”列为全面深化改革的重点任务，以前所未有的决心和魄力将人才评价机制改革推至战略高度。党中央坚持党管人才原则，围绕贯彻落实《关于深化职称制度改革的意见》和《关于分类推进人才评价机制改革的指导意见》总方案，通过健全完善人才评价标准、改进和创新人才评价方式、加快推进重点领域人才评价改革、健全完善人才评价管理服务制度等主要举措，于2021年在国家层面总体完成了对我国职称系列的第一次全面深化改革任务，以职称这一关键人才评价制度的体系化变革为抓手，在人才发展体制机制改革上形成一个突破点、撬动点，产生改革示范效应和新一轮制度红利释放效应。有关部门和各地区坚决落实党中央决策部署，深化项目评审、人才评价、机构评估改革，开展“唯论文、唯职称、唯学历、唯奖项”专项清理，优化整合部委和地方人才计划，在创新人才评价机制方面积极探索并取得一系列显著成效。2024年7月通过的《中共中央关于进一步全面深化改革、推进中国式现代化的决定》中强调：“建立以创新能力、质量、实效、贡献为导向的人才评价体系。”这明确了进一步深化人才评价改革的目标任务，对创新人才评价机制、激发人才创新创造活力具有重要意义。

（二）人才评价机制改革是浙江高质量发展的动力

2003年，时任浙江省委书记的习近平同志用了两个“严重”描述当时的人才情况：“我省的人才资源总量还严重不足，结构性矛盾突出，每万人口中具有大学程度的人口比例居全国第十七位，高层次人才、高新技术人才、青年人才严重缺乏。”[①] 20多年来，从“加快建设人才强省”到“高水平建设人才强省”，再到明确把“人才强省、创新强省”作为首位战略，历届浙江省委、省政府都高度重视人才资源开发与建设，创造性贯彻落实“八八战略”所提出的人才战略。“习近平总书记在浙江考察时要求‘把浙

① 习近平：《引进人才要防止“近亲繁殖”》，《浙江日报》2003年8月2日。

江打造成为各类人才向往的科创高地’”①，这为浙江人才工作明确了新的时代坐标、发展坐标和使命坐标，为全面加强“三支队伍”建设提供了根本遵循。浙江肩负高质量发展建设共同富裕示范区、全球先进制造基地的使命，在深化人才评价机制改革上锚定技能人才评价这一风向标，于2022年发布《关于深化技能人才评价制度改革的意见》以及与之相配套的技能人才评价机构、职业技能标准开发、技能人才评价题库资源、技能人才评价专家、技能人才评价监督等5个管理办法，通过“1+5”的体系化政策，全面系统地搭建起人才评价机制改革的四梁八柱。其中，针对在推进乡村振兴、共同富裕过程中涌现出的一批尚未被列入国家职业分类大典的新兴产业，省级文件提出了全面落实用人单位评价主体权、组织开发专项职业能力考核规范、争取上升国家职业技能标准等改革举措，为技能人才构建更为畅通的职业发展通道。一个以企业为主体的创新职业技能人才评价体系已在全省范围内初具规模，浙江省正以更完善的评价机制、更科学的评价标准、更畅达的评价通道，推动更多优秀人才脱颖而出，为高质量发展凝聚强大动力。

（三）人才评价机制改革是一线专业人才心之所向

如同“良禽择木而栖”，人才渴望的是事业成功，在乎的是发展空间，看重的是未来潜力。人才评价问题关系我国人才发展的质量和水平，一直以来是一线专业人才最为关心、最多讨论的话题之一。习近平总书记指出：“我国人才发展体制机制一个突出问题是人才评价体系不合理，‘四唯’现象仍然严重，人才‘帽子’满天飞，滋长急功近利、浮躁浮夸等不良风气。”② 一刀切的不科学不合理人才评价标准和重学历轻能力、重资历轻业绩、重论文轻贡献、重数量轻质量等人才评价工作中存在的突出问题，对一

---

① 易炼红：《全面加强“三支队伍”建设 为深入实施“八八战略”在奋进中国式现代化新征程上勇当先行者谱写新篇章提供强大保障——在全省持续推动“八八战略”走深走实，全力打造高素质干部队伍、高水平创新型人才和企业家队伍、高素养劳动者队伍大会上的讲话》，2024年2月29日，https：//jrzj. cn/art/2024/2/29/art_ 10_ 27872. html。

② 习近平：《深入实施新时代人才强国战略 加快建设世界重要人才中心和创新高地》，《求是》2021年第24期。

线创新创业人才的正向激励作用不足、积极性提升作用不明显。构建一个科学合理、公平公正的人才评价机制对树立正确用人导向、激励引导人才发展、调动人才创新创造积极性具有重要意义，是加快建设人才强国、人才强省、人才强市的重要支撑。人才评价机制改革的“破”“立”并举体现在从“重规模、重素质、重数量”转向“重质量、重能力、重贡献”，紧扣“品德+能力+业绩”的评价标准，破除“唯论文、唯职称、唯学历、唯奖项”的人才评定标准，构建以创新能力、质量、实绩、贡献为导向的人才评价体系。这既是国家战略的谋划部署，也契合了一线专业人才的实际需求和发展方向，有助于人才在干事创业中实现自我、收获价值，各方面人才各得其所、尽展其长。

二　舟山自贸人才工作的挑战与契机

21 世纪以来，从宁波舟山港一体化到浙江自贸区成立，从临港产业快速发展到海洋经济体系初步形成，海洋经济正成为浙江经济发展的新增长极。加快建设舟山自由贸易港区正是助力建设更高水平开放型经济新体制、深入实施三个“一号工程”、奋力谱写中国式现代化的舟山篇章的关键所在。对自贸区高质量发展而言，依托特色产业和资源禀赋，深耕重点海洋产业链提质升级和城市吸引力提能增效，既是开发人才工作突破潜力和比较优势的挑战，又是破解“自贸人才引育难”顽瘴痼疾的契机。

（一）海洋产业发展的瓶颈与潜力并存

舟山地处南北海运大通道和长江黄金水道的交汇处，背靠长三角腹地，是江海联运和长江流域接轨国际的海上门户，基本形成了以临港工业、海洋渔业、港口物流、海洋旅游等支柱产业为代表的海洋特色开放型经济体系。但是，舟山海洋产业存在结构欠佳、基础薄弱、能级较低的发展瓶颈，对人才发展的托举不足，具体表现为：一是目前仍以海洋渔业、航运服务等海洋传统产业为主，数字海洋、海洋清洁能源、海洋生物医药等战略性新兴产业的集聚效应尚未凸显，新经济新业态引育处于起步阶段；二是除绿色石化产业外，重点产业领域以中小企业为主，大型企业、高新技术企业、高水平科研创新平台在数量、规模、能级、集聚度上整体水平不高，配套和辐射带动能力不强；三是缺少有影响力的产业集群，产业引才、项目聚才效应不明显，缺乏从根本上、多方面、宽领域带动经济腾飞的产业链。2011 年以来，中国首个以海洋经济为主题的国家级新区、舟山江海联运服务中心、中国（浙江）自由贸易试验区舟山片区等国家战略相继实施，绿色石化、波音航空等多个重大项目相继落地，舟山作为国家建设“一带一路”和长江经济带的重要节点城市，战略地位更为凸显。海洋经济高质量发展的战略叠加效应为舟山加快集聚兼具专业特长和管理属性的紧缺高端人才提供了显著优势，为高层次自贸人才大展拳脚提供了优良的发展环境和上升通道。

（二）自贸人才的挤出效应与虹吸效应共存

舟山位于长三角经济圈，在经济区位上既享有一体化发展、高水平开放下的龙头城市辐射带动作用，又面临着在“沪甬夹击”“省内同质竞争”中求发展的困境。舟山在城市发展基础、居民收入水平和生活成本、公共服务质效等方面均存在对人才不同程度的“挤出效应”，具体表现为：一是固定资产投资、地方财政收入、实际利用外资情况等指标均居浙江省中下游，城市发展推动力不足；二是低收入、高消费是阻碍外地人才来舟发展的长期问题，相较于周边城市，舟山企业薪资待遇水平普遍偏低，而物价、房租、出行费用等则处于较高水平；三是海岛城市的生活便利度不高，特别是优质教育医疗资源供给不足，且长期以来空间配置不均衡、岛际共享难度大。2021 年，舟山将“加快引育自贸特色人才”列为人才工作重点，通过制定出台自贸特色产业人才专项支持政策、深化“刚性引一批、柔性用一批、自主育一批”的市场化引才机制、支撑服务重点企业的引才育才专案等举措，持续打造形成一批自贸政策研究、国际油气交易、国际海事服务、自贸金融等领域的专业化人才队伍。这对自贸特色产业的人才“虹吸效应”具有显著提升效果，近五年累计吸引各类自贸人才 2 万余人，其中国家、省人才工程入选者 180 余人。自贸人才创新积极性被充分调动，截至 2023 年末共探索形成 299 项制度创新成果，其中 137 项为全国首创、32 项在全国复制推广，有力推动自贸区高质量发展。①

（三）自贸人才评价机制的短板与补缺相偕

围绕海洋优势和自贸特色，舟山丰富人才谱系、提升人才效能、做强人才平台、迭代人才生态，打造人才全生命周期服务链条，但在人才评价机制上仍然存在分类评价不足、评价标准单一、评价手段趋同、评价社会化程度不高、用人主体自主权落实不够等短板弱项。尤其是对不同人才评价“一把尺子量到底”“一个标准执行到底”的做法严重挫伤了人才创新创业的积极性，是导致人才队伍呈现总量逐年上升而转化率和转化水平不高态势的重要因素。2022 年，舟山将人才强市作为首位战略，围绕“加快打造新时代海洋特色人才港”主线目标，全方位、体系化打造“舟创未来”人才工作品牌，将“建立科学合理的人才评价机制”列为重点工程之一，具体举措包括：一是修订出台《舟山市人才分类目录（2022 版）》《舟山市人才分类评价认定办法》，建立市域统一、导向精准的人才认定标准，完善人才评价周期；二是推广实行以实绩实效为导向的津贴发放和退出机制，以社保纳税“双在舟”为导向，兑现政策优惠；三是开展国家战略、重点产业、偏远海岛差异化遴选评审工作，对被列入人才分类目录的市级人才工程特设差异化遴选名额；四是为持续聚焦海洋特色和自贸优势、进一步补缺自贸人才评价机制夯实了制度基础。

三　舟山自贸人才评价机制改革的具体实践

人才评价机制改革是一项系统工程，不仅要从人才发展基础的结构性支持入手，还有赖于调动各方协同实施的参与度和积极性，从产业平台搭建、

① 舟山市创新深化专题组办公室：《舟山创新深化案例汇编（2023 年）》，2023 年 12 月 15 日。

评价体系构建、综合服务优化等方面，共同推进舟山自贸人才评价机制改革的深入实践。

（一）搭建自贸人才市场化评价认定的产业平台

舟山聚焦于自贸人才的市场发现、市场认可、市场评价机制，把人才资源和创新要素作为重大产业项目的重要评价指标，以统筹布局产业创新平台、提升产业协作平台能级、聚力打造产业人才飞地为主要抓手，建设完善具备承接自贸人才市场化评价认定条件与能级的产业平台，引导人才向自贸区建设、重大项目推进一线等主战场流动。

1. 突出统筹布局，打造标志性产业创新平台

舟山深入推进滨海科创大走廊建设，以科创平台带动产业平台，打造“海洋高技术产业集聚带”和“产业协同创新示范带”，形成“一核引领、多园支撑”的创新平台空间格局，成为引领舟山高质量发展的主引擎。一是大力引进国内外一流高校院所、龙头企业和高层次人才团队来舟设立新型研发机构，着力建设产业创新策源地。二是做精做优智慧海洋产业工程师协同创新中心，按照“试点示范、联动推广”模式，推广布局智慧海洋、远洋渔业、生命健康三家特色产业工程师协同创新中心①，加快集聚高水平工程技术人才和产业创新服务资源。三是修订《舟山市园区型人才发展平台认定评级管理办法》，持续加大人才要素赋能重点产业园区的支持力度，支持产业园区引进社会资本和风险投资。

2. 突出提能升级，打造高能级产业协作平台

舟山狠抓人才链与创新链、产业链的有机融合，推动建立“链主企业+高校专家+人才企业+合作站点”集群式联盟式产业合作平台。一是政企校行协作共建海洋特色产业人才载体，包括博士创新服务站、企业驻校研究院、工程协同研究中心等，推动更多高层次人才和团队在舟集聚。二是探索“一室一策”差异化政策激励，充分向东海实验室授权赋能，会同实验室制

① 舟山市委人才办：《人才发展平台分布情况表》，2023 年 3 月。

定出台《东海实验室室聘科研人才服务保障办法（试行）》，允许室聘科研人才类别自主认定、叠加享受政策。三是加速启动涉海新平台建设，助力东海微芯海洋数字科学研究院落地运行，入职芯片专业人才 10 人[①]；支持长三角海洋生物医药创新中心参与构建技术创新联盟，柔性引进朱蓓薇院士及其团队；成立中国社会科学院大学东海研究院，重点围绕海洋产业、自贸经济等领域开展全方位、深层次合作。

3. 突出提质增效，打造优质产业人才飞地

舟山探索“跳出舟山发展舟山”新路径，积极参与长三角一体化发展飞地联盟，大力推进“舟创未来”人才飞地建设，推动人才引育和战略性新兴产业孵化端口前移，加速来舟项目产业化进程。一是在沪杭甬深创建 7 个人才飞地，持续推动人才集聚和产业导入，引进人才企业 70 余家，入驻人才 300 余名，其中高精尖人才 12 名、硕博人才 124 名，[②] 在全省率先实现市、县（区）两级人才飞地全覆盖。二是修订出台《舟山市关于支持新区“人才飞地”加快集聚高层次人才（项目）的若干政策》，加大产业人才飞地的人才引育力度和落地落户支持力度，深化产业人才飞地运营绩效赛马机制和产业双向融通机制，实行淘汰摘牌制。三是以特色园、园中园等形式，在重点产业园区内打造“试验基地+创业苗圃+产业基地”三位一体的人才创业园，探索设立以实绩为导向的产业园区人才自主评审机制。

（二）构建自贸人才“四维”评价新体系

舟山在持续推进和优化人才分类评价认定标准的基础上，探索推动自贸人才的市场化评价机制改革，突出同行认可、以用为本、能力业绩、产才融合，加快构建自贸专家举荐认定、龙头企业自主认定、专才偏才特殊认定、产业平台评审认定的“四维”评价新体系，建立“同行评分、岗位赋分、贡献累分、专项加分”的“四维”积分认定制，在优化人才评价标准、拓

---

① 舟山市委人才办：《全市人才工作总体情况参阅材料》，2024 年 2 月。

② 舟山市委人才办：《舟山以“三个引领”探索人才飞地建设运营新模式》，2023 年 12 月。

展人才评价通道、创新人才评价模式等方面取得一系列重要进展，有效突破人才认定目录的“四唯”桎梏，为自贸区人才铺就一条更宽阔的成长成才道路。

1. 突出同行认可，创设自贸专家举荐认定机制

舟山自贸人才评价新体系创设自贸专家举荐制，为获得同行认可的优秀自贸人才开辟认定新路径：一是结合自贸人才需求特点，围绕港口航运、海事服务、油气储运、贸易金融、海洋法律等重点产业和急需领域，抽调主管部门、重点企业、专业院校的主要负责人和行业专家，组建15人规模的自贸人才举荐小组，每年给予每位小组成员2个举荐名额①；二是围绕人才薪酬、业绩实效、发展前景等综合维度，由举荐小组集中择优认定自贸人才，自主评价人才类别。

2. 突出以用为本，创设龙头企业自主认定机制

舟山自贸人才评价新体系创设自贸企业认定制，坚持市场化用人导向，赋予自贸龙头企业自主评价权：一是积极探索以企业经营情况、亩均效益、纳税额度、自贸引领等为衡量标准的龙头企业认定机制，依照地方综合贡献度择优遴选高效益实体企业，允许此类企业引进的全职人才突破社保缴纳的地域限制，并给予企业一定额度的人才认定推荐名额；二是对此类企业引进的人才在购房补贴、安家补贴、政府津贴、税收奖补等政策优惠力度上给予加码，在政策兑现效率上给予便利。

3. 突出能力业绩，创设专才偏才特殊认定机制

舟山自贸人才评价新体系创设特殊认定制：一是实施“浙江自贸试验区舟山片区专才偏才能力业绩认定”的相关意见，聚焦工作于产业一线或技术前沿，无论文、无证书、无高学历的“三无”自贸专才偏才；二是重点针对自贸区发展急需紧缺、具备特殊专长或做出突出贡献但难以参照基本标准认定的人才，围绕思想品德、专业能力、团队建设、价值体现、紧缺程度等综合维度设置分值体系，并通过大数据平台自动抓取关键信息，对人才

① 舟山市委人才办：《浙江舟山构建自贸试验区人才“四维”评价新体系》，2023年12月。

进行数字化比对和赋分。

4. 突出产才融合，创设产业平台评审认定机制

舟山自贸人才评价新体系创设自贸领域特色产业平台评审机制，深化工程系列职称评价改革，赋予服务海洋经济发展的重点产业平台对职称评审的自主权，进一步集聚与产业发展相互成就、适配度高的自贸人才，推动更高质量的产才融合。一是围绕自贸信息业，授权智慧海洋产业工程师协同创新中心等产业服务平台开展职称评审试点工作；二是围绕自贸制造业，试点绿色石化新材料企业联盟、塑机螺杆协会等行业管理协会下放初、中级职称评审权；三是未来拟将深化职称评价改革的模式与经验在其他自贸行业和产业领域进行示范推广，尤其是探索在自贸服务业的创新应用。

截至2023年底，已通过专家举荐认定市级自贸人才36人，遴选自贸龙头企业98家、累计自主认定自贸人才3520名，特殊认定自贸专才偏才63人，评审认定工程师680余名，获得人才、企业的普遍好评。该做法获评第六届全国人才工作“最佳案例奖”（全国共30项、浙江省仅2项）。[①]

（三）优化自贸人才发展全周期综合服务

舟山围绕自贸产业链布局人才服务链，以“产业发展推进到哪里、人才服务保障就跟进到哪里”为目标，从政策兑现高效化、专属服务精细化、服务供给市场化等方面切入，实现“简环节、优流程、提效能、强服务”的迭代升级，打造自贸人才“引育留用管”全周期综合服务链条。

1. 突出高效化，优化政策兑现流程

舟山以《关于加快打造新时代海洋特色人才港的实施意见》为总纲，完善细化人才政策的支持对象及兑现方式：一是向自贸区重点产业、企业一线、紧缺人才和特色人才倾斜，提升扩大自贸人才政策的优惠力度和惠及范围；二是按照“补助易得、项目易享、事项易办”的标准，建立健全“常规事项即审即过、重大事项会商决策”的政策兑现流程；三是以数字化为

---

① 舟山市委人才办：《浙江舟山构建自贸试验区人才“四维”评价新体系》，2023年12月。

抓手，迭代升级省市县三级贯通的人才码服务体系，推动跨区域跨部门数据共享、流程再造和业务协同，保障自贸人才认定和政策兑现的办事效率和服务水平。

2. 突出精细化，提供人才专属服务

舟山制定出台市级规章《舟山市人才服务保障办法》，全链条构建人才全生命周期服务体系：一是制定《舟山市人才全生命周期服务清单》，整合升级人才服务保障体系，系统推出涵盖人才招聘求职、入职到岗、住房安居、双创扶持等15个职业生涯阶段80项增值服务内容[①]；二是项目化落实各部门的责任事项和办事流程，上线部门与人才“点对点”问题诉求征求应用场景，形成人才诉求从需求征集、事项分配到亮灯督办、考核赋分的“全流程、闭环式、数字化”闭环管理办事体系；三是面向高层次自贸人才，提供人才之家品质优化、医疗服务能级提升、教育资源跨区域调剂等专属服务事项，多方位优化人才服务结构。

3. 突出市场化，拓展服务供给主体

舟山整合政府侧、社会侧、市场侧资源，力促人才服务品质持续提升。一是大力支持引导金融、创投、法律、财税、招聘等领域的市场主体参与人才服务供给，构建业态丰富、产业互补的市场化人才服务阵地；二是与金融信贷机构、社会融资机构合作，对接人才投、人才贷、人才保、人才险、人才板等省级资源，开发推广信用贷、订单贷、天使投等金融产品，为自贸人才发展提供成体系的金融支持；三是与人才招聘、财务管理、市场拓展等专业机构合作共建自贸人才园区，为自贸人才和自贸企业发展提供全生命周期服务。

四　思考与启示

人才是强国之本、创新之源、发展之基。舟山积极建设海洋特色人才

---

① 舟山市委人才办：《全市人才工作总体情况参阅材料》，2024年2月。

港，聚力打造展示海洋特色人才制度优势的“重要窗口”，着力推动人才工作特色突围、垒峰提档。舟山自贸人才评价机制改革围绕自贸产业平台优势，示范推广以市场和绩效为导向的人才评价“四维”体系，为全方位培养、引进、用好人才，激活人才引擎和智力支撑，加快建设世界重要人才中心和创新高地，提供了多方面启示与思考。

（一）借船出海，人才评价机制改革应立足于制度优势

国家级新区、自贸试验区是我国改革开放的试验田。作为系列国家战略叠加地，舟山依托自贸试验区这艘改革“大船”，体系化推进海洋发展战略人才垒峰、海洋人才发展平台提能、海洋人才管理改革提速、海洋人才发展生态创优、海洋人才工作体系增效等五大工程，打响了“加快建设新时代海洋特色人才港”的人才工作品牌。人才评价是一项系统性工程，必须充分利用“八八战略”所指引和赋予的“两个先行”制度优势，在人才“引育留用管”全链条上下足功夫、做足加法，夯实人才发展基础、优化人才发展结构，为人才评价机制的改革和提升提供有力支撑。

（二）以人为本，人才评价机制改革应铸牢“大人才观”

推动浙江高质量发展的关键在人、关键在“三支队伍”。在人才工作奋进新征程、支撑新事业、服务新起点的历史节点上，舟山特色化推进各支人才队伍建设，既重视高层次英才的引进集聚，也重视企业工程师、一线产业工人、海岛社工、农创客等技能型人才的强基培优，并在人才评价机制改革上建立目录人才常规认定、专才偏才特殊认定、优秀人才举荐认定的“三位一体”模式，为各类人才提供更为畅通的职业发展通道和更为广阔的职业发展空间。在人才发展体制机制改革中，人才评价问题最为迫切和突出，必须树牢“人人皆是人才、人人皆能成才”的“大人才观”，以体系完善、结构合理的人才评价机制推动形成“人人渴望成才、人人努力成才、人人皆可成才、人人尽展其才”的良好局面。

（三）市场为要，人才评价机制改革应凸显实绩导向

当前的职业评价体系与日趋丰富的职业形态之间存在匹配度和覆盖率的问题。要切实解决人才目录认定“一刀切”的问题，必须设置更为科学合理的评价标准和分值体系，坚持“以实绩论英雄”的目标导向。向用人主体放权授权、为人才群体松绑解绑，是人才发展体制机制从“标准化”向“市场化”转变的重要抓手，也是人才评价的体系结构得以优化、惠及面得以扩大的必由之路。尤其是针对在推进自贸区高质量发展进程中所涌现的新型产业，必须用好同行评价、市场需求这把“行业标尺”，赋予用人主体评价自主权，建立健全以企业行业为主体的人才评价体系，支持产业链主导企业、区域行业自主制定人才评价认定标准，着眼于人才的创新能力、质量、实效、贡献，加快形成人尽其才、各展其能的干事创业氛围。

（四）数智接轨，人才评价机制改革应盘活数据智治

以市场和绩效为导向的人才评价认定面临着破解绩效信息获取难、比对难的问题。舟山迭代升级“舟创未来”人才智岛，归集人才信息数据和打造人才数字画像，开发“实时抓取、可视可比”的数据应用场景和“全域贯通、高频使用”的线上综合服务，为优化人才发展环境提供数智手段。人才评价机制改革必须以数字化改革为抓手，打通人才信息大数据资源，探索一批标准化、可量化、具象化的评价指标体系，以数据智治进一步提高人才评价的效率。

ℤ.18

“十四五”时期舟山“四链融合”促进产业发展研究

朱 兰 冷宇辰*

摘 要： 推动创新链、产业链、资金链、人才链深度融合（下文简称“四链融合”）是发展新质生产力、建设现代化产业体系的重要支撑。本文首先梳理“四链融合”政策内容，重点分析舟山市海洋经济“四链融合”现状与进展，总结“十四五”以来舟山市在创新“四链融合”体制机制、强化企业创新主体地位、保障创新要素供给等方面的成果。其次，舟山市产业发展面临的三方面挑战：产业结构单一，自然要素受限，人才资金等创新要素积累不足。结合“四链融合”相关理论，建议舟山市：一是利用比较优势，优化产业布局；二是改善要素禀赋，降低企业成本；三是增加创新供给，促进创新活动；四是创新体制机制，提高创新转化效能。

关键词： “四链融合” 海洋经济 产业升级 舟山

一 “四链融合”政策提出与政策内容

2013年9月，习近平总书记在中央政治局第九次集体学习时提出，要围绕产业链部署创新链，围绕创新链完善资金链，消除科技创新中的“孤岛现象”。此后，习近平总书记多次在公开场合针对“四链融合”发表重要

* 朱兰，武汉大学博士，北京大学新结构经济学研究院博士后，中国社会科学院数量经济与技术经济研究所副研究员，主要研究方向为产业升级与经济增长；冷宇辰，中国社会科学院大学数量经济学专业研究生。

论述。党的二十次全国代表大会强调“推动创新链产业链资金链人才链深度融合”，2024年《政府工作报告》提出“坚持教育强国、科技强国、人才强国建设一体统筹推进，创新链产业链资金链人才链一体部署实施，深化教育科技人才综合改革”①。“四链融合”发展成为推进新型工业化、建设现代化产业体系的重要内容和手段，为实现中国式现代化奠定新质生产力基础。

为了推动“四链融合”发展，浙江省推出了“浙科贷”“创新保”以及“科技创新保险+增信服务”新模式，助力创新链产业链资金链深度融合，同时出台《关于强化企业科技创新主体地位加快科技企业高质量发展的实施意见（2023—2027年）》。2024年浙江省政府工作报告提出“要建立健全以科技创新推动产业创新的体制机制，促进创新链产业链深度融合”。2024年5月，在浙江省委科技委员会第一次全体会议中，浙江省省长王浩将“教育科技人才一体化贯通”作为科技工作的“六篇大文章”之一。

在党中央以及浙江省政府的指导下，2023年12月，中共舟山市委八届五次全体（扩大）会议提出“985”行动。其中，“9”是指九大现代海洋产业链，包括绿色石化和新材料、能源资源消费结算中心、船舶与海工装备、数字海洋、清洁能源及装备制造、“一条鱼”、海洋文旅、港航物流和海事服务、现代航空等。“8”是指八大高能级发展平台，包括大宗商品资源配置枢纽、鱼山绿色石化和战略新材料产业基地、金塘先进新材料产业园、六横先进制造和清洁能源岛、海上可再生能源发展平台、高新区光伏新材料产业平台、小干现代海事服务功能岛、以甬东勾山区域为重点的海洋科技创新港。“5”是指重大基础设施、海岛共富先行、生态环境治理、城市有机更新、除险保安五件事关全局的大事要事。

在“985”行动中，根据不同产业链的特点，舟山市出台各具特色的“四链融合”政策。比如，为了满足绿色石化产业集群创新发展的重大需

① 《政府工作报告》，中国政府网，2023年3月12日，https：//www. gov. cn/yaowen/liebiao/202403/content_ 6939153. htm。

求，通过“教育科技人才资源一体化配置”，组建由高水平大学、科研院所、领军企业各创新主体相互协同组成的产科教创新共同体，打造舟山市“领军企业主导的绿色石化产科教创新共同体”。该项目于 2023 年 8 月被列为浙江省“教育科技人才一体化推进”省级创新深化试点项目。另外，针对船舶与海工装备产业链与“一条鱼”产业链，舟山市出台《关于支持船舶与海工装备产业高质量发展的若干意见》[①] 和《舟山市打造“一条鱼”全产业链三年攻坚行动方案（2023—2025 年）》，围绕产业链做大做强，配置创新链、资金链和人才链。

二　“十四五”时期舟山“四链融合”现状与进展

（一）创新“四链融合”体制机制

为促进“四链融合”，舟山市政府进行了机构调整和体制机制创新。第一，成立专项领导小组，统筹协调“四链融合”发展。舟山市针对专项问题，成立多个由市领导牵头的专项领导小组，协同主要政府机构集中开会，减少部门之间的沟通成本。另外，为促进海洋经济发展，2024 年 1 月，舟山市成立海洋经济发展局，牵头和协调海洋经济政策部署，同时负责“一条鱼”产业链。推动科研等大型基础设施共享，截至 2024 年 4 月，绿色石化产业链技术服务平台共享 200 余套科研仪器设备和规模化中试设施，为企业提供技术服务、节约企业研发投入成本。

第二，组织实施科技项目，培育科技型企业。舟山持续加大研发投入，2022 年舟山市 R&D 投入达到 40. 91 亿元，远高于 2021 年[②]。2023 年，舟山市组织实施各级各类科技项目 531 项，其中，国家级 52 项，省级 300 项。

① 《舟山市人民政府办公室关于支持船舶与海工装备产业高质量发展的若干意见》，舟山市人民政府门户网站，2023 年 11 月 30 日，https：//www. zhoushan. gov. cn/art/2023/11/30/art_1229789499_ 70484. html。

② 舟山市统计局：《统计年鉴》，http：//zstj. zhoushan. gov. cn/col/col1228955843/index. html。

科技型企业数目增加，2023 年全市新增高新技术企业 43 家，累计 272 家；新增省级科技型中小企业 200 家，累计 1386 家；专利授权量 2085 件，其中发明专利授权量 634 件。

第三，建立新型研发机构，搭建创新成果转化平台。舟山围绕地区产业发展，组织成立多种类型的公关科创平台。目前，舟山市已组建东海实验室、石油天然气储运技术工程实验室，建设国家海洋局舟山海洋科技研发基地、海洋地质调查与勘探服务基地、国家海上试验公共保障基地等，成立“渔业育苗育种中心”“长三角海洋生物医药创新中心”“绿色化工技术创新中心”“绿色石化研究院暨浙江省绿色化工技术创新中心舟山分中心”“中国科学院宁波材料所岱山新材料研究和试验基地”等。

（二）强化企业科技创新主体地位

第一，构建以企业为主的科技创新体系，强化企业科技创新主体地位。企业是科技创新的主体，是提供高质量科技供给的主要载体。2024 年中央经济工作会议提出，“强化企业科技创新主体地位”。舟山市鼓励企业建立企业研发中心、企业实验室，积极探索“链主”企业牵头的“创新联合体”模式。目前，舟山市绿色石化与新材料领域已培育 5 家省级企业研究院、10 家省级高新技术研究开发中心①，船舶与海工装备领域有 16 家船企建立了省级或市级企业技术中心②。另外，舟山成立由龙头企业牵头的绿色石化新材料产科教创新共同体联盟，协同打造“研发—中试—孵化—产业化”全链条科创服务平台体系。龙头企业带头组建绿色石化与新材料产业知识产权联盟，助力绿色石化与新材料构筑产业专利池，加速行业内知识产权交易与技术成果转化。据统计，2023 年舟山市绿色石化领域技术交易金额突破 40 亿元，催生了孵化硅碳负极、融光纳米等一批高科技企业。

---

① 舟山市科学技术局：《关于推动绿色石化产业高水平科技自立自强引领世界级绿色石化产业集群发展相关情况汇报》，2024 年 4 月 17 日。

② 舟山市经济和信息化局：《舟山船舶工业基本情况》，2024 年 5 月 9 日。

第二，探索企业“揭榜挂帅”新机制，深化科技领域“放管服”改革。为突破核心技术，舟山市以产业为基础部署创新链，探索绿色石化领域技术攻关“揭榜挂帅”制度，鼓励龙头企业与科研机构联合攻关，提高科技成果转化率。2021~2023年，绿色石化与新材料领域舟山市累计突破产业链共性技术30余项，产出10项重要科技成果，其中5项成果获省科技奖、2项成果入列省重大成果，增强纤维环氧复合涂层钢管等新材料已在苏嘉甬高铁杭州湾跨海铁路大桥等重大工程中实现规模化应用。另外，舟山市建立市级船舶与海工装备首台（套）产品遴选和奖励机制，助力企业“首创首制首设”，支持船企与东海实验室、浙江大学海洋学院、浙江海洋大学等创新平台强化产学研合作，围绕船舶产业前沿技术和装备创新项目开展科研攻关。

（三）加强人才要素保障

第一，推动科教融汇和产教融合，提升本地劳动人才技能。2024年《政府工作报告》提出，要坚持教育强国、科技强国、人才强国建设一体统筹推进，创新链产业链资金链人才链一体部署实施，深化教育科技人才综合改革，为现代化建设提供强大动力。舟山市目前共有普通高等院校4所，包括浙江海洋大学和浙江大学海洋学院两所普通本科学院，以及浙江国际海运职业技术学院、浙江舟山群岛新区旅游与健康职业学院两所高职院校。舟山市鼓励本地院校与石化企业“产教互通”，共建“浙石化学院”“鼎盛订单班”等试点。2023年，新就业石化领域青年大学生2400余人，其中技能型人才530余人①。

第二，加大人才引进力度，吸引外地人才来舟交流。人才是产业升级和经济发展的第一资源。为解决本地高层次人才不足难题，2021~2023年舟山市连续发布《关于进一步鼓励高校毕业生来舟工作的若干政策》《关于加快打造新时代海洋特色人才港的实施意见》《关于创新实施舟籍学子“港湾计

① 舟山市科学技术局：《关于推动绿色石化产业高水平科技自立自强 引领世界级绿色石化产业集群发展相关情况汇报》，2024年4月17日。

划”的若干意见》，探索“访问工程师”“企业客座教授”等形式，吸引外地人才，促进人才交流。2022年1~11月，舟山市新引进高精尖人才119人，卫生、教育、住建等领域银龄人才56人①。绿色石化领域引进清华大学高端科研技术团队高层次科研人才20余人、中国科学院宁波材料所核心科技人员50余名、外国专家及工程师41人。

（四）强化资金链支持

第一，制定财政补贴与税收减免政策，促进科技创新企业发展。2022年3月，舟山市发布《舟山市科技惠企政策》，对高新技术企业研发投入进行税收减免，对做出创新成果的企业进行资金奖励。舟山针对船舶与海工装备产业链，推动银行机构合理降低预付款保函业务全额保证金要求，扩大船舶保函开立规模，支持企业综合运用集团担保、资产抵押、存入保证金等组合方式开立船舶保函，鼓励保险机构研究和应用合同履约保险开立船舶保函，减轻企业资金压力。另外，舟山市对远洋渔业实施惠企资金直达机制，依托“舟企兑”数字平台建设，完善“政策计算器”功能，采取多项惠企政策帮助企业实现“免申即享”，强化金融服务实体经济，加强资金链对创新链产业链的支撑作用。目前，各项惠企政策已完成从“年度发放”到“即时发放”转变，全年远洋企业可获得惠企资金数额超9000万元。

第二，发挥政府产业引导基金作用。资金是支撑科技创新和产业发展的重要保障。政府性产业投资方面包括省级产业投资基金和市级产业专项资金。浙江省出台《浙江省“415X”先进制造业集群建设行动方案（2023—2027年）》，在舟山部署规模80亿元的绿色石化省级产业投资基金。另外，舟山出台《舟山市工业高质量发展政策实施细则暨资金管理办法》，成立市级产业专项资金，5年安排不少于5亿元②。

① 中共舟山市委组织部：《舟山市人才工作2022年总结和2023年思路》，2022年12月8日。

② 《舟山市经济和信息化局 舟山市财政局关于印发〈舟山市工业高质量发展政策实施细则暨资金管理办法〉的通知》，舟山市人民政府门户网站，2023年4月7日，https://www.zhoushan.gov.cn/art/2023/4/7/art_1229029365_48771.html。

三 “十四五”时期舟山“四链融合”促进产业发展面临的挑战

（一）工业基础薄弱，产业结构比较单一

第一，工业体量较小，工业基础薄弱。受海岛城市自然要素限制，2023年舟山市工业增加值为841亿元①，台州2230亿元②，宁波6770亿元③，舟山仅为台州市的1/3多、宁波市的1/8。

第二，产业首位度过高，产业链韧性不强。根据《2023年12月主要统计指标》，舟山市全市GDP 2100.8亿元，工业增加值988.9亿元，石油化工业增加值727.5亿元、船舶修造业增加值70.7亿元、水产品加工业增加值13.6亿元，三个行业的增加值占工业增加值的82.1%④。其中，石油化工业增加值占工业增加总值的73.6%，占全市GDP的34.6%。绿色石化基地工业产值2531亿元，占全市工业总产值66%。舟山整体行业首位度过高，呈现“一业独大”现象。再加上，石化行业具有资源依赖性，受国内外经济周期影响较大，抗风险能力较弱，产业链韧性有待提高。

第三，产业链链条较短，产品附加值有待提高。舟山市石油化工业以4000万吨/年炼化一体化项目为核心，主要集中在绿色石化产业链的中游⑤，从事炼油、芳烃、乙烯原材料加工和初级产品的生产。例如2023年浙石化

---

① 舟山市统计局：《2023年舟山市国民经济和社会发展统计公报》，2024年3月18日，http://zstj.zhoushan.gov.cn/art/2024/3/18/art_1229339440_3845482.html。

② 台州市统计局：《台州市2023年国民经济和社会发展统计公报》，2024年4月10日，https://tjj.zjtz.gov.cn/art/2024/4/10/art_1229020471_58673599.html。

③ 宁波市统计局：《2023年宁波市国民经济和社会发展统计公报》，2024年3月6日，http://tjj.ningbo.gov.cn/art/2024/3/6/art_1229042825_58919751.html。

④ 舟山市统计局：《2023年12月主要统计指标》，2024年1月29日，http://zstj.zhoushan.gov.cn/art/2024/1/29/art_1229395733_3841786.html。

⑤《重磅！2023年宁波市绿色石化产业链全景图谱（附产业政策、产业链现状图谱、产业资源空间布局、产业链发展规划）》，腾讯网，2022年11月29日，https://new.qq.com/rain/a/20221129A04CH200。

营业收入 2602.0 亿元，净利润 13.7 亿元，利润率仅 0.5%[①]。舟山市虽然已对石化产业下游的精细化工尤其是新材料领域有全面的布置，但各企业和项目正处于开发和建设阶段。相比之下，宁波市和上海市的石化产业链更为完善。此外，舟山市在船舶修理上处于领先地位，已成为国际最大船舶修理改装基地。但是，船舶修理附加值较低，舟山市正努力发展高附加值的高端船舶制造业。不过，相比于制造业发达的上海、江苏等地区，舟山市在船舶设计和船舶配套领域存在劣势。

（二）企业生产成本较高，增加招商引资难度

第一，土地成本。舟山市陆域面积仅 1440 平方千米，且分散在 2085 个岛屿上，集中连片可供开发的土地资源较少，填海造陆成本高昂。《关于加强滨海湿地保护严格管控围填海的通知》等限制围填海的政策施行，进一步制约土地要素扩张，限制项目落地和产业发展。《舟山绿色石化基地总体发展规划》鱼山岛三期工程受到政策制约，短期内无法正式启动，造成基地内生产的大量化工原材料和中间体产品难以就地加工利用。此外，浙江富丹旅游食品有限公司项目也因为土地资源的限制，近 3 年无法落地实施。

第二，物流成本。舟山市是浙江省乃至全国少数没有开通铁路的百万以上人口城市[②]，与内陆的交通方式除了航运，只有一条双向四车道的甬舟高速。除保税区外，舟山市其他地区车辆通过甬舟高速需要支付过路费。

第三，用水成本。舟山市是浙江省淡水资源最缺乏的地区，舟山年人均占水量是浙江省人均的 1/4[③]。舟山市的水源包括本地水源、海水淡化与大

① 《荣盛石化：2023 年年度报告》，新浪网，2024 年 4 月 26 日，https：//vip. stock. finance. sina. com. cn/corp/view/vCB_ AllBulletinDetail. php? stockid=002493&id=10089346。

② 《我百万以上人口城市高铁覆盖率超 95%》，人民网，2021 年 9 月 24 日，http：//finance. people. com. cn/n1/2021/0924/c1004-32235220. html。

③ 《打通海岛供水“主动脉”舟山大陆引水工程架起“海上生命线”》，潮新闻官网，2023 年 3 月 26 日，https：//tidenews. com. cn/video. html? id = 2429143&duration = 104. 0&isVertical = 1&fsize=30489615&width=720&height=1280&video_ h5_ mode=1&source=1。

陆引水，后两者成本较高。对比舟山市和毗邻的宁波市的工业用水水价，舟山市（4.9 元/吨）比宁波市（4.32 元/吨）高 13.4%。

第四，环境成本。《“十四五”节能减排综合工作方案》等政策严控石化工业新增用能和污染物排放指标。由于能耗和污染物排放指标基数较小，舟山市无法大量引进石化新材料项目，产业发展壮大受限。此外，工业污水处理存在“一刀切”的情况。在水产品加工业，许多处理鱼货的污水本可以直接排入海中，不会造成富营养化等环境问题，但在实际执行中，监管部门仍要求企业对污水进行处理，间接增加了企业成本。

（三）创新要素积累有限，制约产业高质量发展

第一，人才要素。首先，舟山市本地人口结构深度老龄化。根据第七次全国人口普查数据，舟山市 2020 年总人口 115.8 万人，其中，劳动年龄人口占总人口比重为 60.1%，60 岁以上老龄人口比重为 24.9%。相比之下，在第七次全国人口普查中，2020 年，浙江省全省 60 岁及以上老龄人口比重为 18.7%，杭州市为 16.9%，台州市为 23.2%。其次，舟山人才吸引力有待提高。舟山本地生活成本高，发展机会少，对人才的吸引力较低。舟山市本地高校毕业生留舟率较低，2019 年某调研结果显示，浙江海洋大学毕业生留舟率仅 16%，浙江国际海运职业技术学院毕业生留舟率 34%。科研人才较为稀缺，2022 年舟山市 R&D 人员全时当量仅 4700 人年，与省内其他城市差距很大[①]；而且研发人员配置并不均衡，仅石化领域就有 1800 余人，占全市研发人员总数 1/3 以上。

第二，资金要素。舟山市金融规模较小，在绝对值上同其他城市差距很大，在增速上也不及省内平均。2023 年，舟山市仅有各类金融机构 81 家，全部金融机构本外币各项存、贷款余额分别为 3600.1 亿元、4225.2 亿元，比 2022 年末分别增长 8.7%、14.1%。相比之下，发展阶段相似的台州市分

① 《存在“慢就业”凸显和留舟率偏低现象 舟山高校毕业生就业创业稳中向好》，《科技金融时报》2019 年 5 月 10 日，第 7 版，http：//kjb.zjol.com.cn/html/2019-05/10/content_2665182.htm? div=-1。

别增长了12.2%、16.0%，全省平均为14.9%、15.4%。2022年，舟山市公共研发投入为40.9亿元，R&D投入强度为2.1%，而台州市为2.5%，杭州市为3.9%，浙江省平均为3.1%，低于对标城市与全省平均。此外，不同产业链之间研发投入不平衡，2023年舟山市石化产业R&D为82亿元以上，占总量的76.0%以上。

第三，创新主体。企业研发机构数量较少，截至2023年末，舟山市共有省级重点企业研究院9家，省级企业研究院28家，省级高新技术企业研究开发中心77家①②。在2023年新认定省级企业研发机构名单中，舟山市仅新增1家省级重点企业研究院、9家高新技术企业研究开发中心，相比之下，台州新增5家省级重点企业研究院、18家省级企业研究院、72家高新技术企业研究开发中心。

四 “四链融合”促进地区产业发展的路径及对策建议

（一）利用比较优势，优化产业布局

“四链融合”的本质是通过有效配置人才、资金等要素禀赋，促进地区产业发展③。地区产业发展应当结合自身要素禀赋及其结构，按照比较优势，优化产业布局④。

第一，利用大宗油品资源配置基地的优势，大力发展绿色石化产业，延长产业链。舟山市承接浙江省“415X”计划中绿色石化与新材料产业集群

① 舟山市科学技术局：《舟山市省级高新技术企业研发中心名单（截至2022年底）》，2023年5月6日，http：//zskjj. zhoushan. gov. cn/art/2023/5/6/art_ 1312667_ 58838152. html。

② 浙江省科学技术厅：《关于公布2023年新认定省级企业研发机构名单的通知》，2023年11月24日，https：//kjt. zj. gov. cn/art/2023/11/24/art_ 1229225203_ 5210668. html。

③ 聂常虹、赵斐杰、李钏等：《对创新链产业链资金链人才链“四链”融合发展的问题研究》，《中国科学院院刊》2024年第2期，第262~269页。

④ 林毅夫：《产业政策与我国经济的发展：新结构经济学的视角》，《复旦学报》（社会科学版）2017年第2期，第148~153页。

的任务，现已建成并投产浙石化4000万吨/年炼化一体化项目。继续加大招商引资力度，增加石化领域创新主体数量。在新材料和船舶设计等高附加值领域，着力招引“链主”企业，以“链主”企业带动招引上下游产业链，形成产业集群。把握长三角地区一体化、“415X”先进制造业集群建设行动等区域发展机遇，主动争取区域一体化项目落地舟山。推进本地“专精特新”企业培育，制定对创新环节各主体的奖励制度。

第二，利用海岛城市的地理条件和工业基础，着眼于未来的产业发展趋势，加快发展智慧船舶和低空经济两大未来产业。一方面，舟山市拥有270多千米的深水岸线，船舶修理上处于领先地位，在此基础上加快船舶产业数智化转型，发展高附加值的高端船舶制造业。同时，加强生产性服务业建设，更好发挥大宗商品资源配置中心的作用。利用浙江自贸试验区油气全产业链开放的契机，加快江海联运服务中心和国际海事服务基地建设。在保税燃料油供应的基础上，发展海事服务产业，推广“园区+锚地”运营模式，形成一站式综合海事服务基地以及规模化的海事服务产业链[①]。另一方面，舟山市低空经济应用前景广阔，应当在机场建设、准入管理、服务保障等方面推出支持政策，发展低空装备制造、海洋电子通信等产业，利用海岛空域高延展性的条件，积极打造具有海岛特色的低空应用场景。

第三，利用优质旅游资源，开发文化旅游产业。最近几年，文旅产业成为拉动地区消费和带动经济增长的重要抓手。舟山市拥有深厚的渔民文化和佛教底蕴，坐拥中国四大佛教名山之一的普陀山，文旅资源丰富。舟山市可在普陀山、桃花岛等旅游资源基础上，借助文化节、文化展等，开展富有特色的文旅推介活动。借鉴“杭州马拉松”“武汉马拉松”等品牌项目，主动承办海上体育活动，提高海岛城市知名度。进一步挖掘舟山“土特产”“海产品”等，增加当地海产品附加值，以文化促产业。

---

① 《一站式服务！舟山首单落地！》，澎湃新闻，2024年8月19日，https://www.thepaper.cn/newsDetail_forward_28465145。

（二）改善要素禀赋，降低企业成本

为降低土地、物流、用水和环境成本，增强企业落地意愿，建议如下。

第一，土地集约发展，缓解陆地土地不足问题。规范工业项目建设用地管理，促进新增建设用地的节约集约和高效利用，推动制造业企业“入园上楼”。积极盘活存量建设用地，清理低效用地。

第二，推动交通建设，降低物流成本。加强岛屿与岛屿、岛屿与大陆的交通连接。除了正在建设的甬舟铁路之外，加快探索低空物流、低空载人等低空经济应用场景落地。

第三，推广节水技术和海水淡化技术，降低用水成本。借鉴杭州青山湖科技城[①]的节水措施，加强用水数字化管理，激励企业采用中水回用等节水技术工艺。继续推进海水淡化工程，通过规模效应降低海水淡化成本。努力实现《舟山市海水淡化产业发展“十四五”规划》目标，到2025年全市海水淡化产能达到80万吨/日以上，海水淡化对各海岛新增供水量的贡献率达到70%以上[②]。

第四，增加本地的能耗指标，降低企业环保成本。借鉴宁波“飞地经济”模式，尝试实施能耗指标“飞地”政策[③]，探索与能耗指标富余地区签订协议。邀请专家针对陆域和海域不同工业门类的生产和污染情况，制定适宜岛屿城市发展的环保标准。例如，在水产品加工业，处理鱼货产生的污水应当允许直接排入海中，因为这不会对海洋造成富营养化和其他污染。

（三）增加创新供给，促进创新活动

第一，加强人才培育与引进，发挥人才作为第一资源的基础性作用。一

---

① 杭州市林业水利局：《节水十佳案例①丨浙江杭州青山湖科技城：“节水标杆”迭代升级“水效领跑者”》，2023年5月25日，https://ls.hangzhou.gov.cn/art/2023/5/25/art_1596533_59022830.html。

② 舟山市发展和改革委员会：《〈舟山市海水淡化产业发展“十四五”规划〉顺利通过评审》，2022年8月2日，http://zsfgw.zhoushan.gov.cn/art/2022/8/2/art_1297631_58717290.html。

③《念好新时代“山海经”！浙江三大“飞地”模式创新探路奔共富》，浙江在线，2023年7月25日，https://zjnews.zjol.com.cn/zjnews/202307/t20230725_26013013.shtml。

方面，加大人才全球招引力度，重点吸引海洋产业高层次人才、高技术人才和青年人才来舟就业。通过东海实验室等高能级创新平台加强人才交流，参与长三角科技创新跨区域协同，充分利用长三角的人才资源。另一方面，加大本地高校与企业产教互通力度，提升本地人才技能。

第二，增加创新资金供给，强化资金对科技创新和产业发展的支撑作用。加大财政投入，保障创新资金供给，并平衡不同产业链之间研发投入的差异。促进普惠金融发展，与银行协调，降低中小企业抵押贷款难度，缓解中小企业融资约束。借鉴浙江省“浙科贷”、“创新保”以及“科技创新保险+增信服务”模式，为企业创新活动提供低息贷款和保险服务。充分发挥政府产业基金对社会资本的带动作用，积极争取省政府出台海洋产业发展专项支持政策，改变省、市相关产业基金等的投资倾向，并推进政府产业引导基金向风险投资基金转变，提高产业基金运作效率。

（四）创新体制机制，提高创新转化效能

第一，创新教育体制机制，加快构建职普融通、产教融合的职业教育体系。企业是科技创新的主体，领先企业产生的先进知识需要流向高校，才能培养出产业需要的专业人才；人才又应聘到企业，从事创新工作，产生先进知识，形成良性闭环互动①。高校财政拨款分配一定比例的产教融合实习费用，根据校企签订的产教融合服务协议，直接划拨给相关企业，保证在不影响领先企业生产的情况下进行人才培养。鼓励成立产教融合服务企业，专门从事第三方产教融合、协同育人服务，承担领先企业和高校的专业化对接任务，形成合理的学生实习实践机制。

第二，充分利用长三角地区一体化发展体制机制优势，共享区域创新资源。舟山可根据自身比较优势，选择长三角区域内城市进行产业融合发展，积极探索参与长三角科技创新跨区域协同的可能性，享受长三角地区知识溢

---

① 张庆民、顾玉萍：《链接与协同：产教融合“四链”有机衔接的内在逻辑》，《国家教育行政学院学报》2021 年第 4 期，第 48~56 页。

出效应[①]。根据《长三角地区一体化发展三年行动计划（2024—2026年）》，鼓励高校、研发机构、实验室等与张江国家科学中心、杭州—宁波区域科技创新中心开展创新合作，利用长三角基础研究联合基金，协同开展跨学科交叉基础研究。

第三，创新人才体制机制，既培养一流科技领军人才和创新团队，又造就卓越工程师、高技能人才。坚持实施开放的人才政策，打通高校、科研院所和企业人才交流通道。完善创新平台的青年创新人才发现、选拔、培养机制，更好保障青年科技人员待遇。强化人才激励机制，建立以创新能力、质量、实效、贡献为导向的人才评价体系。完善技能培训体系，大力引育产业发展急需的高技能人才。推广绿色石化领域的经验，在船舶制造、港航物流等行业建立产教融合共同体，深化校企合作，实现职业教育提质培优。提高高技能人才待遇，完善高技能人才岗位补贴政策。

① 朱兰、王勇、李枭剑：《新结构经济学视角下的区域经济一体化研究——以宁波如何融入长三角一体化为例》，《经济科学》2020年第5期，第5~18页。

后记

纵观历史，大国发展莫不与海洋息息相关。当前，我国正处于以中国式现代化全面推进中华民族伟大复兴的关键时期，海洋问题是事关社会主义事业、民族复兴和国家崛起的战略性问题。党的十八大把“建设海洋强国”上升为国家战略，习近平总书记也多次对海洋强国作出一系列重要论述。随着国际贸易、海洋科技和海洋产业的发展，人类开发海洋资源的能力大幅提升，海洋经济已经成为沿海国家和地区最具活力的领域之一。

舟山地处东海之滨，凭借其得天独厚的海洋资源和优越的地理位置，肩负着推动海洋经济发展、建设海洋强国的历史使命。国家级群岛新区、江海联运服务中心、自由贸易试验区和大宗商品资源配置枢纽等国家战略的落地使舟山成为我国海洋经济发展的前沿阵地和示范窗口。为了全面、深入地反映舟山海洋经济的现状与未来趋势，我们精心策划并编写了这份报告。

为充分发挥舟山的海洋资源优势，把握中国式现代化和新一轮科技革命产业革命的历史性机遇，舟山市委市政府确立了建设现代海洋城市的目标定位。现代海洋城市是舟山面向海洋、面向全球、面向未来的发展方略，擘画了舟山向海图强、向海开放、以海强市的宏伟蓝图。围绕现代海洋城市这一发展目标，舟山深入贯彻“八八战略”，全力推进舟山市委八届五次全会提出的“985”行动，加快构建以现代海洋产业为主体、以海洋科技创新为动力、以开放发展为导向、以绿色低碳为内在要求的海洋经济发展新格局。同时，舟山海洋经济的发展也面临着一些挑战和困难，如海洋资源和要素配置尚需优化，海洋科技创新体系不够健全，海洋金融支撑海洋经济发展的能力较弱等。舟山的有益探索和面临问题在我国海洋经济发展过程中具有普遍性，对此进行深入分析可为推动我国海洋经济高质量发展提供参考和借鉴。

在报告编撰过程中，编写团队深入舟山各区县、走访了众多企事业单位，与专家领导进行了广泛而深入的交流，从资料收集与整理，到数据的分析与解读，再到内容的撰写与修订，每一个环节都倾注了大量心血与智慧。舟山市各级政府、企事业单位以及众多专家学者对编写团队给予了大力支持和无私帮助。他们提供了大量详实的数据、案例和研究成果，使得本报告能够更加准确、全面地反映舟山海洋经济的实际情况和发展动态。同时，社会科学文献出版社的领导和编辑也为报告的出版付出了艰辛的努力。在此，对所有参与者表示衷心的感谢。

展望未来，舟山将顺应全球海洋开发趋势，在海洋综合开发、保障国家经济安全、参与全球资源配置等方面大有作为，成为国家迈向深蓝的桥头堡，也将进一步培育海洋新质生产力、推动海洋经济高质量发展，继续秉持开放、合作、共赢的理念，共同推动我国海洋经济的繁荣发展。我们相信，舟山海洋经济一定能够迎来更加美好的明天。

《舟山海洋经济发展报告（2024）》编委会

2024 年 11 月

图书在版编目(CIP)数据

舟山海洋经济发展报告 . 2024 / 陈洪波，邵情主编 . 北京：社会科学文献出版社，2024. 12. --ISBN 978-7-5228-4450-3

Ⅰ. P74

中国国家版本馆 CIP 数据核字第 2024QA6842 号

舟山海洋经济发展报告（2024）

主　　编 / 陈洪波　邵　情
副 主 编 / 潘祖平　顾自刚　陆瑜琦

出 版 人 / 冀祥德
责任编辑 / 陈　颖
责任印制 / 王京美

出　　版 / 社会科学文献出版社 · 皮书分社（010）59367127
　　　　　地址：北京市北三环中路甲 29 号院华龙大厦　邮编：100029
　　　　　网址：www. ssap. com. cn
发　　行 / 社会科学文献出版社（010）59367028
印　　装 / 三河市东方印刷有限公司

规　　格 / 开 本：787mm × 1092mm　1/16
　　　　　印 张：18. 5　字 数：282 千字
版　　次 / 2024 年 12 月第 1 版　2024 年 12 月第 1 次印刷
书　　号 / ISBN 978-7-5228-4450-3
定　　价 / 128. 00 元

读者服务电话：4008918866